中文社会科学引文索引（CSSCI）收录集刊
中国人文社会科学（AMI）综合评价核心集刊

# 外国美学
## *International Aesthetics*

第41辑

主编 高建平

中华美学学会外国美学学术委员会
中国社会科学院文学研究所文学理论研究室
扬州大学文学院
编

江苏凤凰教育出版社

图书在版编目(CIP)数据

外国美学. 第41辑/高建平主编. —南京：江苏凤凰教育出版社,2024.9
ISBN 978-7-5743-1022-3

Ⅰ.①外… Ⅱ.①高… Ⅲ.①美学-国外-丛刊
Ⅳ.①B83-55

中国国家版本馆 CIP 数据核字(2024)第 090167 号

| | |
|---|---|
| 书　　名 | 外国美学(第41辑) |
| 主　　编 | 高建平 |
| 责任编辑 | 吴文昊 |
| 装帧设计 | 张金风 |
| 出版发行 | 江苏凤凰教育出版社(南京市湖南路1号A楼　邮编210009) |
| 苏教网址 | http://www.1088.com.cn |
| 照　　排 | 南京前锦排版服务有限公司 |
| 印　　刷 | 江苏中山印务有限公司(电话:0511-86917816　86917818) |
| 厂　　址 | 丹阳市朝阳路1—3号 |
| 开　　本 | 787毫米×1092毫米　1/16 |
| 印　　张 | 19.25 |
| 版　　次 | 2024年9月第1版<br>2024年9月第1次印刷 |
| 书　　号 | ISBN 978-7-5743-1022-3 |
| 定　　价 | 62.00元 |
| 网店地址 | http://jsfhjycbs.tmall.com |
| 公 众 号 | 江苏凤凰教育出版社(微信号:jsfhjy) |
| 邮购电话 | 025-85406265,025-85400774 |
| 盗版举报 | 025-83658579 |

苏教版图书若有印装错误可向承印厂调换
提供盗版线索者给予重奖

**名誉主编** 汝 信
**顾　　问** 叶 朗　朱立元　钱中文　曾繁仁　滕守尧
**主　　编** 高建平
**副 主 编** 姚文放


**编　　委**（按姓氏笔画排序）
　　　　　丁国旗　王 杰　王一川　王定勇　王柯平　尤西林
　　　　　牛宏宝　史忠义　戎文敏　刘 卓　刘方喜　李心峰
　　　　　何兰芳　沈语冰　宋 瑾　张 冰　张 法　陆 扬
　　　　　陈定家　周 宪　周启超　周敬芝　赵彦芳　姚文放
　　　　　徐碧辉　高建平　章俊弟　彭 锋


**国际编委**　佐佐木健一　　日本东京大学荣休教授,国际美学协会前主席
　　　　　阿列西·艾尔雅维奇（Aleš Erjavec）　斯洛文尼亚科学与人文研
　　　　　　　　　　　　　　　　　　　　　　究院研究员,国际美学协
　　　　　　　　　　　　　　　　　　　　　　会前主席
　　　　　阿诺德·贝林特（Arnold Berleant）　原美国长岛大学教授,国
　　　　　　　　　　　　　　　　　　　　　　际美学协会前主席
　　　　　柯提斯·卡特（Curtis Carter）　美国威斯康星麦魁特大学教
　　　　　　　　　　　　　　　　　　　　授,国际美学协会前主席
　　　　　理查德·舒斯特曼（Richard Shusterman）　美国佛罗里达亚特
　　　　　　　　　　　　　　　　　　　　　　　　兰大大学教授
　　　　　斯蒂凡·马耶夏克（Stefan Majetschak）　德国卡塞尔大学教授
　　　　　沃尔夫冈·韦尔施（Wolfgang Welsch）　德国耶拿大学荣休教授


**执行编辑** 张 冰

# 目　录

**经典选译**
1 推论性形式和呈现性形式
　［美］苏珊·朗格　著
　朱俐俐　译

21 艺术中的形式与内容
　［英］R. G. 科林伍德　著
　李永胜　译

**康德诞辰三百年纪念专辑**
35 主持人语
　高建平

37 从"感情"到"自由的愉悦"：18世纪西方美学视域下的情感探索
　卢春红

65 康德视域下美对人类未来实践生活之意义
　朱会晖

85 绿色康德：《判断力批判》与生态美学的关联
　申扶民

100 弥合与断裂：现代西方艺术观念生成视野中的《判断力批判》
　陈新儒

| | 116 | "相遇美学":一条通向康德哲学人类学的神秘主义道路<br>石天宇 |

**艺术美学研究**　131　定义美学·辨析意图·现象场:比厄斯利分析美学三题
　　　　　　　　　　　　高建平

　　　　　　　　　145　暗箱:作为一种观察方式和视觉模式
　　　　　　　　　　　　曹　晖

　　　　　　　　　162　借力生长:杜威经验主义美学思想对城市公共艺术设计的启示
　　　　　　　　　　　　张向荣

　　　　　　　　　176　跨文化语境下默斯·坎宁汉先锋艺术的禅思向度
　　　　　　　　　　　　张仁伟　刘桂荣

**美学与艺术**　　193　剧场性
**关键词**　　　　　　张晓剑

　　　　　　　　　207　日常生活审美化
　　　　　　　　　　　　苏静腈

**符号学与叙述学**　217　论皮尔斯的符用意义论
**研究**　　　　　　　　赵星植

　　　　　　　　　233　西方叙述学 Metalepsis 概念的形成及其跨媒介迁移
　　　　　　　　　　　　李　莉

　　　　　　　　　248　论"改编":一种拓扑式叙述艺术
　　　　　　　　　　　　赵禹平

**阅读与评论**　　266　柳宗悦的东方美学思想
　　　　　　　　　　　　郭勇健

　　　　　　　　　280　生态语言学批评研究的广度与深度——论《生态语言学与生态文学、生态文化理论研究》的创新与贡献
　　　　　　　　　　　　吴承笃

　　　　　　　　　292　"诗"与"画"的交融与斗争——以《文本与图画：对话中的画家与作家》为中心
　　　　　　　　　　　　周春悦

# Contents

**Translation of Classics**

1 Discursive and Presentational Forms
Susanne K. Langer
translated by Zhu Lili

21 Form and Content in Art
R. G. Collingwood
translated by Li Yongsheng

**The Tricentennial of Kant's Birth**

35 Introduction
Gao Jianping

37 From "Affection" to "Free Satisfaction": An Exploration of Feeling from the Perspective of 18th Century Western Aesthetics
Lu Chunhong

65 The Significance of Beauty for the Human Practical Life in the Future from Kant's Perspective
Zhu Huihui

85 Green Kant: The Correlation between *Critique of the Power of Judgment* and Ecological Aesthetics
Shen Fumin

100 Bridged yet Fractured: *Kritik der Urteilskraft* in the Perspective of Emergence on the Modern Western Notion of Art
Chen Xinru

116 "The Aesthetics of Encounter": A Mystical Path towards Kantian Philosophy of Anthropology
Shi Tianyu

**Art Aesthetics**

131 Defining Aesthetics · Dicriminating Intention · Phenomenal Field: Three topics in Monroe Beardsley's *Aesthetics: Problems in the Philosophy of Criticism*
Gao Jianping

145 Camera Obscura: As a Way of Observation and Visual Mode
Cao Hui

162 Borrowing Power to Grow: The Revelation of Dewey's Empricism Aesthetics on the Design of the Urban Public Art
Zhang Xiangrong

176 The Zen Thought Dimension of Merce Cunningham's Avant-garde Art in a Cross-cultural Context
Zhang Renwei   Liu Guirong

**Keywords of Aesthetics and Art**

193 Theatricality
Zhang Xiaojian

## Research on Semiotics and Narratology

207 The Aestheticization of Everyday Life
Su Jingjing

217 Towards C. S. Peirce's Pragmatic Theory of Meaning
Zhao Xingzhi

233 Metalepsis in Western Narratology and Its Transfer Across Media
Li Li

248 On "Adaptation": A Topological Narrative Art
Zhao Yuping

## Reading and Review

266 On Yanagi Muneyoshi's Eastern Aesthetics
Guo Yongjian

280 The Breadth and Depth of Ecolinguistic Criticism: On the Innovation and Contribution of *Ecolinguistics*, *Ecological Literature and Ecological Culture Theory*
Wu Chengdu

292 The Blending and Combats between Poetry and Painting: Centered on *Text and Picture: Painters and Writers in Dialogue*
Zhou Chunyue

## 经典选译

# 推论性形式和呈现性形式①

[美]苏珊·朗格 著
朱俐俐 译

整个符号研究所依据的逻辑理论,基本上是由维特根斯坦于大约二十年前在他的《逻辑哲学论》中提出来的:

"一个名称代表一个事物,另一个名称代表另一个事物,而且它们是彼此组合起来的;这样它们整个地就像一幅活的画一样表现一个原子事实(atomic fact)。(4.0311)②

"乍看起来,一个命题——例如印在纸上的某个命题——不像是它所论及的实在的一个图像。但是书写的音符乍看起来也不像是一首乐曲的图像,我们的声音记号(字母)也不像是我们口语的图像……(4.015)③

"有一条总的规则,使得音乐家能从总谱读出交响乐,使得我们能够通过唱片的沟纹放出交响乐来,而且应用原规则还可以从交响乐重新推得总谱。这些看起来完全不同的东西之间的内在的相似性正在于此。这条规则就是将交响乐投射到音符语言上去的投影法则,也是把这种音符语言翻译为唱片语言的规则。"(4.0141)

就进行纯粹逻辑的类比来说,"投射"(projection)是个很合适的词,尽管它是比喻性的。几何投影是完全地忠实再现的最佳实例,但如果我们不具备某些逻辑规则的知识,它会变成某种歪曲。一个孩子

---

① 本文系美国符号论美学家苏珊·朗格(Susanne K. Langer, 1895—1985)所著《哲学新解》(*Philosophy in a New Key*)的第四章,根据哈佛大学出版社 1957 年版译出。原文中以斜体标示的文字,这里以加着重号的形式进行呈现。原文注释中的引用文献,按照本书体例进行了修改。——译注

② 本文中维特根斯坦的《逻辑哲学论》的内容,除 atomic fact 这一概念外,均沿用贺绍甲先生的翻译,见商务印书馆 1996 年版。对 atomic fact 这一概念的翻译,沿用郭英先生的译法,译为"原子事实",见商务印书馆 1985 年版。——译注

③ 作者此处标的是 4.015,实际应为 4.011。——译注

在看使用墨卡托投影方法的世界地图时,会禁不住认为格陵兰岛比澳大利亚的面积大;他只是发现格陵兰岛更大。地图使用的投影并不是我们在视觉比较或翻译中所使用的通常的复制原则,通常规则对孩子的训练会令孩子无法通过新规则去"观看"。要想在墨卡托地图上"观看"出格陵兰岛和澳大利亚的相对大小,需要人聪明老练。然而在欣赏投影形象时,受过教育的心灵会将眼睛的习惯带入其中。一段时间过后,我们才会真正地"观看"到我们所领悟的事物。

语言,是我们的人类经验、世界及其事件、思想和生命以及时间流逝的最忠实、最不可或缺的图画,哲学家们有时意识不到语言中的投射法则,因此他们对呈现出来的"事实"的解读会是显而易见却错误的,就像当儿童的判断被平面地图的把戏所迷惑时,儿童的视觉经验是显而易见却具有欺骗性的。当事实被表达为命题时,事实中的关系就会被转化成诸如对象(*objects*)那样的事物。因此,"A 杀了 B"讲述的是 A 和 B 之间的一种被不幸地组合起来的方式;但我们表达这种方式的唯一方法就是给它命名,然后转眼间!——一个新的实体,"杀",似乎就加入了 A 和 B 的复合体中。在这个命题中"被描画"出来的事件无疑涉及了 A 和 B 的一系列动作,但这一系列动作并不像由这个命题所展示出来的那样——首先是 A,然后是"杀",接着是 B。A、B、"杀"三者显然是同时的。但词序是线性的、分离的、依次的;它们就像串珠上的各个珠子那样一个接一个地串在一起;除了非常有限的词形变化意义(这些意义确实可以融入词本身)之外,我们无法同时说出成串的名字。我们必须先命名一个事物,再命名另一个事物,而那些不是名字的符号,则必须按照惯例夹在名字之间或处于名字前后。但是,这些在名字的链条中占据傲人位置的符号,很容易被误认作名字,从而损害许多形而上学理论。令罗素勋爵感到遗憾的是我们无法建构一种能通过类比表达一切关系的语言;那样我们就不会禁不住误解语言了,就像一个人如果了解墨卡托地图的意义,但没有足够自由地"观看"它,就会误解地图上各区域的相对大小。

"比方说,闪电出现在雷声之前,"他说,"如果我们用一种严密重述事实结构的语言来进行表达,那么我们应该简单地说:'闪电,雷声',第一个词出现在第二个词之前,意思是第一个词所表示的事物出现在第二个词所表示的事物之前。但是即使我们采用了这种方法来表达时间顺序,我们仍然需要词来表达其他关系,因为我们无法用词的顺序来符号化这些关系,而不产生让人无法忍受的歧义。"①

我认为,用与事物自身过于相似的实体来把事物符号化,让以时间顺序排列的词去再现以时间顺序出现的事物,这种做法是错误的。如果要把诸如时间顺序这样的关系符号化,那么符号就不能是那些关系本身。结构中本该是意义的一部分的东西,不能被当作符号的一部分。但不幸的是,语言中的名字和句法标示词看起来是如此相似;以至于我们无法用词去再现对象,也无法用音高、音量或其他言语特质去再现关系。②

然而,凡是语言都有形式,语言的形式要求我们将观念串起来,即便观念的对象是一个处于另一个之中的;这就如同一件一件套着穿的衣服,晾在晾衣绳上时得一件挨着一件。语言符号系统的这种属性被称为推论性(discursiveness);出于这种属性,只有能按照这种奇特顺序排列出来的思想才能被说出来;凡是不适用于这种"投射"的观念都是不可言喻的,无法通过言辞得到交流。这就是为什么推理的法则,即我们最准确清晰的表述法则,有时被称为"推论性思维法则"。

对于语言符号系统及其较贫乏的替代品,比如象形文字、哑语、摩尔斯电码或某些丛林部落高度发展的鼓式电报(drum-telegraphy),我们没有必要再深入探讨其细节。正如本章中许多引文所示的那样,这一主题已经被几位有能力的学者彻底地研究过了;我只能赞同他们的研究结果。我认为,词的结构与结构的意义之间是逻辑类比的关系,借用维特根斯坦的说法,就是"我们给自己作事实的图画"。这种语言哲学的确有助于语言在方法上的重大发展,正如维特根斯坦曾设想的那样:

"在日常语言中经常碰到同一个词有着不同的标示方式——因而属于不同的符号——,或者有着不同标示方式的两个词以表面上相似的方式应用于命题之中。(3.323)

"为了避免这类错误,我们必须使用一种能够排除这类错误的记

---

① Bertrand Russell, *Philosophy*, New York: W. W. Norton & Co., 1927, p.264.
② 在我刚刚引用的那一章中,罗素勋爵将语言再现事件的能力归因于这样一个事实,即语言与事件一样,是时间序列。在这个问题上我不同意他的看法。正是因为有关系的名字,我们才能描述动态的关系。我们不会在句子中把过去的事件提得比现在的事件早,而是把时间顺序置于与归属或分类一样的"投射"之下;时间顺序通常是由时态这种句法(非时间)的手段表达出来的。

号语言,其中不将同一记号用于不同的符号中,也不以表面上相似的方式应用那些有着不同的标示方式的记号。也就是说,要使用一种遵从逻辑语法——逻辑句法——的语言记号。

"弗雷格(Frege)和罗素的概念记号系统就是这样的一种语言,诚然它也还未能排除一切错误。"(3.325)[1]

卡尔纳普的令人钦佩的著作《语言的逻辑句法》(*The Logical Syntax of Language*)实现了由维特根斯坦提出的哲学计划。这本书为确定一切给定的语言体系的表达能力,发展出了一种实际的、详细的方法,这种方法预测了语言体系中所有组合的界限,显示出某些形式之间的等值,以及另一些形式之间的差异,这些差异有时会被人们误认作等值,它还展示出思想或经验要想通过语言符号系统传达出来所必须遵守的惯例。卡尔纳普的分析清楚地揭示出科学语言与日常言语之间的差别,我们大多数人都可以感受到这种差别却无法定义它;我们会惊讶地发现,我们平常的交流是多么不符合"意义"的标准,而这标准正是由一种严肃的语言哲学(因而是一种推论性思维逻辑)为我们设定的。

在这部真正值得注意的著作中,我们这个智力时代的有点难解的领悟——即符号系统是认识论和"自然知识"的关键——便找到了确切而实用的确证。康德式的挑战——"我能够知道什么?"——被证明取决于先前的问题:"我能够问什么?"在卡尔纳普教授的表述中,答案是清晰而直接的。语言能表达什么,我就能问什么;实验能给出什么回答,我就能知道什么。在任何(也许是理想的、不切实际的)条件下都不能被证实或反驳的命题,是伪命题,伪命题不具有文字意义。伪命题不属于我们称之为逻辑构想(conception)的知识框架;伪命题既不为真也不为假,而是无法思考,因为它不符合符号系统的秩序。

由于我们过多的谈话和因此而来的(我们希望)过多的大脑活动,违背了文字意义的准则,因而我们的语言哲学家们——罗素、维特根斯坦、卡尔纳普和其他具有类似说服力的人——面临一个新的问题:那些没有任何真正的意味,却被自由地使用着,就好像表示了什么的语言组合和其他伪符号结构,它们的真实功能是什么呢?

---

[1] Ludwig Wittgenstein, *Tractatus Logico-Philosophicus*, London: K. Paul, Trench, Trubner & Co., 1922 (2nd ed. New York: Harcourt Brace & Co., 1933).

我们的逻辑学家认为,那些结构应被视为不同意义上的"表达(expressions)",即对情感、感受、欲望的"表现(expressions)"①。那些结构不是思想的符号,而是内在生命的征兆(symptoms),就像眼泪与笑声、吟唱或是脏话。

"许多语言上的发声,"卡尔纳普说,"与笑类似,只具有表现功能,不具有再现功能。这样的例子有像'哦,哦'这样的叫喊,或者在更高层次上来说,是抒情诗。抒情诗中会出现'阳光'和'云'这样的词,但诗的目的不是要告诉我们某些气象学事实,而是要表现诗人的某些感受,并激起我们的类似感受……形而上学的命题——就像抒情诗——只具有表现功能,不具有再现功能。形而上学的命题既不为真也不为假,因为它们没有断定什么……但是,这些命题像笑、抒情诗和音乐一样,是表现性的。它们更多表现的不是一时的感受,而是永久情感和意志的倾向。"②

罗素勋爵的看法与其他人的形而上学观点非常相似:

"我不否认,"他说,"受伦理观念启迪的这种哲学的重要性或价值。例如,在我看来,斯宾诺莎的伦理学工作确实是最有意义的;但是,在这样的工作中,有价值的地方并不是它可能产生的有关世界性质的任何形而上学理论,也确实不是任何能够通过论证而得到证明或否认的东西,而在于揭示了朝向生活与世界的某种新的感受方式,揭示了我们自己的存在由之能够获得我们必须深切期待的更多特征的某种感受方式。"③

维特根斯坦说:

"关于哲学问题所写的大多数命题和问题,不是假的而是无意义

---

① 作者在两种语境中使用 expression 一词。本文相应使用"表达"和"表现"两种译法。——译注

② Rudolf Carnap, *Philosophy and Logical Syntax*, London: K. Paul, Trench, Trubner & Co., 1935 (German ed. Vienna: J. Springer, 1934), p.28.——原注
这段话的翻译参考了殷福生的中译版本(《哲学与逻辑语法》,商务印书馆1946年版,第14—15页),和傅季重的中译版本(《哲学和逻辑句法》,上海人民出版社1962年版,第13—14页),有改动。——译注

③ Bertrand Russell, "Scientific Method in Philosophy", in: *Mysticism and Logic*, New York: W.W. Norton & Co, 1929, first published in 1918, p.109.——原注
这段话沿用了贾可春的中文翻译(《神秘主义与逻辑及其他论文》,商务印书馆2017年版,第106—107页)。——译注

的。因此我们根本不能回答这类问题,而只能确定它们的无意义性。哲学家们的大多数问题和命题,都是因为我们不懂得我们语言的逻辑而产生的。(4.003)

"命题表述原子事实的存在和不存在。(4.1)

"真命题的总体就是全部自然科学(或各门自然科学的总体)。(4.11)

"凡是能思考的东西都能清楚地思考。凡是可以说的东西都可以清楚地说出来。"(4.116)①

我完全赞同这些逻辑学家对形而上学命题的批判,即这些命题通常是对伪问题的伪回答;涉及"第一因""统一性""实体"等其他所有历史悠久的论题的问题都是难以解决的,因为这些问题都产生于这样一个事实,即我们将真正属于我们在其中构思世界的"逻辑投射"的东西归因于世界,我们将问题放错了地方,从而损害了我们的回答。我们的时代的哲学家们,通过对符号系统的诸功能和性质的兴趣,揭露了这一阻碍的来源。他们的发现标志着智力的巨大进步。但这一发现并没有谴责哲学探究本身;它只是要求人们重塑每一个哲学问题,以不同形式构思这些问题。例如,许多议题似乎都关乎知识的来源,但现在都部分地或完全地转向了知识的形式,甚至是表现的形式、符号系统的形式。哲学兴趣的中心过去转移过几次,如今再次转移了。然而,那并不表示理性的人们现在应该放弃形而上学。我们对传统问题的整体批判所依据的对符号系统与经验之间密切关系的认识,本身就是一种形而上学的洞察。因为形而上学与所有哲学追求一样,是对意义的研究。形而上学产生了种种特别的科学,只要这些科学的最初概念足够清楚,足以允许系统化的处理,也就是说,只要这些科学背后的哲学工作至少已经试验性地完成,那么这些科学就可以发展自己的种种方法,逐一证实自己的命题。② 形而上学本身不是一门有固定预设的科学,它不是从前提到结果的进展,而是从问题到问题。假设我们已经淘汰了形而上学,就等于假设所有门类的"科学"都最终建立起来,人类的语言已经完成,或者至少很快就会完成,我们所缺乏的只是

---

① Ludwig Wittgenstein, *Tractatus Logico-Philosophicus*.
② 我在《哲学实践》(*The Practice of Philosophy*, 1930)的第二章中,更完整地讨论了作为"科学之母"的哲学。

人类可能具有的最伟大的知识的种种附加事实；这种知识尽管或许规模很小，但它是我们所拥有的一切。

这基本上就是那些研究语言界限的逻辑学家们的态度。除了在他们专业定义的意义上的"语言"之外，任何事物都不具有符号的表现性特征(尽管可能在征兆性的方式上是"表现的")。因此，凡是不能以推论性形式"投射"出来的东西，都根本无法进入人类心灵，除了可论证的事实以外，人类无法理解其他事物。可被认知之物构成了一个清晰的领域，该领域受到推论性投射能力要求的支配。这个领域之外是无法表达的感受、无形的欲望与满足、即时经验的领域，永远是隐匿的和不可交流的。如果一位哲学家关注那个领域，那么他就是或者应该是一个神秘主义者；那个不可名状的领域除了胡言乱语之外传达不出什么东西，因为语言——我们唯一可能的语义形式——无法覆裹那些推论性形式之外的经验。

但智力是个狡猾的家伙；如果一扇门对它关闭了，它就会找到甚至破开进入世界的其他入口。如果一种符号系统不够充分，智力就会去把握另一种符号系统；它的手段和方法没有永久律令。所以我将与逻辑学家和语言学家们同行，他们想走多远都可以，但我不能保证我不会走得更远。因为在推论性语言的界限之外，可能存在着尚未被探索到的真正的语义形式。

这种逻辑"之外"的，被维特根斯坦称作"不能言说的"，被罗素和卡尔纳普视为主观经验、情感、感受和愿望的领域，我们从中只能获得以形而上学的和艺术的幻想形式出现的征兆。对这些东西的研究被这些思想家归入了心理学，而非语义学。这便是我与他们分道扬镳的地方。当卡尔纳普谈到"'哦，哦'这样的叫喊，或者在更高层次上来说，是抒情诗"时，我只看到他根本没有领悟二者之间的基本区别。为什么我们要在如此高的层次上喊出我们的感受来让别人认为我们在说话呢？① 显然，诗歌能表达比叫喊更多的东西；它有理由成为明确的表达；形而上学也比轻声哼唱更能够让我们以舒适的态度拥抱世界。这里我们要讨论的是种种符号系统，它们所表现的东西往往是高度智力(intellectual)的。不过，这些符号系统的形式和功能，与逻辑学家在

---

① Cf. Wilbur M. Urban, *Language and Reality: The Philosophy of Language and the Principles of Symbolism*, London: G. Allen & Unwin, 1939, p.164.

"语言"标题下所探究的东西不是一回事。正如某些哲学家——叔本华、卡西尔、德拉克洛瓦、杜威、怀特海等人——所发现的那样,语义的领域比语言更广阔;但它被我们刚刚讨论过的当前认识论的两个基本信条限制了。

这两个基本假设是并驾齐驱的:(1)语言①是明确表达思想的唯一手段;(2)凡是不可言说的思想都是感受。二者之所以相互关联,是因为一切真正的思想都是符号性的,因此表达手段的界限实际上就是我们概念能力的界限。在这些界限之外,我们就只有盲目的感受,这种感受无法被记录或传达,只能通过行动或自我表现,通过种种行为或叫喊或其他冲动表露释放出来。

但是,如果我们考虑到建构一套符合新实证主义标准的有意义的语言是多么困难,我们就会感到人们说任何话,或者理解彼此所说的各个命题,都是非常不可思议的。人类的思想充其量只不过是个受语法约束的小岛,处在由"哦-哦"和纯粹的咿呀乱语所表达的感受之海中。这个小岛的四周或许有泥淖——事实的和假定的概念被情感的浪潮分解为"物质模式"(material mode),那是一种意义和胡言乱语的混合物。我们大多数人一生中的大部分时间都生活在这片泥滩上;但是在艺术的心境中,我们得以深入其中,在那里,我们一边发出征兆性的叫喊一边四处挣扎,那些叫喊听起来像是关于生与死、善与恶、实体、美和其他非实在的论题的命题。

只要我们只把科学的和"物质的"(半科学的)思想视为对世界的真正认知,那么这幅精神生活的奇特图景就必定存在。只要我们只承认推论性符号系统才是观念的承载者,那么在这样一个严格意义上,"思想"就必定会被视为我们唯一的智力活动。它始于语言,也终于语言;至少,如果没了科学语法的种种要素,人类就无法构想。

暗示这种奇特后果的理论本身就很可疑。但这种理论的错误并不在于它的推理过程。错在使得该学说得以进行的前提,即一切明确表达的符号系统都是推论性的。正如罗素勋爵以他一贯的精确和直接所说的那样:"很明显,凡是可以用有词形变化的语言说出来的东西,都可以用没有词形变化的语言说出来;所以,凡是可以用语言说出

---

① 当然,还包括它的改良品,即数学的和科学的符号系统,以及与它近似的姿势、象形文字或图形。

来的东西,都可以通过一连串没有词形变化的言辞说出来。这就给言辞所能表达的东西设限了。很可能有些事实并不适用于这种非常简单的图式;如果是这样的话,这些事实就不能用语言表达出来了。我们之所以对语言有信心,是因为语言……与物理世界有着共有的结构,因此能够表达那种结构。但是如果有一个不是物理的,或者不在时空中的世界,那么这个世界就可能有一个我们永远没有希望去表达或了解的结构……也许这就是为什么我们非常了解物理学而对其他事物知之甚少的原因。"①

我不相信"有一个不是物理的,或者不在时空中的世界",但我相信,在我们经验中的这个物理的、时空中的世界里,有一些东西并不符合表达的语法图式。但它们并不一定是盲目的、不可想象的、神秘的;它们只是需要通过推论性语言之外的某种符号图式来构思。要证明这种非推论性模式的可能性,我们只需要细究一下任何符号结构的逻辑要求就够了。语言绝不是我们唯一的明确表达方式。

我们最纯粹的感官经验是一个表述(formulation)的过程。真正与我们的感官相接触的世界并非一个"事物"(things)的世界,我们一旦编好了必要的逻辑语言去接触世界,就会被邀请去发现关于"事物"的种种事实;纯粹的感觉世界是如此复杂,如此流动和充实,以至于对刺激的单纯敏感性只会遇到威廉·詹姆斯(以他特有的措辞)所说的"繁盛的、嗡嗡作响的混乱"。我们的感觉器官要想报告事物(things),而不是纯粹消融的感觉,就必须从混乱中选出某些主导性的形式。眼睛和耳朵必定有它们自己的逻辑——用康德的术语来说,即它们的"理解范畴",或者用柯尔律治对同个概念的另一种说法,即它们的"原初想象(primary imagination)"②。对象不是材料(datum),而是由敏感而智慧的器官所分析的形式,这个形式既是被经验的个别事物,又是事物概念的符号,是这一类事物的符号。

正如高级神经中枢天生就有计算和逻辑的倾向那样,我们的感觉器官似乎也有一种固有的倾向,即将感官领域组织成各种感觉材料的群组和模式,去感知种种形式而不是去感知不断变化的光线印象。但

---

① Bertrand Russell, *Philosophy*, p.265.

② 詹姆斯的《怀疑论与诗歌》(D.G. James, *Skepticism and Poetry: An Essay on the Poetic Imagination*, London: Allen & Unwin, 1937)一书中有对柯尔律治哲学的精彩论述,这本书的内容与本章有关,值得一读。

这种对形式的无意识欣赏是一切抽象的原始根源,而抽象又是理性的基调;所以理性的条件似乎深深根植于我们纯粹的动物性经验中——根植于我们的感知能力中,根植于我们眼睛、耳朵和手指的基本功能中。精神生活始于我们纯粹的生理构造。稍经思考我们就可得知,由于任何经验都不会重复发生,所以所谓的"重复的"经验实际上就是类似的发生,而这些经验都符合从初次场合抽象出来的形式。熟悉不过是一种非常熟练地符合先前经验形式的特质。我相信,我们这种根深蒂固地将印象具象化的习惯,这种看事物而不是看感觉材料的习惯,依赖于这样的事实:我们会迅速地、无意识地从每一次感官经验中抽象出一个形式来,并通过这个形式将经验构思成一个整体、一个"事物"。

人类心灵无论达到怎样的高度,都只能借助它所拥有的器官和这些器官特有的功能来工作。眼睛看不到形式,心灵就无法获得形象;耳朵听不到明确表达的声音,心灵就无法获得言辞。简而言之,感觉材料如果不是意义的杰出容器,那么它对于一个其活动是"完完全全的符号性过程"的心灵而言,就毫无用处。但是正如前面的思考所表明的那样,意义本质上由形式承载。除非格式塔心理学家所认为的"完形是知觉的本质"这一想法是正确的,否则我不知道感知与构想、感觉器官与心灵器官、混沌刺激与逻辑反应之间的裂隙,如何才能被弥合。以意义为主要工作对象的心灵,必须具有主要为心灵提供形式的器官。

神经系统就是心灵的器官;神经系统的核心是大脑,末端是感觉器官;它可能具备的特有功能都必须支配其所有部件的工作。换句话说,我们的感官活动是"精神的",不但到达大脑时是精神的,而且在开始的时候,在每一次外部相异世界接触最远最小的感觉器官时,也都是精神的。一切敏感性都携带着心智的印记。例如,"观看"并不是一个被动的过程,在这个过程中,无意义的印象被储存起来供心灵进行组织使用,心灵则从这些杂乱的材料中分析出合乎自己目的的形式。"观看"本身就是一个表述的过程;我们对可见世界的理解就是从眼睛开始的。①

---

① 关于格式塔理论的一般说明,见沃尔夫冈·柯勒的《格式塔心理学》(Wolfgang Köhler, *Gestalt Psychology*, New York: H. Liveright, 1929),以下相关段落摘自此书:"恰恰是对封闭整体的原始组织和分离,使得感觉世界在成人看来全然充满意义,因为意义在逐渐进入感觉领域的过程中,是沿着由自然组织所划定的界限进入的。意义通常进(转下页)

由韦特海默（Wertheimer）、柯勒（Köhler）和考夫卡（Koffka）的学派所提供的心理学洞察，如果被我们认真对待，会产生深远的哲学影响；因为它将理性带入了通常被认为是前理性的过程之中，并在认识论学者肯定从未寻找过符号活动的层面上，指出了形式的存在，这些形式就是可能的符号材料。眼睛和耳朵会进行自己的抽象活动，从而规定它们自身特有的构想形式。但是这些形式恰恰来自提供了与物理学上已知的完全不同的形式的同一个世界。事实上，并不存在"真实"世界的那种形式；物理学只是可以从中找到的一种模式，而"表象"，或者说具备自身特质与特性的事物的模式，则是另外一种模式。一种解释的确可能会排除另一种解释；但是认为一种解释的一致性和普遍性给另一种解释打上了错误（*false*）的烙印，那就错了。物理分析并没有停留在最终确立的不可分解的"特质"上，但这一事实并不反对人们认为在现实世界中存在红的、蓝的、绿的事物，存在湿润的或油腻的或干燥的东西，存在芬芳的花朵和有光泽的表面。这些"物质模式"的概念与"物理的"概念相差甚远。物理概念的起源和发展要归功于数学在"事物"世界中的应用，而数学从来——哪怕在一开始——都不曾涉及对象的性质。人们会用数学去度量对象的比例，但从不会将数学概念——三角关系、圆环形等——当作构成某些对象的某某性质。即便椭圆形的赛马场接近于圆环形，它也不会因为增加了更多圆环形而得到改善。与此不同，不够甜的酒就要增加甜度，不够亮的油漆就要加进更多白色或别的颜色成分。物理世界本质上是由数学抽象所解释的真实世界，而感官世界则是由感官即时提供的抽象所解释的真实世界。"物质模式"是对物理构想的初步的、探索性的尝试，这一想法在认识论中是一个致命错误，因为它切断了感性构想所能发展出的一切兴趣，也切断了感性构想的智力运用。

　　这些智力运用所在的领域通常会令哲学家感到沮丧，哲学家之所

---

（接上页）入的是各个分离的整体……

　　"在'形式'一开始就存在的地方，形式会很容易获得意义。但在这里，一个具有形式的整体先被给定了，然后意义才'悄然而至'。据我所知，还没有哪个案例实验地展示出，意义会自动产生先前没有的形式。"（第208页）

　　亦见马克斯·韦特海默的《论格式塔理论的三篇论文》（*Drei Abhandlungen zur Gestalttheorie*）(1925年)，及库尔特·考夫卡的《格式塔心理学原理》(Kurt Koffka, *Principles of Gestalt Psychology*, London: K. Paul, Trench, Trubner & Co., 1935)。

以会冒险涉足该领域,是由于他太诚实以至于无法忽视这个领域,尽管他确实知道其中的陷阱是无法绕过的。这是"直觉""深层意义""艺术真理""洞察"等等的领域。它的确是一个看起来危险的领域,但带来理性精神的进步！我认为,迄今为止的每一种严肃的认识论,凡是认为精神生活比推论性理性更伟大,并对"洞察"或"直觉"做出让步的,都是向无理性（unreason）、神秘主义和非理性主义（irrationalism）屈服了。每一次对命题思想的偏离都一并摒弃了思想,并假定纯粹的感受的最深处会与一种没有被符号化的、不集中的和无法交流的实在（reality）直接接触（里德[L. A. Reid]在《知识与真理》[*Knowledge and Truth*]一书最后一章中提出的理论显然是个例外,该理论以使用逻辑分析而非排斥逻辑分析的方式承认非命题形式的构想）。

由耳朵和眼睛产生的抽象——直接感知的形式——是我们最原始的智力工具。它们是真正的符号材料和理解手段,通过它们,我们得以领悟事物的世界,和由作为事物历史的种种事件所组成的世界。它们的基本任务就是提供这样的构想。我们的感觉器官习惯性地、无意识地进行抽象,就是为了实现某种"具体化"（reifying）的功能,这种功能是日常识别对象的基础,是认识信号、言辞、曲调、地点的基础,也是根据抽象的种类对外部世界中诸如此类的东西进行分类的可能性的基础。我们能在各种组合中辨认出这种感性分析的种种要素；我们可以想象性地使用它们,去构思熟悉场景中的潜在变化。

视觉形式——线条、色彩、比例等等——都能像言辞那样明确表达,即能够像言辞那样进行复杂的组合。但是,支配这种明确表达的法则,与支配语言的句法法则完全不同。最根本的区别在于,视觉形式不是推论性的。视觉形式并非连续地呈现其组成部分,而是同时呈现,因而决定视觉结构的各种关系能够在一次视觉行动中就得到把握。因此,视觉形式的复杂性并不像话语的复杂性那样,受到心灵贯穿统觉（apperceptive）活动始终的限制。当然,对话语的这种限制,也限制了可言说的观念的复杂性。一个观念如果包含太多细微而又紧密相关的部分,包含太多相互嵌套的关系,那么它是无法被"投射"为推论性形式的；对言语来说,这样的观念太微妙了。因此,受语言束缚的心灵理论,会将这个观念排除至理解领域和知识范围之外。

但是,由我们对形式的纯粹感官欣赏所产生的符号系统是非推论性的符号系统,特别适合表现那些无法用语言"投射"出来的观念。这种符号系统的主要功能是将流动的感觉概念化,让我们用具体的事物代替万花筒般的色彩或声音,这是任何语言思维(language-born thought)都无法取代的功能。我们对空间的理解要归功于视觉和触觉,这种详细而明确的理解,永远不可能通过几何学的推论性知识得到发展。自然要对我们说话,首先就得通过我们的感官;我们所区分、记忆、想象或认识的种种形式和性质,都是实体的符号,这些符号超越了我们的瞬间经验,比瞬间经验长久。此外,同样的符号——性质、线条、节奏——会出现在不计其数的呈现之中;它们是可被抽象和组合的。因此,有些哲学家认识到了所谓的"感觉材料"的符号特征,尤其是认识到感觉材料在科学和艺术这样高度发展的用法中的符号特征,他们会经常说到感官的"语言"、音调的"语言"、色彩的"语言"等等,这便是很自然的了。

然而,这种说法非常具有欺骗性。语言是一种特别的表达模式,并不是每种语义形式都可以被归入语言中;将语言符号系统(linguistic symbolism)概括成这种符号系统(symbolism as such),很容易令我们误解其他类型的符号系统,忽视它们最有趣的特征。在此,我们不妨思考真正的语言或话语的显著特征。

第一,每种语言都有词汇和句法。语言的要素是有固定意义的词。人们可以根据句法规则,用这些词构造出具有新意义的复合符号。

第二,在一门语言中,某些词的意义等同于其他一些词的整体组合,因此大多数意义可以有几种不同表达方式。这样一来就有可能定义最基本的单词的意义,即能够完成一部词典。

第三,同样的意义可以用不同的词来表达。当两个人系统地使用不同的词去表示几乎一切事物时,人们就会说他们二人说的是不同的语言。但这两种语言大体上是等同的;只要想想办法,偶尔用一个短语代替一个单词等等,用某一个人的语言体系说出来的命题,就可以被翻译进另一个人的惯用语言体系之中。

现在想想我们最熟悉的非推论性符号:图画。跟语言一样,图画也是由各个元素组成的,这些元素再现了对象中值得注意的各种成分;但这些元素并不是具有独立意义的各个单位(units)。例如,构成一幅肖像画或一张照片的各个明暗部位,其本身是没有意味的。孤立地看,我们会认为它们只是一些斑点。然而,它们却是对构成视觉对象的各个视觉元素的忠实再现。但是,它们并不会逐一再现那些有名字的元素;并没有哪个斑点再现了鼻子,哪个斑点再现了嘴巴,等等;它们的形状通过难以描述的方式组合出来,传达出一幅整体图画,人们可以在图画中指出各个可被命名的特征。明暗的层次无法一一枚举。它们无法与我们用来描述肖像画模特的各个部分或特征一一关联起来。照相机再现出来的"元素"并非语言所再现的"元素"。后者的数量是前者的数千倍。出于这个原因,文字描述(word-picture)与可见对象之间的对应关系,永远不可能像照片与其对象之间的对应关系那样紧密。肖像画能够向智慧的眼睛同时传达极其丰富而详细的信息,而我们不必去解释肖像画的语言意义。这就是为什么我们在护照上和罪犯相片陈列室中使用的是照片,而不是文字描述。

显然,一个拥有如此多元素、如此千丝万缕关系的符号系统,是无法分解为基本单位的。当相同的单位出现在其他语境中时,人们不可能找得到最小的独立符号并识别出其身份。因此,照片没有词汇。油画、素描等等显然也是如此。描绘对象的方法当然存在,但支配这种方法的法则不能被称作"句法",因为没有任何东西可以被隐喻性地称作肖像画的"词"。

既然我们没有这样的词,当然也就不会有一本关于线条、明暗或其他图画技法元素的意义词典。我们完全可以在一幅画中挑出某段线条,比如某条曲线,它再现了某个可命名的事物;但相同的曲线在另一幅画中会有完全不同的意义。这段线条不具有脱离语境的固定意义。此外,也没有其他元素的复合物会像"2+2"等于"4"那样始终与它等值。我们可以根据其他符号来定义推论性符号,但不能这样定义非推论性符号。

如果没有下定义的词典,当然也就不会有能用作翻译的词典。视觉再现有不同的媒介,但媒介各自的元素之间不能像语言元素那样一一对应:"*chien*"①="狗","*moi*"②="我",等等。将雕塑翻译为绘画,或者将素描翻译为水墨画,翻译的标准答案是不存在的,因为这些形式之间的等值依赖于它们共同的总体参照,而不是像文字翻译那样,依赖于各部分之间点对点的等值。

此外,语言符号系统主要具有一般的参照,非推论性的符号系统

---

① 法语中的"狗"。——译注
② 法语中的"我"。——译注

则没有。只有惯例才可以将一个专有名字指定给某个个体——而且避免不了会有其他惯例将同一个专有名字指定给其他个体。我们可以给孩子起一个奇怪的名字,但我们不能保证其他人不会也用这个名字。一段话或许能非常贴切地描述某个场景,但只有通过使用一些已知的专有名字,我们才能用这段话非常确定地描述一个且仅仅一个地点。如果没有人名和地名,我们就永远无法证明一段话语描述的就是——而不仅仅是适用于——某个特定的历史场合。然而,在与感官直接对话的非推论性模式中,并不存在某种内在一般性。它首先是对个别对象的直接呈现。一幅图画要想具有多种意义,就必须被图式化。一幅图画本身只再现了一个对象——不管是真实的对象还是想象的对象,都是独一无二的对象。对三角形的定义适用于一般的三角形,可是人们画出来的三角形总是呈现出特定的种类和大小。我们必须在被传达出来的意义中进行抽象,才能构思一般的三角关系。如果没有言辞的帮助,这种一般化哪怕是可能的,也肯定是无法交流的。

　　由此看来,尽管非语言的再现的这些不同手段常常被叫作特殊的"语言",但这其实是个不严谨的术语。严格意义上的语言在本质上是推论性的;它具有诸多永久的意义的单位,这些单位又可以组成更大的单位;它具有固定的等值关系,可以令定义和翻译成为可能;它的内涵是一般性的,因此它需要非语言的动作,比如用手去指、用眼睛去看,或加强音调变化,来为术语指定特定的外延。这些突出的特征将语言与没有词汇的符号系统区分开来,后者是非推论性的、不可译的,其自身的体系中没有定义,也无法直接传达一般性。人们对语言传达的意义的理解是连续的,这些意义可以通过被称作话语(discourse)的过程汇聚为一个整体;而构成一个更大的、明确表达的符号的所有其他符号元素,它们的意义就只能通过整体的意义,通过它们在总体结构中的关系才能得到理解。这些元素的符号功能取决于这样一个事实:它们参与了一次同时的、完整的呈现。这种语义形式可以被称为"呈现性符号系统"(presentational symbolism),它与推论性符号系统,或严格意义上的"语言"之间存在本质区别。①

---

① 这里需要指出的是,"图画语言(picture language)"用独立的图画代替了言辞,它是推论性符号系统,尽管每一个"词"都是呈现性符号;而一切符码(code),例如聋哑人的惯例性姿势或非洲部落的种种鼓语(drum communications)等等,都是推论性的系统。

呈现性符号系统是意义的一种普通而常见的载体,这一认识令我们对理性的构想远远超出传统的界限,同时又绝不会在最严格的意义上与逻辑背道而驰。符号在哪里起作用,哪里就存在意义;反过来说,不同类别的经验——比如理性、直觉、欣赏——对应着不同类型的符号手段。没有任何符号能够免于逻辑表述的作用,免于将符号所传达的东西概念化;不论符号的意蕴(import)多么简单,或多么重大,这种意蕴都是一种意义,因而是理解的一个元素。这样的反思让人以完全不同的期待重新思考理性的界限和备受争议的感受生活(life of feeling),以及事实与真理、知识与智慧、科学与艺术等受争议的重大论题。它将许多在传统上被贬低为"情感",或被归属于朦胧的心灵深处——这里被认为是诞生"直觉"的地方,无益于产生符号,也没有应有的思考过程——的东西纳入了理性领域,以填补推论性的或"理性的"判断体系的缺陷。

格式塔形式或基本知觉形式是被赋予我们感官的符号材料,它们使我们能将由纯粹印象构成的混乱状态,解释为一个由各种事物和场合组成的世界,它们属于"呈现性的"秩序。这些材料提供了基本的抽象,人们正是根据这些抽象来理解通常的感官经验的。① 这种理解直接反映在身体反应、冲动和本能的模式中。那么,难道知觉形式的秩序不能是符号化的一种可能原则,因而才有了对冲动的、本能的、有感觉力的生命的构想、表现和领悟吗?难道由光、色或音调构成的非推论性符号系统,不能表述那种生命吗?柏格森(Bergson)所推崇的"直觉"知识超越一切理性知识,因为它不以任何表述的(因而也是变形的)符号②为手段,难道这种知识本身不能是完全理性的,却不通过语

---

① 康德认为,这种表述的原则是由他称之为理解力(Verstand)的心灵能力提供的;他对知识领域的限定虽然有些教条,但它是向理解力敞开的,而康德认为心灵所产生的形式是经验的构成性的形式而不是阐释性的(就像原则必定是阐释性的那样),这一事实阻碍了逻辑学家去认真地将这些形式视作理性的可能工具。这些形式以理性(Vernunft)形式存在,粗略地说,就是话语的形式。康德本人把理性视作人类的特殊天赋和荣耀。当一种媒介和意义的认识论开始排挤旧的知觉和概念的认识论时,康德的"理解力形式"(Verstandesformen),作为现象的概念成分,与他的形而上学学说混为一谈了,并在"元逻辑(metalogical)"的兴趣面前黯然失色。

② See Henri Bergson, *La pensée et le mouvement* (1934), esp. essays ii ("De la position des problèmes") and iv ("L'intuition philosophique"); also his *Essai sur les données immédiates de la conscience* (1889), and *Introduction to Metaphysics* (1912).

言来构思吗?——难道这种知识不能是呈现性符号系统的产物,被心灵在一瞬间读取并保存在性情或态度中吗?

这个假设在我看来非常值得探究,尽管它不为人所熟悉因而有些难解。因为,除了那些我不想吹毛求疵的有关直觉到的、继承来的或被启发的知识的可靠性问题之外,知识的非理性来源的观念削弱了心灵作为理解器官的概念。克赖顿(Creighton)教授在一篇旨在阻止第一次世界大战之后非理性主义和情感主义的巨大浪潮的文章中这样说道:"理性的力量不过是心灵整体在具备最大的延展性与范围时所拥有的力量。"①在我看来,这种假说在任何心智研究中都是一个基础假说。理性是心灵的本质,符号转化是心灵的基本过程。因此,只在系统的、明确的推理中认识心灵就是一个根本性的错误。那是一个成熟而站不住脚的产物。

理性其实体现在每一次精神活动中,并非仅在心灵"具备最大的延展性与范围"时。它渗透进人类神经系统的末梢活动中,就像皮层功能一样真实。

"感知和记忆只有在它们得到中介(mediated)的情况下才能保持其自身的存在,从而被赋予超越它们各自孤立存在的意味……凡是进入经验范围的东西都分享了心灵的理性形式。经验作为精神的内容,其任何部分都不只是具有存在属性的特定印象。由于经验接受了心灵生命的洗礼,因而它分享了心灵的逻辑本性,并普遍地活动着……

"如果心灵原则上不是对理性的表达,那么无论人们如何坚定地主张心灵的统一性和完整性,这种统一性都只不过是空谈而已。因为我们看到,凡是按照非逻辑原则去理解精神生活统一性的尝试都会失败。"②

克赖顿教授这篇犀利的短文章的标题是《理性与感受》("Reason and Feeling")。文章的核心论点是,如果在我们的精神生活中除了"理性"——当然他指的是推论性思维——之外还有其他东西,那么这个东西不可能是一个非逻辑的要素,它必须在本质上也是认知的要素;由于理性的唯一可替代选择是感受(作者并未质疑认识论的公

---

① J.E. Creighton, "Reason and Feeling", in: *Philosophical Review*, Vol. XXX, No.5, pp.465-481, See p.469.

② J.E. Creighton, "Reason and Feeling", in: *Philosophical Review*, See pp.470-472.

理),所以感受一定会以某种方式参与认识和理解。

这些观点都可以被接受。他的立场是言之有理的。但最关键的问题却几乎被忽视了:问题就在于"以某种方式"的说法。感受究竟如何才能被构思为理性的可能成分?我们不得而知,但我们得到了一个慷慨的提示,这个提示根据更广泛的符号理论为我们指出了解释。

"在心灵的发展过程中,"他说,"感受并不是一个静止的元素,在所有层次上都保持形式和内容不变,而是……通过与经验的其他方面的相互作用,得到转化和规范……事实上,在任何经验中,感受的特征都可以被当作心灵把握其对象的指引;在心灵只是部分地或肤浅地参与其中的低层次经验中,感受似乎是孤立的、隐晦的,只是身体感觉的被动伴随物……而在高层次的经验中,感受可以像感觉和心灵的其他内容一样,呈现完全不同的特征。"①

这段话表达的重要观点是,感受具有能够被逐渐明确地表达出来的确定形式。感受的发展是通过"与经验的其他方面的相互作用"来实现的;但这种相互作用的性质并没有得到具体说明。然而我认为,正是在这里,我们必须寻求这个论点整体的说服力。感受的什么特征是"心灵把握其对象的指引",又是凭什么成为指引的呢?如果感受有明确表达的形式,那么那是些什么样的形式呢?因为这些形式的样子,决定了我们可以通过什么符号系统去理解它们。人人都知道,语言就表现我们的情感本质来说是非常贫乏的手段。语言只是去为某些被含糊而粗糙地构思出来的状态命名,无论如何都无法传达不断变化的模式,无法传达矛盾而错综复杂的内在经验,感受与思想和印象、记忆与记忆的回声、转瞬即逝的幻想或者仅仅是幻想的神秘痕迹之间的相互作用,全都变成了不可名状的、情感的东西。如果我们说,我们理解他人在某件事上的感受,我们的意思是,我们一般地理解他为什么伤心或高兴、兴奋或无动于衷;我们理解引起他态度的原因。我们指的不是我们洞察到了他的感受的实际流动与平衡,洞察到了那个被看作"心灵把握其对象的指引"的"特征"。要想明确表达这样的构想,语言还很不充分。或许,即便我们能够说出自己内心深处的实际感受,我们也不会把感受告诉他人。我们很少详细述说完全个人的

---

① J.E. Creighton, "Reason and Feeling", in: *Philosophical Review*, See pp. 478 - 479.

事情。

然而，有一种符号系统特别适合说明"无法形容"的事物，尽管它缺少语言最主要的优点，即外延。这种纯粹内涵性的语义形式的最高发展类型是音乐。当我们说某一音乐进行（musical progression）有意味，或者说某一乐句缺乏意义，或者说演奏者的表演未能传达出某一乐段的意蕴时，我们并不是在胡说八道。但这种说法只对那些对音乐这种手段有天然理解的人才有意义，我们因此称这样的人为"有音乐天赋的"。乐感（musicality）通常被认为是本质上非智力的特质，甚至是生物运动特质。也许正因为如此，认为音乐是精神生活的主要来源，是最清晰地洞察人性的手段的音乐家们，才会频繁感到自己要鄙视那些以理性、逻辑等名义宣称具有实用优点的更明显的理解形式。但事实上，对音乐的理解并不会因为拥有活跃的智力而受到阻碍，甚至也不会因为热爱纯粹理性，即所谓的理性主义（rationalism）或理智主义（intellectualism），而受到阻碍；反之亦然，常识和科学敏锐性也不需要为了保护自己而抵抗音乐所固有的"情感主义（emotionalism）"。言语和音乐虽然常常在歌曲中引人注目地结合在一起，但二者具备本质上不同的功能。它们之间最初的关系比这种结合深入得多（关于这一点，我将在后面一章详细论述），只有在了解它们各自的本质之后，我们才能理解它们之间的关系。

意义的问题还在不断深化。我们对其难点的探究越久，它就越显得复杂。但在核心的哲学概念中，这是健康的迹象。每一个得到回答的问题，都会引出另一个从前根本未被考虑过的问题：符号系统的逻辑、再现的可能类型、适合这些类型的领域、符号根据其本性所具有的实际功能、符号之间的相互关系，以及最后我们讨论的主题，即符号在人类心智中的整合。

当然，我们不可能研究符号论领域的所有已知现象。哪怕是详尽的研究，也没有必要这么做。我在本章中讨论的所有语义形式的功能所依据的逻辑结构，提出了一种一般的划分原则。指号（signs）在逻辑上有别于符号（symbols）；推论性模式和呈现性模式显示出形式上的差异。由于使用符号的方式不同，还有更多种自然的划分，其重要性不亚于逻辑的区分。总而言之，我们可以围绕某些突出的类型来对意义的种种情况加以分类，并将这几种类型用作个别研究的主题。语言、仪式、神话和音乐，分别代表了四种模式，它们可以被当作研究实际符号系统的核心论题;我相信,有关艺术中的、科学或数学中的、行为中的、幻想与梦境中的意味的更多问题,都会通过类比、通过对观念的适应这一人类最强大的天赋得到了解。

(译者单位:武汉大学文学院)
学术编辑:刘　卓

# 艺术中的形式与内容①

[英]R. G. 科林伍德　著

李永胜　译

最好的艺术家也是人,因此也可能制造出差的作品。诗人之父业已为其传人留下了"打瞌睡"②的先例,因此也不会对同样如此的传人求全责备,像其他事情一样,其传人在这一点上也跟从荷马。批评家是坚强而勇于自我牺牲的群体,为了公众的利益,他们自愿招致艺术家的敌意,因为他们不得不将诗中"打瞌睡"的各种方式和原因进行分类。我不自称是批评家,但是我想提醒你们注意"打瞌睡"的一个特殊种类,它呈现了艺术理论中的一个奇怪的问题。我称它为不合时宜的主题的"打瞌睡"。

海军上校马里亚特③可能提供了一个例子。我不认为他是最好的小说家,但在他最好的时候,无疑是把好手。他的许多作品毫不羞愧地借鉴了诸如菲尔丁(Fielding)、斯莫利特(Smollet)、斯特恩(Sterne)等18世纪的典范作家;但有时他似乎忘记了这一切,并依靠自己的翅膀飞升进了小说真正的天空之中。《海军候补生易随先生》(*Mildshipman*

---

① Reprinted from *Journal of Philosophical Studies*, IV (1929), pp.332 – 345. 这篇论文由1929年2月在英国哲学研究院所做的一个演讲而来。在研究院自己的杂志上发表过,我保留了最初演讲的风格和结构,以脚注的形式添加了一些注释。

② 罗马诗人兼诗论家贺拉斯(Horace, 65 - 8 BC)在其《诗艺》中说:"当然,大诗人荷马打瞌睡的时候,我也不能忍受;不过,作品长了,睡意来袭,也是情有可原的。"(参见贺拉斯:《诗艺》,杨周翰译,人民文学出版社1962年版,第156页。)此处用了荷马"打瞌睡"的典故,意思是说"智者千虑,必有一失",大诗人也有平庸之作或大诗人的作品也有平庸之处。——译者注

③ 弗雷德里克·马里亚特(Frederick Marryat, 1792—1848),英国皇家海军上校,皇家科学院成员,也是狄更斯的友人。航海类型小说的创立人。在英国海军服役长达24年,退役后专事写作,其作品多根据其漫长的海军生涯写成,如《海军候补生易随先生》(1836)。此外,他还写过一些儿童读物,较有影响的有儿童历史小说《新森林的孩子们》(1847)。——译者注

*Easy*)中的水手的裤子事件,《可怜的杰克》(*Poor Jack*)中对格林威治(Greenwich)拾荒生活的描绘,《彼得·森波》(*Peter Simple*)对查克先生(Mr Chuck)的描绘——这些可能不是伟大的作品,但它们是好的作品,在这些作品中,作者清晰地找到了他的主题,还能找到语词来有效地、简洁地描述他的主题。但是,当你看《马斯特曼·雷迪》(*Masterman Ready*)或者《新森林的孩子们》(*The Children of the New Forest*)时,这一切消失了。清晰的景象不见了,到位的描述没有了,简洁的文笔消失了,留下的仅仅是笨拙的语言所表现的拖泥带水的材料。

这没有什么奇怪的。马里亚特曾是一名水手;他熟悉大海,热爱军旅,并对这种经历思考过很多;毕竟他观察过水手好多年,而且还深深地理解他们。当他坐下来写关于他们的作品时,他头脑中充满了想法,想法带出语词。如果马里亚特压根儿没有文学的天赋,他的水手经历不会产生那样的效果,即使他很熟悉的事物,他也会写得很糟。相反,如果他是一个真正的文学天才,他就能够将他赋予托马斯·桑德斯先生的生活,同样再赋予高尚的西格雷夫先生。实际上,马里亚特是个时好时坏的作家,既不是白痴,也不是天才,自然地,他的作品也是优劣参半。这个道理很简单。但是我想指出的是主题的选择与作品品质的关系。当马里亚特写大海时,某种程度上,他是一个好的作家,但他写其他任何事物时,他就成了一个差的作家。

这是一种非常常见的情况,也曾影响到比马里亚特更有才干的作家。例如托马斯·哈代,当他描写自己家乡的农民的生活时,他不会创作出糟糕的作品,而当他试着处理漂亮女士的题材时,他就成了一个装腔作势的、近乎无能的杂志故事作家。这也不限于文学领域。特纳(Turner)可以画出他头脑里的一艘战船,而且每条绳子都在合适的位置,但当他试着画一幅人像时,就成了一个笨蛋。所以,如果马里亚特在不适合的主题上面打瞌睡的话,特纳则在卓越人士面前打瞌睡。

但是,毕竟,为什么不这样呢?艺术家不是就应该被他的主题刺激或启发吗?依照艺术的本性,艺术家只有在对一个令人鼓舞的主题感到激动并采取行动的时候,他才会享受他力量的充分利用,这不正确或不合适吗?

当我们考虑以上案例时,这一提议无疑是有道理的。在这些情况当中,明显的是,我们讨论的那个画家或者作家对一些事物感兴趣,对另外一些不感兴趣,当他正在描绘的事物是这些有趣的事物时,他就写得或者画得好。但也有例子，从中好像可以得出不同的结论。

以简·奥斯汀为例。像马里亚特熟悉海军那样，她熟悉她所描写的流言蜚语的村庄。但你不可能在她那里找到《马斯特曼·雷迪》及《新森林的孩子们》这样的作品。当她离开她的村庄来到巴斯（Bath）或布卢姆斯伯里（Bloomsbury）后，她没有放弃她以前的风格。在某种意义上，她不受制于她的题材。她写村庄的生活，因为那是现成的；有些事情她一定很了解，所以她从班内特一家写起；但给人的感觉是，任何其他题材都能被她做得同样好，或者至少她太熟悉自己的工作了，以至于可以尝试她可能做不了的任何事情。

马里亚特和简·奥斯汀之间的比较，我认为可以这样说，即海军上校马里亚特是一个写书的水手，而奥斯汀小姐是生活在一个村庄里的作家。我不是说马里亚特是一个比奥斯汀差的作家。作为事实，他是比奥斯汀差；但这不是重点。对于托马斯·哈代，我应该说同样的话——威塞克斯小说时的早期哈代——那时，他是写书的英国西南部的农民——先是农民，后是作家，后者以前者为条件。关于马里亚特和哈代，笼统来说，他们是被刺激性题材刺激得进行文学创作的。关于简·奥斯汀，笼统来说，上述说法就是错误的。她不热恋她的题材；它们并没有使她激动；她冷冰冰地使用它们，将它们作为建构一本书的材料。

事实上，好像存在着两种类型的艺术家，他们对自己的创作题材有着截然不同的态度。一种类型艺术家是等待题材。题材必须靠近他、刺激他、启发他，将他的艺术才能提升到平庸之辈之上，而当题材不令他激动时，他也仅仅能成为平庸的艺术家。另一种类型的艺术家采取主动。他不等待题材来唤醒他的才能；他是一个有技巧的人，工艺大师，他选择一个主题来展示他的技巧，他展示他的技巧时，不比一个外科医生考虑他要做的手术时带有更多的感情。

这两种类型的艺术家一般被当作浪漫主义的和古典主义的。浪漫主义的艺术强调主题的趣味性和令人激动的特征；古典主义艺术则不。浪漫主义的艺术家不期待自己能够创作出好的作品，除非他的情感被激起，或者曾被激起，而激起他的情感经验则成为他作品的题材；古典主义的艺术家不承认任何这种限制。浪漫主义的艺术家认为艺术的成功取决于灵感；古典主义艺术家认为艺术的成功在于技巧。

当然，这不是古典一词的唯一含义。古典一词还在其他意义上被使用，不总是处于浪漫的对立面。有时，"古典"意味着被普遍认为是伟大的任何作品,在这个意义上,术语"古典"也被应用于像贝多芬一样的,彻头彻尾的浪漫的艺术家身上。有时,古典主义艺术仅仅意味着那些模仿公认的伟大艺术典范的作品,和一个人谈18世纪的英国建筑的古典主义风格时使用的含义一样。但现在,我要忽略这个词的这些含义,只简单地将之当作浪漫主义的对立面。古典主义是完美设计、工艺精巧、精通材料与结构的精神;它是形式的精神,其目标是达到完美的形式、完美的清晰性和表现性。作为比较,浪漫主义的精神是不连贯和混乱;它引以为豪的是有话要说,而不是怎么说。它鄙视形式的完美,将之作为冷漠和缺乏灵感的标记,只要它的心在正确的位置,它不在乎它触摸在了哪里。

用一句话来说:古典主义艺术意味着形式;浪漫主义艺术代表着内容。浪漫主义艺术家期待着人们去问,他说了什么?古典主义艺术家期待人们来问,他是如何说的?艺术的浪漫主义理想是,所说的事物应该是引人注目的、令人激动的事物,在他们看来是值得言说的事物;此外,为了其内在的重要性,表现方式的不完美是可以被容忍的。因此,如果没有引人注目或令人激动的主题,它就会落入琐碎之中。一个像华兹华斯一样的浪漫主义诗人,当他写关于崇高的事物时,他是崇高的,当这些失效时,他只能成为傻子。一个像特纳一样的浪漫主义画家,当他没有能够用他主题的宏伟壮丽给你留下印象时,就只能通过几个有限的技巧的重复来刺激你。从另一方面说,古典主义的理想是,不管艺术家说什么,都应该尽可能地说好。不相信题材会挟持你,并迫使你将它表达清楚;不奢望题材会帮你克服无能的重负,并在上面浪费精力;学习你的工作,要对它而不是对题材感兴趣。因此,古典主义艺术会处理非常无趣的题材,或者会用非常无趣的方式处理有趣的题材,因而会激怒浪漫主义批评家,在浪漫主义批评家看来,他们是在乏味的题材上浪费时间,甚至都不试着假装它们不是乏味的。

浪漫主义者明显是热血的和敏感的人,他们经常指责古典艺术是冷漠和没有激情的。这是个错误,但是个自然的错误。古典主义艺术家对于他题材是冷血的,但对他的工作并不如此。浪漫主义的肖像画家爱上了他的模特,希望将肖像画好;古典主义的肖像画家没有爱上他的模特,因为他已经爱上了自己的艺术。

威伦斯基(R. H. Wilenski)先生,一个非常能干的批评家,他曾经写过一本书,即《艺术中的现代运动》(*The Modern Movement in*

Art），在书中，他用一种精彩的方式，讨论了浪漫主义绘画的性质。他用一种非常具有说服力和启发性的方式说明了大量最近绘画的浪漫主义特征。例如，他认为，浪漫主义艺术家在他主题的最令人激动的特征上集中注意力，比较而言，他会忽视其他任何事物；因此，像萨金特（Sargent）这样的浪漫主义的肖像画家，他会强调一个女人的眼睛和嘴巴，会以极大的精力和技巧去画它们，但他会满足于人物形象处于画布毫无特色的位置上，以及对配饰的邋遢处理。他绘画的动力是他对于那个女人之为女人而感受到的兴奋，几乎和华兹华斯所写的一首诗中表现了他对于山之为山的激动一样。这就是浪漫主义艺术：其感染力源于其主题之感染力的艺术——在平静中回忆情感。

对于最近的浪漫主义艺术，威伦斯基反对现代主义的构造术。所有真正的现代绘画，他说，都被导向于建构一种形状结构。它关注体积或质量，它首先将绘画当作这些体积的安排。这不仅体现在立体主义中，它以人为的几何方式强调实体的某些方面。对于所有的现代绘画运动，这一点同样适用。而且，因为它关注事物的体积，而不是事物在我们之中唤起的情感，威伦斯基先生认为艺术中的现代主义运动是古典主义的。

在他的书中，我很少有敢于不同意的事情，但这是其中一个。之所以在这里提起，是因为我找不到更好的方式来解释什么是我所谓的古典主义艺术。大多数人会同意，古典主义艺术乃是形式的艺术。但是，除了说艺术致力于形式，也就是事物的形状，还应该指什么呢？

这样争论，只能成为"形式"一词词义模糊性的牺牲品。当一个画家致力于形状的时候，说他致力于其主题的形式，并在物理形状的意义上使用"形式"一词是非常合理的。但当我们说到形式性（formalities）和形式主义的时候，说到形式和内容（content）之间的对立的时候，我们根本不是在形状这个意义上使用这个词的。

如果我们停止谈论绘画[①]并以一种不同的艺术作为参照时，这就变得清楚了。我想，没有人会根据狄更斯（Dickens）是否描绘了匹克威克（Pickwick）先生的外形来判定他是古典主义还是浪漫主义的小

---

[①] 威伦斯基先生明确反对将一种一般的艺术理论运用于绘画领域之外的任何企图。但是古典主义艺术与浪漫主义艺术两个术语却在绘画领域之内和之外都得到了运用；除非它们适用于各个领域，否则，对它们含义的解释，便不会最终令人满意。

说家。我甚至不能想象被误导的批评家如何将这一标准用于贝多芬,因为音乐根本没有物理形状,像"轮廓"(outline)这样的词,也只是在比喻的意义上来使用。

然而浪漫主义与古典主义艺术之间的区别却适用于音乐。贝多芬当然是一位浪漫主义的作曲家,莫扎特则肯定是一位古典主义作曲家。当我们说贝多芬是浪漫主义的时候,我们是什么意思?无疑,我们主要是指其音乐中明显的风味和色彩;但是我们必须尝试分析这种风味,并找出是什么产生了这种风味。

这种分析的困难之处在于,如何将音乐中的特殊例子与我关于一件艺术作品题材的功能的看法进行调和。我说过,浪漫主义艺术是这样一种艺术,其价值决定于其题材让人难忘的、令人激动的或重要的性质。对于绘画来说,我的说法很管用,因为绘画一般都有题材;由于同样的原因,它对于文学也很管用;但是音乐好像根本没有题材。当然,我不是指音乐家所说的主旋律。音乐的"主旋律"是音乐曲子本身的一部分。一件艺术作品的"题材",在我使用这个词的意义上,是某种区别于该作品的东西,是艺术家在作品中描绘或再现的某种东西;在浪漫主义艺术的情况中,这是因为艺术家被这种事物所打动,因此艺术家借之在艺术作品中表现他自己。

现在这一点清楚了,即有某种事物让贝多芬与浪漫主义艺术的定义有了关系。他的音乐有一种这样的氛围:做出重大声明、传递一个消息、做出哲学的或预言式的表达。你一定记得威廉·德·摩根(William de Morgan)一篇小说中的那个人物,处于悲惨和沮丧时光中的他,听到有人在弹奏华尔斯坦奏鸣曲(Waldstein sonata)的回旋曲(rondo-subject),便对自己说:"好吧,如果是这样,就没有什么要忧虑的了。"正是这句话让贝多芬愉快了起来,他不仅明确地有点将自己当作哲学家或预言家——我不清楚他是否能清楚地将这两个角色分开——还开始在音乐中表达自己的想法。这些主张不仅被这篇小说中像约瑟夫·万斯(Joseph Vance)一样的人认真地接受,而且还被最近的贝多芬的评论者W. J. 特纳(W. J. Turner)先生所接受。我自己对这些事情不太清楚。我觉得,将贝多芬留给我们的如此强烈而令人印象深刻的信息说清楚并不容易;我不是说贝多芬的音乐依赖于他作为哲学家的能力或他作为预言家的可靠性。虽然如此,但我认为贝多芬自己并不怀疑这一点,这一事实给他的音乐添上了明显的浪漫主义要素。

事实上,贝多芬的音乐还有另外一个浪漫主义的要素——这是他自己可以证明的——正如他所说,除非他的面前有幅画面,他从不作曲。他认为自己的田园交响曲,"与其说是绘画还不如说是自己情感的表现";是从对自然的沉思中生发出的情感,因此我们才可以辨识交响曲的主题,并说主题与其题材之间的关系是一种浪漫主义的关系。这将我们带入标题音乐(Programme-music)的问题中,它带有明显的浪漫主义特征,无论其标题是"神秘的路障"(Les Barricades mystérieuses)、"哈罗德在意大利"(Harold in Italy)还是"屋顶上的牛"(Le Boeuf Sur Le Toit)。说到库伯兰(Couperin)、柏辽兹(Berlioz)和达律斯·米约(Darius Milhaud)先生,我总觉得奇怪的是,那些极力维护古典理想的法国人,竟然是最不知悔改的标题音乐家。

音乐评论家在攻击和捍卫标题音乐时,常常被一个非常不重要的问题分散了注意力:一个详细的"标题"的价值或理由,即用文字告诉观众音乐是关于什么的——用小学生的话说,就是夹带纸。他们从来没有意识到,用一个标题来称呼一段音乐(而不仅仅是一个描述性的标识号码——像"降C小调弦乐四重奏,作品120号"一样),在原则上是把它变成标题音乐,是把它附加到一个主题上,这样就剥夺了它那令人骄傲的绝对称号。他们不总是面临这样的问题吗?即如果作曲家选择以这样或那样的方式揭示主题,有多少现在没有标题的音乐作品本来是可以有一个标题呢?——例如,贝多芬在谈到第五交响曲的开头时就曾说:"这就是命运敲门的方式。"①当我们面对这些问题时,就不会再认为标题音乐是19世纪的一种创新,是柏辽兹和理查·施特劳斯(Richard Strauss)等少数怪才的奇思妙想,也不会据此对标题音乐进行攻击或辩护了;必须认识到,标题音乐仅仅是浪漫主义音乐,是音乐的两大分支中的一种,就像所有的艺术一样。我们已经看到,贝多芬的标题部分由哲学思想组成,部分由取自自然景色的意象组成。这

---

① 需要指出的是,即使是未经授权的,由公众附加到贝多芬作品上的标题,如"月光奏鸣曲",也有它们的意义。他们表明,音乐的浪漫主义风味是广为人知的,其主要意义已经被听众正确地接受。一般说来,人们并不觉得有必要给莫扎特的作品起这种浪漫主义的标题,但他们却喜欢给贝多芬的作品起这种标题;这一事实不能通过假设听众有很强的"视觉化"能力或类似的东西来解释。当音乐要求他开始时,一个精通音乐的人就开始了"形象化";或者更确切地说,他开始的时候并不是形象化(因为那意味着专注于一种感官的材料),而是在他的头脑中为他所听的音乐建立某种非音乐的"主题"。

种结合在他那一代是很典型的,使他与华兹华斯、柯勒律治,甚至(如果我们可以接受罗斯金的解释)特纳以及具有此特征的18世纪晚期和19世纪早期所有浪漫的自然崇拜和自然哲学都紧密联系起来。

我们现在可以回到现代绘画的问题上。据说,这是一个古典主义的运动,因为它不涉及感情但涉及体积和质量。但为一幅画选择一个主题,因为它有体积和质量,或因为它显示了一个有趣的体积和质量的安排,这样做,就是出于它有自己的内在品质而去选择一个主题,并相信这些品质有利于画面的成功。这是把画的责任推给主题而不是画家。而这正是浪漫主义的定义。

一个女人令人兴奋的地方是她的女性气质还是她的立体感(volumes)并没有区别。如果说她的女性气质激发了一幅学院派的肖像画,这幅画可以恰当地被称为浪漫主义艺术,那么,在独立沙龙里展出的关于她的"立体感"的作品,也完全有同样的理由被称为浪漫主义。同样,如果说维多利亚时代的音乐家们令人腻味的和声是浪漫主义的,因为它们旨在暗示少女的祈祷,那么我们现代作曲家们令人窒息的不和谐音也同样是浪漫主义的,因为它们旨在暗示一种快速的火车头。作曲家们可能会因为被提醒到这个事实而畏缩,但正是浪漫主义将9.15带入了他们的作品中。我必须重复,古典艺术不在乎其题材是什么。它不对自己说:"我们必须拒绝这个,因为这是狄更斯用过的;我们必须拒绝那个,因为那是学院派画家的东西;我们必须选择另外一个,它给了我们现代主义或者无产阶级或者从传统标准中解放出来的感觉。"以这种精神选择主题,就等于给自己贴上了"无可救药的浪漫派"的标签。反对浪漫主义不会使任何人成为一个古典主义者,事实上,刻意的反浪漫主义只是一种带有自卑感的浪漫主义。

不要以为我是一名现代艺术的敌对者。我不会这么愚蠢。实际上,我由衷地喜欢它们中的很多作品,而且,我个人认为,现代艺术是对上一代艺术的改进。我更愿意看到把女人脸画得棱角分明,而不是像传统的女性肖像那样,画出夸张的柔和与松软感。但那并不是因为我认为棱角分明是古典的,而松软感是浪漫的。那是因为我对松软感审美疲劳了,希望用棱角做一点改变。我不认为塞尚(Cézanne)因为强调体积,就成为一个伟大的人;但我认为强调体积是一件好事,因为塞尚做了;当有足够多的拙劣的模仿者做到这一点的时候,我不保证永远不会后悔地、叹息着回顾我年轻时那些像巧克力盒子一样的学院派肖像。

迄今为止，我的论点似乎得出了这样的结论：几乎所有的艺术家都是浪漫主义者，除了莫扎特和简·奥斯汀之外，没有其他古典主义艺术家。我不会花时间去问是否还能找到其他人，或者如果我们足够努力的话，这些人是否也能被涂抹上浪漫主义的色彩。但我想提出两个问题，必须结合起来讨论才能令人满意。第一，浪漫主义艺术比古典主义艺术差吗？第二，我们最初对两者的剥离是不是太过激烈？

威伦斯基先生的谈论肯定暗示说古典主义艺术是最好的种类，而浪漫主义艺术则是次一级的种类。这是有道理的。一名艺术家，当他只有被特定种类的题材所触动才能工作好时，他就不具有高超的技能，不能像一个不需要此条件的艺术家那样更好地掌控自己和他的技艺。然而，人们可能并不确信，技艺和对工艺的掌控乃是伟大艺术家的必备条件。人们不无道理地说，衡量一个艺术家的伟大与否，应该看他完成的作品，而不是看他在没有令人鼓舞的题材的情况下是否能做得同样好。如果是这样，古典艺术家必要的优越感就消失了。

但是，也许有人会回答说，浪漫主义艺术总是有这样一种倾向，那就是由于忽视了技术上的完美而变得语无伦次、杂乱无章，让咆哮代替了语言，让噪音代替了音乐。这是真的；但当它是好的艺术时，它成功地控制了这种倾向。浪漫主义艺术并不总是屈服于这种倾向；如果是这样的话，那么浪漫主义艺术将是糟糕艺术的同义词，或者更确切地说，是没有艺术的同义词。好的浪漫主义艺术确实能成功地表现自己；也确实在技巧上取得了成功，因此并不比古典艺术逊色。

但这也仅仅是因为它至少部分地认同古典主义艺术。古典主义艺术是一种技术上达到了完美的艺术，是一种无论它说什么，都力争说到最好的艺术。由此可见，每一位成功地创作出一件艺术品的艺术家，在某种程度上都是一位古典主义艺术家。一个仅仅是浪漫主义的艺术家将是这样一个人：他的灵感只有通过咆哮、喃喃自语和无意义的手势才能表现出来——如果这也可以被称为"表现"的话。正是他艺术中的古典主义元素让他脱离咆哮，并使他能够创造出真正表现他自己的某种东西。

艺术因此可以同时是古典主义和浪漫主义的。在灵感来源于其题材的意义上，它可能是浪漫主义的；在将灵感转化为表现形式的意义上，它又必然是古典主义的。在这个意义上，所有的艺术都是古典主义的。

但要完全成为古典主义的，还需要更多东西。我们说过，古典主义艺术家对他的题材相当冷血，并没有爱上它。我们当然不能说所有的艺术都是如此，因为我们已经说过，浪漫主义艺术恰恰相反。

这也不像看上去那么确定。你可能一时对一个事物感兴趣，而在另一时刻却没有。例如，你可能因为非常想挣一些钱而开始做一份工作；然而，突然，在工作的中间，你可能发现，你已经忘记了钱，在那一刻，你只对工作感兴趣。再比如，一位画家可能因为爱上了一位女士而开始画她；但在这种情况下，画家会陷入困境，因为一旦他全神贯注于自己的作品，就会发现他不是用恋人的眼光而是用艺术家的眼光在看待自己的模特。在那一刻。恋人不再是恋人；他对那个女人的爱让位给绘画的任务了。当他开始画画的时候，他可能是一位浪漫主义艺术家，但是绘画的工作，自然而然地，在他完成绘画之前就将他转变为一名古典主义的艺术家了。

当浪漫主义和古典主义被视为艺术创作节奏中的不同阶段时，它们是非常兼容的。艺术家开始于其对题材本身的兴趣；他喜欢它，害怕它，或者觉得理解了它，抑或是想要更好地理解它；他被它的形状、颜色或软硬所吸引。他出于本能的冲动被它吸引或排斥。他把这些兴趣作为一件艺术作品的主题。在这个阶段，艺术品的价值就存在于它是表现他兴趣的事实当中，如果他的兴趣没有重要性，那么艺术品也同样没有。但现在开始了艺术创作的实际劳动。这一过程的胚芽正是原初的兴趣。但这一过程要想有结果，需要比胚芽更多的东西。原初兴趣不能失去，但必须服从于文字的或音乐的工作，服从于绘画或雕刻，即要把它表现出来。在第一个阶段，艺术家是浪漫主义的。但是除非他停止做一个浪漫主义者并成为一名古典主义者，否则对于题材的原初兴趣将会吸取他所有的注意力，他将永远不会用笔或刷子展开他的工作。因此，当那四个音符的乐句进入贝多芬的脑海时，他可能会想，"命运在敲门"；他可能会对自己说："我要写一首关于命运的交响曲，充满了无情和恐惧。"但是，当他为一个完整的管弦乐队谱写交响乐时，他实际上并没有感到恐怖，也没有不间断地感到命运的无情。他正在为一种非常复杂的乐器设计声音的模式，而这项工作，他的乐谱的设计，是不可能在恐怖的情况下完成的。就像所有非常艰难的工作一样，伴随着一大堆复杂的情绪——恼怒、忧虑、胜利、绝望——但这些与命运无关,而是与交响乐有关。换句话说,贝多芬是在写音乐,而且是用唯一能写出音乐的方式——古典主义的方式。

同样的分析也适用于最基础的业余爱好者画的最简单的水彩素描。你看到一座小山,蜿蜒在灰色的天空下;它看起来孤独而阴郁,你画它以便表达这种感受。可是,你画了半个小时以后,那种孤独和阴郁已经不在你心灵的前景中了。你几乎不再意识到它们,你实际上在想的是,你的天空是否彻底晾干以便在上面画上树木。占据你心灵的问题是你的手艺的技术问题,也就是说,这时你已经成为一名古典主义的艺术家了。

因此,所有的艺术都是古典主义艺术。也唯有这种古典主义的要素,才使得这些艺术品得以存在。艺术品是艺术家形式力量(他技术的熟练)的创造物;如果有人反对这一点,认为艺术家是天生的而不是后天培养出来的,那么回答是:如果这是真的,那么这并不意味着他们不需要熟练的技术,而是说他们只有凭借天生的天赋才能获得技术。

但同时,所有的艺术都是浪漫主义艺术。一件非浪漫主义的古典主义艺术,只能是拥有完美形式而没有内容的艺术,只能是完美掌握了材料却没有主题的艺术,只能是拥有完美的表现语言,却没有表现任何东西的艺术。这不是艺术的一个种类或一种艺术家的心理类型。这是一个错误的抽象。却是一种人们真地陷进去的一种错误的抽象。当莫里哀(Molière)说"一切美好真实的东西都在字典里——这只是一个转换词语的问题"时,他是在讽刺这种艺术理论。那些谈论音乐却不理解它的人陷入了同样的谬误之中,他们补充说,所有可能的曲调现在都已经发明出来了;不过,和莫里哀不同的是,他们并不是为了开玩笑。类似的陈述都基于这样的假设:艺术只是由一种给定材料的样式或形式上的排列构成。就古典主义而言,艺术当然是这样。但它也是一种表现某种东西的尝试,是一种按照我们的经验中所遇到的事物触动我们的方式给之予一种外在的、可见的形式的尝试。

浪漫主义理想坚持把艺术与生活联系起来。贝多芬的浪漫主义之处在于,他不仅是一位音乐家,而且是一位自然的热爱者和某种程度上的哲学家。19世纪的画家试图成为摄影师是浪漫主义的,正如威伦斯基先生所展示的那样;我还要补充一点,在20世纪,艺术家尝试成为几何学家和工程师也是浪漫主义的。如果你要切断这些联系,你只会得到一门被阉割的艺术,而这门艺术的技术将永远不会有机会展示自己。从这个意义上说,简·奥斯汀的艺术无疑是浪漫主义的。我们知道,她流连于她所描写的社会和乡村流言蜚语的快乐之中。她和她的邻居们的不同之处,并不在于她能超然于这些快乐之上,而在于她能把这些快乐作为艺术品的题材。在这个意义上,莫扎特的音乐也有其浪漫主义因素。它也许不能像贝多芬的作品那样,为我们提供深刻的关于人类性格和命运的思考;但是,凡是熟悉"G小调交响曲"或《唐璜》的人都不会看不出,他的作品中所包含的戏剧性或悲剧性的成分,可与赋予贝多芬音乐浪漫主义特征的成分相媲美。以一个重要的细节为例:最近一位作家因为《爱情的烦恼咏叹调》(aria *Voi che sapete*)主旋律上不规则的、松散的逻辑结构而指责莫扎特。这等于说,莫扎特的作品不是由古典主义原则所决定的。这个观察是正确的。但是答案是——我引用的那个作者已经说过了——咏叹调的结构与唱咏叹调的凯鲁比诺(Cherubino)的性格完全吻合。莫扎特对凯鲁比诺的刻画方式与简·奥斯汀对贝茨小姐(Miss Bates)的刻画方式相同。

古典主义理想认为艺术和生活之间的联系不应该太过紧密以至于阻止它成为艺术。艺术品应该是它自身;它应该以自己为根据,并以一个清晰的和可理解的方式解释自己。毕竟,艺术家的工作就是说话,除非它在自身内就是清晰的,不需要解释的,否则,他的表现就没有成功。①

好的浪漫主义艺术是"善始"的艺术;好的古典主义艺术是"善终"的艺术。通常,"善始"比"善终"容易,因此,浪漫主义的理念比古典主

---

① 在这里,我要解释一下给艺术品起标题的做法。对于音乐作品的标题,我上边已经说过了;但就一般的标题而言,可以这样说:标题是对艺术品本身没有解释的东西和艺术品中没有明显呈现出来的东西的一个提示。因此,它有两种功能,一种是古典主义的,一种是浪漫主义的;事实上,尽管重点落在这个或者那个功能上,但两种功能在每种情况下都是共存的。如果一件艺术作品仅仅是古典主义的,那么,一个标题除了提示的目的外,就没必要存在了,这是不言自明的;所以,"伊狄帕斯在科伦那斯"可以像"第三部、颂歌3"一样简单地用于这些目的。因此,古典主义的标题只是给一部作品贴上标签;浪漫主义的标题(《尤利西斯嘲弄吕斐摩斯》或《诗章:那不勒斯附近沮丧时所作》)则解释作品。现在,如果艺术中的浪漫主义元素被忽视了,或者仅仅被认为是一种缺陷,那么浪漫主义的标题就会被认为是一种对失败的承认,一种逃避艺术家无法表现自己的后果的尝试。但是,如果正确地理解了浪漫主义的元素,浪漫主义的标题就会以其真正的光芒出现,作为承载它作品的活力特征的一种指示。这部作品不仅是一个形式的、富于表现力的整体;而且是从某种胚芽、某种经验的印象中生长出来的;而浪漫主义的标题,可以告诉我们这个胚芽是什么,可以把我们放在一个位置,使我们比没有这个标题时更容易地为自己重建这件艺术品。

义的理念更容易实现。比较而言，被某事物触动并感觉有重要的话要说是一件简单的事；而发现最好的言说方式，并因此使自己和他人真正地理解此事物则较困难。让这变得如此困难的是，你必须让你的内容服从你的形式；你必须停止让自己被信息之重要性的感觉所充满，并开始注意你对阐述的安排和布局。强烈情感是朝向一首诗的第一步；但当你设计表现它的方式时，除非你能掌握你的情感并停止去感受它，你就永远不会写出这首诗来。这就是华兹华斯所说的"在平静中回忆的情感"的含义。情感是浪漫主义的要素，平静是古典主义的。然而，华兹华斯毕竟不够古典主义；他的诗作的缺陷反映在他对诗歌的定义上，他背叛了这个事实，因为除了情感的缺失，他在古典中看不到任何东西，看不到真正有创造力的元素；甚至他看到的这一点（情感的缺失）也是不对的，因为写作的劳动也有它自己的情感。

因此，在实践中，把一件艺术作品称为浪漫主义的，往往是说它不好。浪漫主义本身并不能造就一个艺术家；它仅仅是创造一件艺术品的第一步，这个事实意味着，仅仅出于对其主题的纯粹趣味满足，或对创造一件艺术品的真正愿望的满足，那艺术家就处于停留在那儿的危险之中。在这里，现代艺术家与各个时期的所有艺术家是拴在一条绳上的蚂蚱。目前，有一类主题，由于这样或那样的原因，已经牢牢地印在大多数艺术家的脑海里。这是应该的；没有人能完全摆脱他的时代精神。但是，现代艺术的危险还是老的危险，即把选择主题的正确性误认为艺术价值。画一群长着圆柱状胳膊和腿的人，或者写一本人人都饱受绝望情结折磨的小说，都是毫无价值的。其价值在于使你的圆柱形手臂和腿形成一个和谐和富有表现力的安排，或使你的情结落入一个有序和连贯的模式之中。这就是当今好的艺术家正在做的事情。他们不满足于对圆柱体和情结的浪漫主义兴趣，他们试图使这些材料服从古典主义理想的形式要求。糟糕的艺术家们一如既往地仅仅是浪漫主义者，他们认为圆柱体和情结内在的辉煌可以弥补任何技术训练和艺术天赋的缺乏。而且，由于公众大体上同意他们的观点，而评论家们大体上也纷纷仿效，因此很难责备他们。

结论是，一件艺术品需要两样东西：信念和技巧。信念，一种有话要说的感觉，是浪漫主义的必要条件，没有信念，一件艺术作品就成了学校的练习品或粗制滥造品。技术，对工艺的掌握，是古典主义的要求，没有它，一件艺术作品就会变成一堆杂乱无章的东西。当你发现信念的缺陷或技巧的缺陷时,你就发现了一个无法弥补的缺陷。内容的卓越不是形式笨拙的借口;形式的优雅不能成为内容上贫乏的借口。但在实践中,人们普遍认为,当信念胜于技术,或者技术胜于信念时,常常出现的问题——即一种因素明显胜过另一种因素的情况下,如何评价作品的真正的审美价值——很少真正出现。通常,一方面的缺陷伴随着平行的另一方面的缺陷。这样,我所谓的"不合时宜的主题的'打瞌睡'"便发生了。只有当一个艺术家无话可说时,他才会忘记如何有效地表达。反之,在他学会说话之前,他是无话可说的。他可能有感情在他心里起作用,但它们只是模糊的情感扰动,不以"信息"的形式出现,不能传达给别人,也不能清晰地呈现在自己面前。信念和技巧,信息和语言,内容和形式,并不是可以各自独立存在,然后组合进一件艺术品的两种成分。它们一起存在,或者根本不存在。

每一件艺术作品都必须包含这两种元素,艺术家必须有他认为值得说的话,而且他必须能够说得很好。我这样说并不是在主张什么新东西,但至少我确信这是真的;这件事常常被人忘记,也许您会原谅我再说一遍。

【本文系国家社会科学基金一般项目"'表现论'美学基本问题研究"(18BZX139)的阶段性成果】

(译者单位:深圳大学美学与文艺批评研究院)
学术编辑:李素军

## 康德诞辰三百年纪念专辑

## 主持人语

高建平

今年是康德诞辰300周年,本刊为此特别组织了一组研究康德美学的文章,以示纪念。

康德在美学史上的地位,是怎么评价也不过分的。门罗·比厄斯利在《美学史:从古希腊到当代》一书中说,他"制定出一种美学理论,从其原创性、精妙性与全面性而言,将标志着这个领域的一个转折点"。

美学作为一门现代学科,是18世纪在欧洲形成的。催生这门学科的有许多人,其中最重要的,有意大利人维柯,英国人夏夫茨伯里、伯克和休谟,法国人夏尔·巴托,德国人鲍姆加登,然而,将这些人的美学思想综合成一个具有原创性的整体的工作,还是要归功于康德。

有一种流行的说法,说自从鲍姆加登出版了《美学》一书,这个学科就像新生儿一样呱呱落地了。研究现代美学史的学者保罗·盖耶则有不同的看法。他说,鲍姆加登更像是一位摩西,从沃尔夫主义的岸边窥见了新的理论,而不是一位征服了新的领地的约书亚。根据《圣经·旧约》,摩西带领以色列人出了埃及,但他们困顿在西奈沙漠里40年,直到新一代的领导人约书亚出现,才带领以色列人征服了上帝应许他们的,流着奶与蜜的迦南,即今天的巴勒斯坦。同样,鲍姆加登的《美学》出版后40年,康德的《判断力批判》出版了,现代美学体系得以诞生。

康德代表了一个转折,一个新的开端。在康德以后的一百多年里,各种美学思想都是在对康德的阐释、发挥和批判中发展起来的。美学多次被重建:黑格尔那一代人是第一次;克罗齐、杜威等那一代人是第二次;在其后,20世纪中叶兴起的分析美学,代表重建美学的第三次;新世纪以来的超越美学的美学,可以说是第四次重新建构美学的努力。所有这些新美学的创建者们都在批判康德,但在这些人身上,又都可以看到康德美学的影子。

从这个意义上讲,我们今天仍须读康德。当然,书越古老,离书的写作年代越长,书就越难读,读这些书就需要经过一段时间训练的专门的能力。但是,我们这里并非是想给那些克服困难,能读懂康德的人提供展示才能的平台。仅仅是展示能力是没有什么价值的。我们要寻找的,是活在当下的康德,是康德对我们今天建构美学的意义。

康德美学在中国,也已经有了一百多年的历史。王国维曾自述他如何克服困难,认真研读康德,他的思想中渗透着康德和叔本华的影响。朱光潜和宗白华那一代人也深受康德美学的影响。朱光潜关于观看古松三种态度的观点正是来源于康德,而宗白华提供了一个《判断力批判》上卷的通用译本。到了李泽厚这一代人,在20世纪80年代"美学热"之时,康德成为美学学科更新的思想动力源。从世纪之交到新世纪,康德著作的新译本不断出现,新一代的康德研究者也不断涌现。

人文学科的规律大抵如此,一些思想过时了,但那些书还是要读,其中有些精神不会过时。康德的书在今天,仍是美学研究者的必读书。不仅是他的《判断力批判》的上卷,而是《判断力批判》全部,是他的三大批判,都是美学研究的必读书。我们读这些书,不是说这些书中所说的话句句是真理,而是说,这些论断可供我们思考、质疑、启发,从而形成新的思想。毕竟,建立适应我们时代的美学体系,才是我们的中心任务。我们要在新时代实现理论的创新,就需要通过对包括康德在内的各位重要美学家的思想进行批判地吸收。这正是我们组织这个专栏的目的,这也是我们要持续组织"经典重读"专栏的目的。

# 从"感情"到"自由的愉悦":
# 18世纪西方美学视域下的情感探索

卢春红

**内容提要** 在趣味能力的主体呈现中,从对情感状态的描述到对情感能力的解说,18世纪西方美学视域下的情感探索历经两个关键性环节。如果说通过彻底主观化剥离与外物的关联,主体呈现出情感能力的本真样态,那么以"感"与"情"两条分立的探索路径呈现对情感能力之普遍性的探索则是思想的现实选择,也由此带来美学学科在非美学的探索路径中消弭自身的后果。康德基于这一思想境况而将普遍意义上的情感指向共通感时,这一处于两个并行思想传统中的概念呈现出双重使命:通过判断的反思方式来消解普遍性探求中的"概念化"维度,呈现其先天性条件的身份;通过判断的审美表象来消解普遍性解说中的"客观性"维度,呈现其主观性原则的身份。对于美学学科的建构,探索审美的情感能力的意义在于,"自由的愉悦"由此呈现出从"消极"到"积极"的转换。

**关键词** 感情 内在感官 共通感 愉快和不快的情感 自由的愉悦

如果说趣味问题是近代西方思想构建美学学科的引线,那么18世纪对这一问题的回应,不再限于对趣味能力的个体教化与培育,而是以直接或间接方式与主体自身的感性相关联,探索趣味问题在主体自身的先天能力与普遍性依据。在由此而来的理论推进中,康德以共通感为先天条件来解说"愉快和不快"的情感,不仅对主体之情感状态做出先验解说,而且将审美情感的品性指向"自由的愉悦"。然而,从18世纪西方美学的整体背景反观,将共通感作为普遍意义上的情感其实是多重思路交错下的结果。在对情感之先天条件的探寻中,美学视域之外的探索路径首先占据主导地位,并对美学的学科建构带来复杂影响。不过,恰恰是在这一远离而又回复的过程中,共通感作为先天条件与主观原则的意义彰显,并使得"愉悦"的自由品性发生重要转化。本文尝试以情感这一审美感受的主体条件为引线,呈现其在18世纪思想背景下的探索过程,阐明共通感进入美学学科的思想背景以及它对情感呈现产生的影响。

## 一、由"感官"到"情感":审美感受的主体条件

作为现代美学的开启者,夏夫兹博里(the Earl of Shaftesbury)的理论探索在英国思想世界中有着复杂的面相。从近代以来经验论的总体脉络来看,其奠基者培根明确反对虚幻的想象和空洞的推理,要求从对外部经验的观察中获得知识的来源,作为集大成者的洛克更是强调心灵的白板说,认为"我们的一切知识都是建立在经验上的"①。而当霍布斯将这一思路引入人类事务,以自然状态为理论前提论证国家的产生时,其在社会生活中的功利主义本质亦随之显露。与此相比较,夏夫兹博里的理论探索显示出学术旨趣的差异。在其陆续写于1699—1710年间风格各异的三卷本《论人、风俗、舆论和时代的特征》中,他对社会事务中公共利益问题的关注占据核心位置。将这一思路与人性的建构相关联,从对公共利益的诉求指向对人的社会品性的培育时,夏夫兹博里在道德趣味的建构中意识到审美趣味的重要性,其建立在无利害性原则上的审美观念也因此奠定了现代美学思想的基础。1790年,康德在《判断力批判》中探究"鉴赏"在主体自身的先天条件时,"无利害性"原则依旧构成分析鉴赏判断的前提条件。

不过,将夏夫兹博里的这一观念仅仅理解为对外在功利目的的排除,远不能揭示出其理论探索的深层意义。从情感的角度切入,夏夫兹博里的关注重心,固然是对人的品性的经验性培育,更是对建构这一品性的心灵基础的阐明。在以"无利害性"排除霍布斯利己主义人性观的同时,夏夫兹博里的探索路径并未停留于公共利益,而是将呈现这一利益的依据与主体自身的内在感受相关联,并赋予这一情感状态以重要地位,认为"在一个理智的生物来说,完全没有通过任何感情

---

① 洛克:《人类理解论》上册,关文运译,商务印书馆1959年版,第74页。

(affection)而变得成熟,是不会对那种生物的本性的善或恶造成影响的;只有当与他有关的系统的善或恶,是触动其情感(passion)或感情(affection)的直接对象时,他才能被假定为是好的"。①

在这一意义上,认为夏夫兹博里的转向受到英国这一时期与经验主义分庭抗礼的剑桥柏拉图学派的影响,固然其依据,二者确乎显示出方向上的趋同性,即在现实世界呈现精神性的存在,不过,将这一探索最终落实于主体的情感状态,表明夏夫兹博里承载的是经验主义的内核。在强调公共利益的重要性时,他依旧将这一社会关切的标准以及起源置于主体的感性状态中,这显然是经验论前辈探究问题的主导模式。对于人的观念的起源,经验论不同于唯理论的特殊之处在于,以主体自身的感觉为出发点对其作出解说。在成书于1651年的《利维坦》中,霍布斯首先表现出明确意向,认为"人类心里的概念没有一种不是首先全部或部分地对感觉器官发生作用时产生的"②。洛克在1690年的《人类理解论》中重新审视这一主题时,虽然不再将感觉作为观念的唯一来源,但仍然肯定了与感官对象相关的感觉"是观念的一个来源"③。

问题的关键在于,如何理解主体的这一感性状态?面对心灵的内在状态,霍布斯的特殊之处在于将感觉与生命的"自觉运动"(voluntary motion)直接相关,认为这一感受虽是"由我们所看到或听到的事物的作用引起",在本质上呈现的却是"人类身体的器官和内在部分中的运动"④,也由此与这一自觉运动在其最初阶段的内在开端即欲望产生关联。因为"人体中这种运动的微小开端,在没有表现为行走、说话、挥击等等可见的动作以前,一般称之为意向。当这种意向是朝向引起它的某种事物时,就称为欲望或愿望。……当意向避离某种事物时,一般就称之为嫌恶"⑤。同样面对主体感受状态,洛克则在感觉之外还补充了另一种心理状态——"反省"。感觉的目的是与外部

---

① 夏夫兹博里:《论人、风俗、舆论和时代的特征》,董志刚译,上海三联书店2018年版,第193—194页。英文版参见 Shaftesbury, *Characteristics of Men, Manners, Opinions, Times*, Vol. II, Indianapolis: Liberty Fund, 2001, p.12.
② 霍布斯:《利维坦》,黎思复、黎廷弼译,杨昌裕校,商务印书馆1985年版,第4页。
③ 洛克:《人类理解论》上册,关文运译,第74页。
④ 霍布斯:《利维坦》,黎思复、黎廷弼译,第35页。
⑤ 同上,第36页。

事物产生关联,反省的目的则是让"我们还知觉到自己有各种心理活动"①。值得关注的是,"反省"并不单纯是与"感觉"相并列的另一种心理状态,作为一种"后起的"、以"知觉"方式呈现的状态,它还与心理的"快乐与痛苦"产生关联,呈现出快乐或痛苦的知觉。由此,当洛克强调"如果我们一切外面的感觉同内在的思想,完全和快乐无涉,则我们便没有理由,来爱此种思想或行动而不爱彼种,或宁爱忽略而不爱注意,或宁爱运动而不爱静止"②,表明的则是感觉与情感之间的密切关联性。

在这一意义上,指出夏夫兹博里与霍布斯思想中利己与利他的区分只是表层,更深层的差异在于二者面对主体感受状态时的不同方向。与霍布斯将这一感性存在与欲望能力相关联不同,夏夫兹博里通过"无利害性"观念,在排除私人利害的同时,也剥离了感觉与欲望的关联,并在客观上接纳了洛克的思路——将心理感受与情感相关联。如果说在洛克的论说中,情感还只是与感觉状态相伴随的另一个因素,夏夫兹博里则直接将主体的感性状态称作感情,并集中考察了"哪些感情是好的和自然的,哪些又是坏的和反常的"③。在1728年的《论激情和感情的本性与表现,以及对道德感官的阐明》一书中,苏格兰启蒙运动的奠基人弗兰西斯·哈奇森(Francis Hutcheson)正是沿着夏夫兹博里所开启的探索方向,将感情或激情进一步界定为与感觉不同的另一种"快乐或痛苦的知觉,它们并不直接由事件或对象的出现或运行引起,而是由对它们当下或确定性的未来存在的反思或理解而产生,因而确信该对象或事件将会使我们产生直接的感觉"④。

不过,哈奇森并未停留于对情感状态的单纯描述,而是进一步探寻与这一状态相关的主体能力,并把由这一能力而形成的"规定"指向"感官"⑤,以便为感性状态提供主体自身的依据。将与美的感受相关联的主体能力指向"内在感官"(internal sense)⑥,是对这一探索路径

---

① 洛克:《人类理解论》上册,关文运译,第74页。
② 同上,第101页。
③ 夏夫兹博里:《论人、风俗、舆论和时代的特征》,董志刚译,第194页。
④ 哈奇森:《论激情和感情的本性与表现,以及对道德感官的阐明》,戴茂堂、李家莲、赵红梅译,浙江大学出版社2009年版,第22页。
⑤ 同上,第5页。
⑥ 哈奇森:《论美与德性观念的根源》,高乐田、黄文红、杨海军译,浙江大学出版社2009年版,第8页。

的实质性推进。反观《论人、风俗、舆论和时代的特征》中的论述,夏夫兹博里也曾将情感状态的主体依据指向"内在的眼睛"①。相比之下,哈奇森的解说更为明晰,不仅确定了这一能力的感性身份,而且以"内在"方式与外在感官相区分。这倒不是说,"内在感官"是哈奇森首次使用的术语。早在《人类理解论》中,伴随对观念之起源的分析,洛克就通过"反省"这一特殊心理状态发现主体自身存在一些特殊的观念,"这种观念的来源是人人完全在其自身所有的;它虽然不同感官一样,与外物发生了关系,可是它和感官极相似,所以亦正可以称为内在的感官"②。在承接洛克的这一概念时,哈奇森的推进之处在于,在将内在感官明确与审美感受相关联时,扭转了这一感官的主要内涵,指向的不再只是心灵的一种内在状态,而是主体自身的情感状态。在哈奇森对"感官"概念的总体界定中,这一倾向得到集中体现:"如果把可以接受独立于我们意志的观念、并产生快乐或痛苦知觉的心灵中的每一种都规定称为一种感官,与通常解释过的那些感官相比,我们将发现许多其他感官。"③这里,"其他感官"指向的正是除外在感官之外的"内在感官",而后者的特点则在于通过规定与情感状态相关联。

然而,将审美感受的主体能力称作内在感官,虽显示的是与"外在感官"的区分,却也暗示着其尚未摆脱对"感官"的某种依赖以及与外物的纠缠。这表明,主体的感性能力若要真正呈现其作为情感的本色,尚须走出"内在感官"的表述方式。在这一意义上,休谟的解说路径显示出理论探索的另一层推进。1739—1740年出版的三卷本《人性论》中,休谟在主标题下还加了一个副标题——"在精神科学中采用实验推理方法的一个尝试",以表明这部著作的总体研究路径是:将科学的方法引入精神领域,通过严密的逻辑论证呈现人性的本质。正是通过引入新的方法来剖析"人性",年轻的思想家与其经验论前辈产生了切入点的差异。依据洛克在《人类理解论》中的论述,心灵中"观念"(idea)的起源被指向两个相关而不同的途径:"感觉"(sensation)与"反

---

① 夏夫兹博里:《论人、风俗、舆论和时代的特征》,董志刚译,第380页。
② 洛克:《人类理解论》上册,关文运译,第74—75页。
③ 哈奇森:《论激情和感情的本性与表现,以及对道德感官的阐明》,戴茂堂、李家莲、赵红梅译,第5页。

省"(reflection)。① 其中,通过感觉所关联的感官,观念的对象指向外部事物;通过反省,观念的对象指向主体的心理活动。同样面对知识的起源,休谟则将探究主体的切入点指向"知觉"(perception),认为"不通过一个意象或知觉作为媒介,任何外界对象都不能被心灵直接认知"②。但这并非是说,主体心灵的感受状态由"感觉"转换为"知觉",而是说知觉的重要性发生了变化。洛克认为,由于"人心只有在接受印象时,才能发生知觉",因而知觉作为"人心运用观念的第一种能力",是"我们反省之后所得到的最初而最简单的一种观念"③。休谟却颠倒了二者之关系,强调"我们所确实知道的唯一存在物就是知觉"④,无论是印象(impression),还是观念,二者作为主体的心理状态均由知觉所呈现。

　　休谟之所以赋予"知觉"以重要地位,源于探索思路的根本转向。洛克虽将观念的来源区分为两种,却认为感觉的对象是观念的首要来源,而主体自身的心理活动是"我们在运用理解以考察它所获得的那些观念时"⑤才知觉到的,目的是将观念的来源最终指向外部经验。休谟则认为,"印象"作为"进入心灵时最强最猛烈的那些知觉"⑥,虽也可以区分为"感觉"与"反省"两种,然而,且不说反省印象"大部分是由我们的观念得来",即使是感觉印象,也是"由我们所不知的原因开始产生于心中"⑦,二者均明确切断了感觉与外部世界的关联。将这一解说理解为休谟对主体能力分析的精细化,并未准确捕捉到其在主导思路上的变化。认为感觉可以通向经验,其实是反向指出,我们需要通过外部经验来论证感觉的存在。在17—18世纪英国经验论的证明思路中,感觉虽构成基础要素,却不具有自身的独立性,通过与外部对象的直接关联正可为这一主体感受提供现实化路径。与此形成对照的是,知觉不与外部对象直接相关,这一点早在洛克将知觉归于"反省"方式时就已显示出来。休谟通过摆脱"反省"路径,直面"知觉",不仅揭示

---

① 洛克:《人类理解论》上册,关文运译,第73页。
② 休谟:《人性论》上册,关文运译,郑之骧校,商务印书馆1980年版,第268页。
③ 洛克:《人类理解论》上册,关文运译,第116—117页。
④ 休谟:《人性论》上册,关文运译,第239页。
⑤ 洛克:《人类理解论》上册,关文运译,第74页。
⑥ 休谟:《人性论》上册,关文运译,第13页。
⑦ 同上,第19页。

出这一概念的独立性,而且彰显其对于心理感受的重要性:从主体的视角来看,心理的感受本质上是经由主体知觉来获得自身的呈现。

但这并非是说,通过摆脱与外部经验的关联,休谟远离了经验论的探索路径。在将精神落实为个体化存在的唯理论探索模式中,莱布尼茨也从"知觉"切入来分析单子这一精神个体的内涵,让知觉呈现为从微知觉到统觉逐渐明晰化的过程,从而解决了感觉与思维之间的过渡问题。本质上讲,这并非感觉与知觉单纯消弭界限式的混同,而是让个体以"精神"的方式存在,以便知觉的不同存在状态都建立于思维的基础之上。与此相比较,休谟采纳的是全然属于经验论体系的感性视角。他虽也将知觉中观念与印象的差别归结为"强烈程度和生动程度各不相同"①,但这一不同是感性因素之间的差别。因为观念在本质上归属于知觉,它们即使会与思维有关联,也只是"用来指我们的感觉、情感和情绪在思维和推理中的微弱的意象"②。在这一意义上,乔治·贝克莱(George Berkeley)在1710年的《人类知识原理》中强调,我们思想、情感和想象所构成的观念的"存在(esse)就是被感知(percepi)"③,只是对这一思路的开启,当休谟进一步甩掉贝克莱将知识起源指向上帝的精神依赖,才真正完成知觉的主体化呈现。

在这一意义上,当休谟认为自己在解说人性的原理时提出了"一个建立在几乎是全新的基础上的完整的科学体系"④,这一"全新的基础"指向的正是主体化的方向。在近代思想的发展中,彻底主体化的方式对于感性能力的推进有着重要意义。如果说让观念属于知觉,并由此消除感性与理性的关联,是让康德的先验哲学走向"一个完全不同的方向"⑤的重要契机,那么将感觉与外部事物的关联彻底切断,才是隐藏在思想探索底层的真正创见。一旦外部经验不再是感觉现实化需要凭借的客观依据,就意味着"感觉"可以借助于感官,却不必依赖于感官。在"感官"(sense)的重要性大大降低的同时,感觉与其他

---

① 休谟:《人性论》上册,关文运译,第13页。
② 同上。
③ 乔治·贝克莱:《人类知识原理》,关文运译,洪谦校,商务印书馆2010年版,第23页。
④ 休谟:《人性论》上册,关文运译,第8页。
⑤ 康德:《任何一种能够作为科学出现的未来形而上学导论》,李秋零译,《康德著作全集》第4卷,中国人民大学出版社2005年版,第261页。

主体感性能力相关联的可能性得以呈现。在将关注重心转向内在感官时,哈奇森虽已显示出对"知觉"的关注,并将与感官相关的感性状态称作"感官知觉"或"内在意识知觉"①,然而,如果这一感官尚未摆脱与外在事物的关联,知觉便无从彰显自身的重要性。这构成了休谟与哈奇森思想的核心差异。在从感性角度来探究普遍性的根源时,哈奇森的"内在感官"如同"共同感""道德感""荣誉感"一样,本质上已与感官感受无直接关联,将其归结为"感官",即使是以"类比"方式,也掩盖了这一感性能力中本应呈现的真实内涵。而以知觉作为分析人性的切入点,休谟学说中的主体感受能力在排除外在因素的纠葛后,也将自身作为情感的本色呈现。在知觉中,不仅"印象"作为"心灵中最强最猛的"部分,内含的是"初次出现于灵魂中的我们的一切感觉、情感和情绪"②,而且"观念"以"在思维和推理中的微弱的意象"的方式也被归属于感觉、情感和情绪等心理状态。

统观休谟对于人性中三个部分的解说,情感部分占据了该部著作的一个独立章节。在以名为"情感"(passion)的专题方式对这一主体能力给予关注时,休谟的论述范围虽未局限于审美领域,却不影响这一能力在人性中的特殊地位。即使在分析道德情感时,休谟对"道德感"的术语使用也做了并非无关紧要的调整——由"moral sense"调整为更为常用的"moral feeling"或"moral sentiment"。周晓亮在《休谟哲学研究》一书中对这一调整给出推测性解释,认为"这也许是由于休谟不希望人们简单地将道德感当成与肉体感觉完全相同,因为自从道德感理论提出,关于是否能发现像眼、耳等外部感官那样的道德感官,就成为对道德感理论的主要责难之一,所以休谟在用词上突出道德感的情绪、情感的特点"③。显然,这一推测主要侧重于道德论证的视角,但也不妨碍以此为切入路径,呈现其中内含的由感官向着情感的转向。1757年,在专题研究论文《论趣味的标准》中,休谟通过对理想的批评家的分析指出了趣味能力的标准,即"有健全的理智力,能同精致的情感相结合,因为锻炼而得到增进,通过进行比较而得以完善,还能清除一切偏见。只有批评家才有资格拥有这些宝贵的

---

① 哈奇森:《论激情和感情的本性与表现,以及对道德感官的阐明》,戴茂堂、李家莲、赵红梅译,第4页。
② 洛克:《人性论》上册,关文运译,第13页。
③ 周晓亮:《休谟哲学研究》,人民出版社1999年版,第301页。

品质,这样的共同裁决,无论在什么地方被发现,都是趣味和美的真正标准"①。这里,"健全的理智力"与"精致的情感"虽然还存在术语内涵上的纠缠,作为趣味之主体能力的情感包含这两个方面的要素则是明确的结论。

在开始于18世纪80年代的先验哲学的建构中,当康德通过一种新的判断力来强调审美判断的主观化倾向时,他承接的依旧是休谟的这一转向,并特意指出,"如果对愉快或者不快的情感的一种规定被称为感觉(Empfindung),那么,这一表述就意味着某种完全不同于我在把一件事物的(通过感官,即一种属于认识能力的感受性而来的)表象称为感觉时的东西"②。在这一意义上,康德强调"用情感这个通常流行的名称来称谓任何时候都必定仅仅保持为主观的、绝对不可能构成一个对象的表象的那种东西"③,这并不单纯是具体术语使用上的调整,而是主体感受能力在美学视域下的呈现。

## 二、普遍性解说的非审美指向:两条情感探索路径的分立

在对趣味之主体根源的探究中,从"感官"到"情感"的转化是一个重要环节。真正说来,主体自身的现实感受状态并非单纯官感,而是感觉与情状相结合的情感。将其首先指向"感官",内含的其实是尚未与外物相剥离的原初状态。一旦采用彻底主体化方式,情感作为审美感受之主体条件的本色便得以彰显。不过,探究审美感受的主体能力,呈现这一能力的独立品格只是基础环节,其最终目的则是给美学学科的建构提供普遍性保证。这意味着,对情感之独立性的彰显同时伴随着对这一能力的普遍性探求。

早在夏夫兹博里从主体的感性状态切入对趣味的分析时,阐明其在心灵中的情感条件,同时也是为了对这一感性状态的普遍性质进行解说。面对主体自身的情感感受,夏夫兹博里首先将其分为三种不同

---

① David Hume, *Of the Standard of Taste*, *Essays: Moral, Political, and Literary*, Indianapolis: Liberty Fund, 1985, p.241.
② 康德:《判断力批判》,李秋零译,《康德著作全集》第5卷,李秋零主编,中国人民大学出版社2007年版,第213页。
③ 康德:《判断力批判》,李秋零译,第213页。

的状态,第一种状态是"自然感情,导致公众的善",第二种状态是"自我感情,仅导致个体的善",第三种状态表现为"两者都不是,并不导致公众的或个体的善,而是恰恰相反;因而可被叫做非自然感情"①。由对这些情感状态的分析可知,夏夫兹博里并不否认自我意义上的感情,这一感情虽从个体出发,最终指向的却是"善",因而与自然感情所关联的"善"呈现出方向上的一致性。需要关注的是自然感情与非自然感情之间的关系。以强化的方式呈现二者之间的对执,意图表明的是自然感情与非自然感情在根本上的不兼容。在这一意义上,想要将对人的社会品性的培育指向"公共的善",与普遍意义上的感情相关联,排除非自然意义上的感情构成基本前提。此后的哈奇森也明确指出,"在我们称为高尚的这些感情(affections)中,没有哪一种会源于自爱或对私人利益(private interest)的欲求"②,而是存在于"排除了自我利益"的"仁爱之爱"③中。为了进一步说明作为"无私的仁爱"的情感来源,他也将其与道德感官相关联,并对这一来自夏夫兹博里的概念做了系统论述。

然而,也正是在将情感能力的解说与普遍性的追问相关联时,经验论探索路径中内含的美善不分的状况随之显出。在夏夫兹博里的论说中,普遍意义的情感被明确指向"公共的善"。哈奇森虽将"内在感官"与审美感受相关联,并用这一主体能力来标识"令人愉快的知觉"④,其与"道德感官"之间的界限依旧不清晰。如果五官感受因其与外部事物相关联而被看作是"外在感官",那么"道德感官"同样可归属于内在感官。在1785年问世的《论人的理智能力》一书中,苏格兰常识学派的创始者托马斯·里德(Thomas Reid)就直接指出,"格拉斯哥的哈奇森博士认为,我们具有的简单、原始观念不能归功于外部感官或意识,因此他引入了其他的内部感官,比如和谐感官、美感官和道德感官"⑤。究其根本,美与善的纠葛固然意味着对美之为美的普遍性探

---

① 夏夫兹博里:《论人、风俗、舆论和时代的特征》,董志刚译,第224页。
② 哈奇森:《论美与德性观念的根源》,高乐田、黄文红、杨海军译,第100页。
③ 同上,第102页。
④ 哈奇森:《论激情和感情的本性与表现,以及对道德感官的阐明》,戴茂堂、李家莲、赵红梅译,第5页。
⑤ 托马斯·里德:《论人的理智能力》,李涤非译,浙江大学出版社2010年版,第304页。

究需要以对善的解说为前提,但同样伴随其中的另一种潜在倾向则是:以分析道德情感的路径来解说美学意义上的情感能力。

这一倾向在休谟彻底主体化的路径中以分立的方式凸显。值得关注的是,在对情感能力的解说中,另一个关键概念——"同情"出现在休谟对情感内涵的分析中。在将道德感作为道德区分的依据时,休谟给予重要补充:"同情(sympathy)是道德区别的主要源泉。"① 人们常常容易在与怜悯相关的意义上来理解同情,因为怜悯是同情呈现自身内涵的主要方式。从其本质而言,二者却有着很大不同。听闻他人的不幸遭遇,人们难免悲伤,在这一情境中,"怜悯"(pity)作为"对他人苦难的一种关切"②,其着眼点在遭遇不幸时的具体状况。与此相比较,同情则着重凸显的是情感之间相互传递的性质。休谟为此特意强调,"在同情现象方面,心灵很容易由'我们自己'的观念转到和我们相关的其他任何对象的观念"③,以表明在同情的感受中,重要的不是他人的实际状况——虽然这一感受并未离开这一状况,而是心灵之间的转换与传递。更关键的是,同情与怜悯不只是关注重心上的差异,前者还从根本上构成后者的基础:正是因为情感可以相互传递,人们才能对他人的不同境况做出应答。从道德论证的角度,将对"道德感官"的探究转向对"同情"概念的分析无疑是休谟在理论上的推进。从审美视角下关注这一情感探索,随着情感能力的明晰化,彰显的却是知觉与同情的分立。与在道德领域中将同情作为道德区分之来源相对照,在知识领域中,知觉则占据了核心位置,不仅与感觉相关联的印象由知觉而来,而且与思维和推理有关的观念之来源也与知觉相关。如果说在哈奇森的理论探究中,知觉与感情还共同出现于这一情感能力中,因为知觉总是伴随着愉快或者不快的情感,那么在对"人性"做科学的探究时,恰恰因为纯粹的主体化,剥离外在的干扰后,情感探索中两个因素的分立也随之彰显。

两条探索路径的分立也可从休谟对价值与知识之差异的描述中得到印证。在《人性论》道德学部分的一个附论中,休谟针对道德学说给出一段补充说明:"在我所遇到的每一个道德学体系中,我一向注意

---

① 休谟:《人性论》下册,关文运译,第 661—662 页。
② 同上,第 406 页。
③ 同上,第 377 页。

到,作者在一个时期中是照平常的推理方式进行的,确定了上帝的存在,或是对人事作了一番议论;可是突然之间,我却大吃一惊地发现,我所遇到的不再是命题中通常的'是'与'不是'等连系词,而是没有一个命题不是由一个'应该'或一个'不应该'联系起来的。这个变化虽是不知不觉的,却是有极其重大的关系的。因为这个应该或不应该既然表示一种新的关系或肯定,所以就必须加以论述和说明;同时对于这种似乎完全不可思议的事情,即这个新关系如何能由完全不同的另外一些关系推出来的,也应当举出理由加以说明。"① 在这段被后来研究者认为是著名的"休谟的法则"(Hume's Law)②的表述中,休谟指出了存在于推理中的两种不同关系:一种是"是"与"不是"的关系,一种是"应该"与"不应该"的关系。以往的道德理论从"是"判断直接过渡到"应该"判断,而在休谟看来,问题正是在这一未经证明的过渡中,因为从"是"判断推断不出"应该"判断。落实于情感能力的探究,尝试将主体感性能力中的知觉与同情区分开来,便是这一主导思路的体现。在对趣味评判标准的分析中,趣味所必需的两种要素——"健全的理智力"与"精致的情感"未能在主体层面呈现为一种感性能力,想必与休谟的这一关注视角有一定关联。

面对心灵的诸种能力,康德也同休谟一样强调了知识与道德的差异,并将对两个领域的区分作为批判哲学的核心任务。不同之处在于,休谟的区分基于主体的感性能力,使用的是经验心理学的描述方法,康德的区分以理性为依据,采纳的是先验逻辑的解说模式。为了限制知识,给信仰留下地盘,康德将理性区分为理论理性与实践理性:前者为知识提供规则,指向自然领域;后者为道德提供法则,指向自由领域。将这一判定依据与情感能力相关联,其内涵中的两个不同层面也由此被区分为"感性直观"与"道德情感"。

人们通常接受一种未经审视的看法,认为在情感能力中这两个要素并不必然相关。然而,如果关注重心不是知识之可能,而是人性的真实感受状态,以"表象"方式呈现的感受过程很难剥离掉愉快或者不快的情感。从经验论一开始,这一点就被发现和描述,在通过感觉与

---

① 休谟:《人性论》下册,关文运译,第 509—510 页。
② R. M. Hare, *Freedom and Reason*, Oxford: The Oxford University Press, 1965, p. 108.

反省来呈现心理感受时,洛克明确指出"快乐和痛苦——喜乐或不快几乎同一切感觉观念和反省观念是分不开的",因为"感官由外面所受的任何刺激,人心在内面所发的任何思想,几乎没有一种不能给我们产生出快乐或痛苦来"①。在面对情感现象时,康德也认可了情感与其他感受的关联性:"与欲求或憎恶相结合的,任何时候都是**愉快**或者**不快**,人们把对它们的感受性称为**情感**;但并不总是反过来说。因为可能有一种愉快,它根本不与对对象的欲求,而是已经与人们关于一个对象所形成的纯然表象(表象的客体存在与否都无所谓)相联结。"②在这一表述里,康德从一明一暗两个层面,既肯定了情感与欲望的结合,也认可了情感与表象之间的关联。在这一意义上,探索路径的分立虽是美学意义上的情感尚未获得独立性认可的结果,更体现为探索感性能力的普遍性时有意识的选择。为获得普遍意义上的情感,18世纪的思想世界首先选择以两个因素分立的方式来探寻普遍性解说。在《判断力批判》中,康德曾有过如下陈述:"为了区分某种东西是不是美的,我们不是通过知性把表象与客体相联系以达成知识,而是通过想象力(也许与知性相结合)把表象与主体及其愉快或者不快的情感相联系。因此,鉴赏判断不是知识判断,因而不是逻辑的,而是审美的,人们把它理解为这样的东西,它的规定根据只能是**主观的**。"③这固然是为了表明,将表象与情感相关联是阐明"愉快和不快的情感"得以可能的前提,将其作为审美领域先天综合判断的核心任务也意味着,两种感性能力的分离是之前进行普遍性追问的基本条件。

顺着康德先验哲学的思路,探索路径的分立被明晰化的同时,普遍性的解说也随之呈现。从"表象"角度,分离的条件如上所述,即"通过知性把表象与客体相联系"。对这一路径的剖析集中体现在《纯粹理性批判》中。休谟对知觉的心理联想的分析证明,经验心理学的路径并不能获得知识的普遍必然性保证,康德则通过由理性提供来源的范畴(纯粹知性概念)来阐明先天意义的感性能力。在解说认识能力之可能的先验感性论中,康德不仅从感性直观中剥离出纯粹的直观形式——时空表象,而且通过想象力的先验综合和统觉的先验统一,在

---

① 洛克:《人类理解论》上册,关文运译,第100页。
② 康德:《道德形而上学》,李秋零译,《康德著作全集》第6卷,李秋零主编,中国人民大学出版社2007年版,第218页。
③ 康德:《判断力批判》,李秋零译,第210页。

纯粹知性能力的规范中获得这一直观形式的先天性保证。从"情感"角度,分离的条件则是通过理性将情感与客体相联系,目的是获得情感的普遍性——可被先天认识的情感。休谟对情感之同情原则的解说,虽提供出"旁观者"的立场,显示出与他者的关联,但"可传达性"的呈现依旧基于经验性解说。康德则明确将情感与理性相关联,以理性来规定情感。在对道德法则之可能的主观原则的阐明中,康德不仅剥除了由情感对感性欲望的依赖而来的偏好,而且在情感对道德的兴趣中阐明了这一先天情感的内涵——对道德法则的敬重,并通过让主观原则同时成为客观原则,保证了这一情感的先天性。

然而,从美学学科的角度反观这一过程,分离式解说作为必要路径,固然让其中的要素以各自独立的方式获得普遍性,成为先天意义上的感性能力,却也给学科的建构带来问题。在休谟的论述中,探索过程因其经验论底色,强调从感性视角追问观念的起源,从而掩盖了分立对美学建构的影响。在将这一过程置于先验哲学体系后,康德的解说不仅以醒目方式强化了两种探索路径的区分,而且呈现出美学学科由此而来的现实状况。

首先,在对认识领域中的感性能力进行分析时,康德在将其置于先验感性论(Die transzendentale Ästhetik)的同时,也在第一节的注中表达了对 Ästhetik 的明确态度:"惟有德国人如今在用**感性论**这个词来表示别人叫做鉴赏力批判的东西。在此,作为基础的是杰出的分析家**鲍姆加登**所持有的一种不适当的希望,即把对美的批判性判断置于理性原则之下,并把这种判断的规则提升为科学。然而,这种努力是徒劳的。因为上述规则或者标准就其最主要的来源而言仅仅是经验性的,因而决不能充当我们的鉴赏判断必须遵循的确定的先天规律;毋宁说,鉴赏判断构成了那些规则的正确性的真正试金石。"[①]显然,这里的 Ästhetik 已非古代思想中区分"αιδθητα χαι νοητα(可感觉的和可思想的)"[②]意义上的概念,而是内含着由先验哲学体系而来的变化。就前者而言,"可感觉的"与"可思想的"是不相关联的独立存在,而在近代思想中,"Ästhetik"(感性论)与"Logik"(逻辑)彼此区分

---

① 康德:《纯粹理性批判》第2版,李秋零译,《康德著作全集》第3卷,李秋零主编,中国人民大学出版社2004年版,第46页注①。

② 同上。

的前提是,二者同时含括"可感"与"可思"两个因素。在第一批判中,"Logik"作为主导性思维方式,同时肩负着对感性进行规范、使感性直观拥有普遍性的任务。这也意味着,当康德"部分地在先验的意义上、部分地在心理学的意义上接受感性论(Ästhetik)"①时,这一概念已显示出与鉴赏力之间的应有区分:正是 Ästhetik 成为使鉴赏能力得以可能的逻辑条件。然而,为了感性能力在客观化意义上的先天性,康德否认了鲍姆加登在建立美学学科时将与鉴赏相关联的情感指向"Ästhetik"的思路,认为"把对美的批判性判断置于理性原则之下,并把这种判断的规则提升为科学"是不可能的,因为呈现鉴赏的主体情感能力是经验性的,构成鉴赏判断之基础的 Ästhetik 无法获得先天规律。在这一意义上,剥离感性表象与"主体及其愉快或者不快的情感"②的关联,使其成为感性直观,同时内含着对作为逻辑基础的"Ästhetik"的排除。

其次,在对道德领域中的情感概念进行分析时,康德明确指出:"**同甘和共苦**(sympathia moralis[道德上的同情])虽然是对他人的快乐和痛苦状况的一种(因此可被称为审美的)愉快或者不快的感性情感(同感、同情的感受),自然早已把对它们的易感性置入人心了。……现在,这种易感性可以被设定在就其**情感**而言互相**传达**的**能力**和**意志**之中,或者只是设定在对快乐或者痛苦的共同情感(humanitas aesthetica[审美的人性])的易感性之中,这是自然本身所给予的。"③这里,在面对"对他人的快乐和痛苦状况的一种愉快或者不快的感性情感"这一审美情感时,康德虽也为这一指向审美情感的"易感性"提供出两种不同的状态,一种是将"可传达性"与"意志"相关联,一种是将"可传达性"与"感性情感"相关联,却同时强调,前一种状态中的情感"是**自由的**,因此被称为同情性的(communio sentiendi liberalis[自由的感觉共联性]),基于实践理性",后一种状态中的情感"是**不自由的**(communio sentiendi illiberalis, servilis[不自由的、奴性的感觉共联性]),可以叫做**传达性**的(例如热情或者传染性疾病的感觉),也叫共患难"④。这并不单纯意味着,为了获得自由意义上的"同

---

① 康德:《纯粹理性批判》第 2 版,李秋零译,第 46 页注①。
② 康德:《判断力批判》,李秋零译,第 210 页。
③ 康德:《道德形而上学》,李秋零译,第 467—468 页。
④ 康德:《道德形而上学》,李秋零译,第 468 页。

情性的"情感,我们需要放弃不自由意义上的"可传达性"情感,更关键之处在于,为了获得自由意义上的"同情性的"情感,还需要排除构成这一情感之基础的 Ästhetik 路径,因为"同情"作为一种"感性情感"本就内含经由"审美的人性"(humanitas aesthetica)而来的 Ästhetik 基础。由此,"对快乐或者痛苦的共同情感"在经由理性的规定获得其在"同情"中的先天性时,这一情感也被剥离了与 Ästhetik 的关联。

概而言之,在情感能力的两个因素以各自方式获得自身的先天性时,审美意义上的 Ästhetik 以否定方式被剥离开来。由此,内含于休谟"是"与"应该"的区分中的美学效应在康德的先验解说中得以呈现:当情感通过理性规定而呈现自身的普遍性之时,这一规定同时意味着对情感内涵中不同要素的分离,而与审美状态相关联的情感正是在这一分离中消弥自身。

## 三、普遍意义上的情感何以指向共通感?

在 18 世纪的思想境域中,由对趣味能力的关注转向对情感状态的解说,目的并不只是对主体审美感受的呈现与描述,而是由此指向构成其来源的情感能力,在这一意义上,对于情感能力之普遍性的探究是近代美学需要解决的核心问题。将这一问题的解决依托于理性,是近代西方思想综合考量的结果,只有借助与理性相关的路径,方可获得纯粹的普遍性。然而,回顾这一探索过程则会发现,以理性方式规定感性,固然能获得可被先天认识的诸感性能力,却无法解决美学自身的问题。更有甚者,当主体的感性能力以两种不同路径获得理性规定时,被同时剥离的恰恰是审美状态中的感性。不过,美学建构中的这一尴尬状况也从另一方面表明,主体内在感受层面出现的美善不分的状况,其实凸显出美学论域中的情感在根本上拥有一种综合的性质,一旦通过分立方式获得情感的普遍性,美的情感便无处现身。于是,也恰恰因为这一规定普遍性的方式,审美领域与道德、知识领域的真正差异彰显:美的情感并不是与知识、道德领域中的感性存在相并立的另一种感性状态,如果说"分立"构成前两个领域的前提条件,以"整体"方式来呈现自身则成为审美领域的内在诉求。由此,康德对共通感概念的关注呈现出重要意义。在 1790 年问世的《判断力批判》

中,康德从先验角度审视审美领域中的情感,即"愉快和不快的情感",将这一情感能力的先天条件指向共通感,固然是因为后者在内涵上呈现出两条思路的交错,更在于其对审美领域而言的独立化诉求。

回顾历史,首先可从词源学角度将共通感概念与两个重要思想传统相关联。一是古希腊时期,在分析"灵魂"的内在结构及其功能时,亚里士多德在与五官感觉相对照的意义上区分出一种在五官感觉之上的"共同感知"(koinê aisthêsis)①概念,认为"对于能够被共同感知的事物,我们具有一种共同的感知能力,而且是并非偶然地拥有这一能力"②;一是古罗马时期,通过将共通感概念与对于"公共福利和普遍利益的意识"相关联,这一时期的人文主义者认为这一概念指的"是对社群和社会的爱,是自然感情、仁善、责任感,或者那种来自对于人类的普遍权利的正确理解的文明礼仪,以及存在于人类中的自然的平等关系"③。这两个传统也由此规定了共通感概念的基本内涵。即使到了18世纪,共通感成为主体心灵的感性能力后,其内涵仍然以两种不同的思路被推进。1711年,《论人、风俗、舆论和时代的特征》第一卷第二篇文章曾以"共通感(common sense):论机智和幽默的自由"为题专门探讨了共通感概念。正是在这里,夏夫兹博里以书信体形式回溯并承接了古罗马人文主义传统,将这一概念指向在社会实践领域中具有可传达性的"共同的感情"④。在出版于1785年的专著《论人的理智能力》中,托马斯·里德则发展了自亚里士多德以来共通感概念作为普遍性感觉的内涵,将其指向一种与论证(argument)不同的"直觉的"(intuitive)判断⑤,以此探究人类的心灵,并建立起获得知识的常识(common sense)原则⑥。

纵观经验论路径关于共通感概念的解说,无论是对哪种传统的承接,均未显示出与审美领域的直接相关性。哈奇森在列举心灵的天然

---

① Aristotle, *De Anima*, translated with introduction and notes by C. D. C. Reeve, Indianapolis/Cambridge: Hackett Publishing Company, Inc., 2017, pp.142 - 143.
② Ibid., p.46. 中译本参见亚里士多德:《论灵魂》,秦典华译,《亚里士多德全集》第3卷,苗力田主编,中国人民大学出版社1992年版,第66页。
③ 夏夫兹博里:《论人、风俗、舆论和时代的特征》,董志刚译,第54页。
④ 同上,第55页。
⑤ Thomas Reid, *Essays on the Intellectual Powers of Man*, edit. by James Walker, D.D., Philadelphia: J. H. Butler & CO, 1878, p.364.
⑥ Ibid., p.366.

能力时,甚至明确将公共感官(common sense)看作是与审美的内在感官相并列的另一种感性能力,是"我们的决定会因他人的幸福而快乐,因他人的苦难而不快"①的感官。其中的缘由在囿于感性状态的经验论描述中并不明朗,置于先验哲学的背景下,并阐明审美意义上的共通感概念后,康德则通过对照分析指出了共通感概念中的这两层内涵形成为两个相对独立的思想传统的实质。对于普遍感觉意义上的共通感概念,康德将其称作"逻辑共通感"(sensus communis logicus),因为这一意义上的共通感实际指向的是"平常的人类知性"(der gemeine Menschenverstand)②,作为一种"健康的知性",它在本质上并"不是按照情感,而是任何时候都按照概念,尽管通常只是按照被模糊地表象出来的原则来作判断的"③。而对于共通感情意义上的共通感概念,康德将其也称作"道德共通感"(sens commun moralische),则是因为这一概念的真正内涵被指向"道德情感"(das moralische Gefühl)④,它在先验的意义上同样是由道德法则所规定,是可被先天认识的情感,目的是让"主观原则"同时成为"客观原则"。

  然而,也正是通过与共通感概念的两个传统内涵相对照,"审美共通感"的独特之处得以彰显。在《判断力批判》写作时期,康德将共通感接纳为愉快或者不快的情感能力的先天条件,即可以在审美领域获得的先天意义上的情感,因为"如果我们不能超越这些感觉而把自己提升到更高的认识能力的话,我们关于真理、合适、美和正义是永远不会想到这种方式的表象的"⑤。这意味着,作为感性能力,共通感首先需要依托于更普遍的存在,才可能获得自身的存在,而后者同时也构成对普遍性的展示。由此需要面对的问题则是,在经由理性获得先天规定的同时,共通感如何保证自身的感性(审美)本色?从1781年的第一部批判哲学体系著作《纯粹理性批判》到1790年《判断力批判》的

---

  ① 哈奇森:《论激情和感情的本性与表现,以及对道德感官的阐明》,戴茂堂、李家莲、赵红梅译,第5页。
  ② 康德:《判断力批判》,李秋零译,第305页。
  ③ 同上,第247页。
  ④ Kant, *Reflexionen zur Anthropologie*, Kant's gesammelte Schriften, Bd. 15/1, Königlich Preußische Akademie der Wissenschaften, Berlin und Leipzig: Walter de Gruyter & CO., 1923, S.353.周黄正蜜也强调了这两者在康德那里是等同的。参见周黄正蜜:《康德共通感理论研究》,商务印书馆2018年版,第54页。
  ⑤ 康德:《判断力批判》,李秋零译,第305页。

正式出版,尝试解决问题的过程看似山重水复,却也最终柳暗花明。当康德在 1787 年 12 月 28 日写给耶拿教授莱因霍尔德的信中宣称自己"试图发现第二种能力(愉快与不快的情感)的先天原则"①时,这倒不是说康德找到了共通感这一先天条件。如果共通感概念一直存在于传统之中,那么康德真正发现的其实是将共通感解说为"先天条件"的新路径。

顺着这一路径,康德对共通感概念做出如下富有特征性的解说:"人们必须把 sensus communis[共通感]理解为一种共同的感觉的理念,也就是说,一种评判能力的理念,这种评判能力在自己的反思中(先天地)考虑到任何他人在思想中的表象方式,以便使自己的判断**仿佛**是依凭全部人类理性……"②这里,将共通感首先理解为一种共同的感觉的"理念",强调的是这一概念的先天性维度,以"感性的"理念的方式作出限定则是意图彰显其作为先天条件的特殊性:一方面,想要获得普遍性,共通感须得与理性相关联,"依凭全部人类理性";另一方面,通过这种"评判能力",共通感并不真正受理性规定,而只是"仿佛"依凭全部人类理性。换言之,康德通过"仿佛"两个字挑明了二者之间的真实关系:需要理性参与其中,却又不能是概念化的规定。

为了呈现这一特殊的普遍性,康德尝试将共通感与一种以"反思"方式呈现的"评判能力"即反思性判断力相关联。如果说"判断力"是先验哲学体系以逻辑方式呈现的核心概念,那么反思性判断力则是第三批判提出的新型逻辑,用来解决共通感概念如何呈现自身普遍性的问题。在这一意义上,共通感并不能被直接等同于这一评判能力,如康德所强调,"当可以察觉的不是判断力的反思(Reflexion),而毋宁说只是它的结果时,人们往往给判断力冠以一种感觉之名"③,为的是表明共通感虽也与评判能力有关,却非反思状态中的判断,而是作为结果来看的判断。这一区分既是对二者关系的辨析,也让反思性判断力成为解说共通感的关键环节。正是通过"从自然中的特殊的东西上

---

① 康德:《康德书信百封》,李秋零编译,上海人民出版社 2019 年版,第 133 页。括号中的内容为引者所加。
② 康德:《判断力批判》,李秋零译,第 306 页。因本文术语表述的统一性,译文略有调整。
③ 同上,第 305 页。

升到普遍的东西"①的特殊路径,理性对自身的呈现遂由"概念"方式改变为"能力"方式。在知识与道德领域中,判断力以客观方式来显示普遍性依据,而在审美领域中,判断力是以主观方式,即通过自身来呈现这一依据。这并非是说,判断力可以替代理性独立行事。在第三批判所提供的特殊判断力中,理性依旧出现于其中,只不过改变了身份,由客观的理性法则转换为主观的理性能力。这一变化的结果是,判断力从两个方面呈现出共通感获得普遍性的特殊方式。一方面,就共通感作为共同的感觉而言,由反思角度切入判断力可"使我们在一个被给予的表象上的情感无须借助概念就**能普遍传达**"②。这意味着,共同的感觉中呈现的可传达性虽同样也以理性为基础,因而使得这一传达拥有自身的普遍性,但无需概念的方式。另一方面,就共通感作为普遍的感觉而言,其所呈现的是"诸认识能力的自由游戏的结果"③。这意味着,想象力与知性进入一种特殊的关系状态,即"想象力在其自由中唤醒知性,而且知性无须概念就把想象力置于一种合规则的游戏之中"④,由此"表象才不是作为思想,而是作为心灵的一种合目的的状态的内在情感而普遍地传达"⑤。

不过,通过反思性判断力消除共通感概念两层内涵中的理性"规定",只是使其成为先天条件的必要前提,并不足以让共通感承担起作为主观原则的身份。后一任务的完成,尚须将共通感的两层内涵相结合。换言之,如果"情感的普遍可传达性"指向的是与他人的关联,以理性能力为依据,"诸认识能力的自由游戏"呈现的是感性的"可直观性",以知性能力为前提,那么当康德通过"判断力"获得"可传达性"意义上的普遍性时,便需要以"感性"方式让这一可传达性同时拥有"可直观性"。在《判断力批判》中,这是康德通过纯粹审美判断提出的核心问题,他将这一问题表述为:"一个判断,仅仅从自己对一个对象的愉快情感出发,不依赖于这个对象的概念,而先天地,亦即无须等待外来的赞同,就把这种愉快评判为在每个个别的主体中都附着在同一个

---

① 康德:《判断力批判》,李秋零译,第189页。
② 同上,第308页。
③ 同上,第247页。
④ 同上,第308页。
⑤ 同上。

客体的表象上的,这种判断是如何可能的?"①康德以此表明,如果情感与直观的结合如何可能的问题构成审美领域中先天综合判断的核心任务,那么对这一判断中诸种能力的阐明同时也使得共通感内涵中两种因素的结合成为可能。

在这一意义上,反思性判断力以审美表象方式呈现自身,成为审美判断的意义彰显。正是通过后者,共通感的两层内涵得以通过相结合为整体的方式将自身呈现为主观原则。在《判断力批判》中,康德不仅对反思性判断力作了重要说明,还将其进一步区分为"逻辑的"与"审美的"两种表象。与"逻辑表象"相比,"审美表象"的特点在于,它并不指向"一种客观的根据",而是出自"纯然主观的根据"②。因为客观的依据表现为"通过知性和理性来评判自然的实在的合目的性",而主观的依据则是"通过愉快或者不快的情感来评判形式的合目的性"③。两相比较,主观化过程构成关键环节。如果说以反思路径切入判断力时,共通感指向的是自身作为先天条件的内涵,只有在以审美方式呈现这一判断力时,共通感才真正获得自身作为主观原则的身份。在"逻辑表象"中,虽然这一客观化依据已经拥有了感性视角,因而并不等同于"逻辑判断"中的纯粹理性规定,但其与普遍依据的界限并不明晰。"审美表象"则不同,不但立根于感性视角,而且改变了与提供普遍依据的"理念"之间的关系。康德将出现于审美判断中的"理念"称作"审美理念",表明这一判断既获得了普遍性支撑,又以"象征"方式切断了与客观化理念的关联。消除使分立得以可能的条件,共通感概念中两个要素的结合彰显。在经验论的理论推进中,休谟以彻底主观化的方式审查感性状态,由此呈现出主体自身的情感能力,而在先验哲学的思想探索中,康德通过彻底的主观化方式来关注普遍性依据,由此呈现的则是作为主观原则的情感能力——共通感。

由此康德将与鉴赏力相关联的共通感称作审美的共通感(sensus communis aestheticus),并非是指有着三种不同类型的共通感,审美共通感是其中的一种,而是表明只有当共通感是以审美判断为其逻辑基础时,这一概念才不只是一种先天条件,它还以主观原则的方式获

---

① 康德:《判断力批判》,李秋零译,第300页。
② 同上,第202页。
③ 同上,第203页。

得了自身存在的独立身份。康德强调"与健康知性相比,鉴赏有更多的理由可以被称为 sensus communis(共通感)"①,固然着重指向的是"健康知性"与"鉴赏"的比较,将其转换到道德情感同样如此。因为只有在审美判断中,共通感概念中的两个因素才得以通过主观方式结合为一体,呈现出作为先天条件和主观原则的情感。

## 四、审美视域中的情感呈现:
## 从"合目的性的形式"到"自由的愉悦"

从对心灵之情感状态的分析,到对主体之情感能力的探究,共通感概念被确定为审美感受的先天能力,源于新的解说路径的发现。通过反思性判断力所呈现的审美表象,康德既解决了情感能力的先天性问题,也使得共通感概念中的两个因素以主观方式相结合。共通感概念就是在这一结合中成为趣味能力的先天条件和主观原则。需要进一步追问的是,何以需要这一主观原则?18世纪美学思想的探索过程虽然从一开始就呈现出明确方向——对普遍性的追问,这一追问的结果却不单纯是理论的旨趣,也有现实的诉求,正是后者成就了情感能力的感性本质。如果说只有通过对普遍性的确认,情感能力才真正呈现为一种现实的情感状态,凭借这一先天条件而再次面对主体的情感能力,也必然会让由此呈现的情感状态拥有属于自己的独特品性。

从审美现象的角度切入,审美情感的具体内容必定处于延展之中,可以在状态和程度上对之不断作出区分。早在18世纪初,艾迪生在美学之旅中面对自然风光体会想象的快乐时,"伟大、非凡或美丽"②就成为其表达审美愉悦的主要内容。至1959年,在为"趣味"征文撰写《论趣味》时,苏格兰哲学家亚历山大·杰拉德则进一步将趣味区分

---

① 康德:《判断力批判》,李秋零译,第307—308页。因本文术语表达的统一性,译文略有调整。

② Joseph Addison, *"On the Pleasures of the Imagination", Paper II*, *Art in Theory 1648–1815:An Anthology of Changing Ideas*, selected by Charles Harrison, Paul Wood and Jason Gaiger, Malden, MA: Blackwell Publishing, 2000, p.384.

为"新奇感、崇高感、美感、模仿感、和谐感、荒诞感和德行感"①七种审美感受,并对其在主体中的审美呈现作出梳理。在出版于1764年的著作《关于美感与崇高感的考察》中,康德将对审美现象的分析引入"人"自身,虽着重论述的是"人身上崇高和美的品性"②,却也由此显示出人的诸多审美风貌。

而从审美感受的角度来概括这些情感呈现,与形貌各异的审美现象相关联的主体感性特质通常被归结为愉快或者不快。休谟从一般人性的总体角度对心理现象进行探查时就对其内涵作出总结:"身体的苦乐是心灵所感觉和考虑的许多情感的来源;但是这些苦乐是不经先前的思想或知觉而原始发生于灵魂中或身体中的。"③在1757年问世的《关于我们崇高与美观念之根源的哲学探讨》一书中,埃德蒙·柏克以"趣味"作导引,将崇高感与美感接纳为两个主要审美现象,并对其具体感受状态作出心理学分析,认为前者"从属于自我保存的观念",呈现的是"痛苦忧伤的情感"④,后者关联的是"社会特质",带来的是"快乐或者愉悦"的感受⑤。更重要的是,"痛苦与愉快以它们最单纯、最自然的方式影响人,它们本质上是客观的,其存在不需要彼此依赖"⑥。而在1790年的《判断力批判》中,对于美和崇高的探索虽被挪移至先验的基础上,但以"愉快和不快"两种方式呈现的审美感受依旧是康德讨论情感问题的主题和出发点。

不过,问题的关键并不在于"愉快和不快"在状态上的不同和程度上的差异,而在于情感状态以审美方式呈现时所拥有的品质。在这一意义上,人们将夏夫兹博里认作现代美学思想的开启者有其特定意义。虽然他对"无利害性"原则的确立并不全然与美学相关,客观事实却是,这一原则也成为鉴赏的基本前提。先验哲学时期的康德在对愉快和不快的情感进行分析时,与感官的利害关联也是其首先排

---

① Alexander Gerard, *An Essay on Taste*, London: Printed for A. Millar in the Strand, A. Kincaid, and J. Bell in Edinburgh, 1759, pp.1-2.
② 康德:《关于美感与崇高感的考察》,李秋零译,《康德著作全集》第2卷,李秋零主编,中国人民大学出版社2010年版,第211页。
③ 休谟:《人性论》上册,关文运译,第309—310页。
④ 柏克:《关于我们崇高与美观念之根源的哲学探讨》,郭飞译,大象出版社2010年版,第76页。
⑤ 同上,第38页。
⑥ 同上,第30页。

除的因素。他认为,"**在感觉中使感官喜欢的东西**"是"**适意的**"(vergnügt)①,而不是美的,因为前者有一种魅力与感动参杂其中,给人带来的是"欢娱"(gratifies),美的事物则是"仅仅让他喜欢(gefällt)的东西"②。

不过,排除鉴赏中的利害关联对愉快和不快的情感来说只是前提,若想获得自身的内涵,还需进一步的条件。在1712年的系列文章《想象的快乐》中,艾迪生通过与感官的快乐、理智的快乐相比较,将审美感受指向想象的快乐,已显示出思考路径的转换。就与感官快乐的区分而言,想象的快乐指向的是一种无功利的快乐,并由此承接了夏夫兹博里的美学原则;从与理智快乐的区分来看,想象的快乐体现出理论的内在诉求,即以何种方式来获得普遍意义上的快乐。《判断力批判》对审美情感状态的剖析沿袭的是这一探索路径,将对愉快和不快的情感的解说置于先验逻辑的体系之上,康德从两个相互关联却又彼此不同的层面,即表象的层面与主观的层面对愉快情感的性质给予分析。从表象层面来看,愉快或者不快就是形式,由此可追溯其普遍依据;就主观层面而言,"形式"就是愉快或者不快,由此可阐明其现实化感受。

从与普遍性依据相关联的角度,康德首先将愉快和不快的情感指向"合目的性的形式"。这里,"形式"的说法虽难免受古代思想的层层影响,但其解说思路已显示出与这一传统的明显距离。传统思想认为,美的理念作为一种形式来自理性规定,而在近代以来的主导观念中,美的理念作为一种形式则是主体自身表象的结果。在1753年问世的《美的分析》一书中,英国画家威廉姆·荷加斯(William Hogarth)指出蛇形线是"美的线条"或"富有吸引力的线条"③时,其关注视角已发生显著变化,曲线之所以更具有吸引力,其实是主体自身想象力自由变化的结果。当然,荷加斯采用的是经验心理学的视角,聚焦的是具体的心理感受。而体系建构时期的康德以先验哲学的视角切入,其关注重心便不是面对外在形式时的具体情感感受,而是形式自身如何通过主体的感受呈现。

---

① 康德:《判断力批判》,李秋零译,第212页。
② 同上,第217页。
③ 荷加斯:《美的分析》,杨成寅译,佟景韩校,人民美术出版社1986年版,第56页。

早在《纯粹理性批判》的"先验感性论"中,康德将作为感性直观之先天条件的时空形式称作纯粹直观的"表象",固然是为了与"概念"相区分——后者以知性能力为根据,前者与感性能力相关联,更是意图强调这一"表象"与主体心灵的相关性,它在纯粹先天的意义上是想象力先验综合的结果。到了《判断力批判》,"形式"作为一种感性表象则直接与主体情感相关联,以主观表象的方式存在。虽然在剥离利害观念后,这一主观的表象方式也以"判断"为自身的逻辑前提,因而对"对象的评判"先于"愉快的情感"①,但与第一批判相比确已呈现出重要差异。在以时间与空间形式存在的表象中,想象力的先验综合受制于统觉的先验统一,因而这一"表象"依旧会以知识形式被客观化,而在以愉快和不快的形式存在的表象中,想象力与知性、理性之间是一种"自由游戏"和"相互激活"②的状态,表象正是在这一状态中得以保持自身的主观性。康德由此直接指出,"如果承认在一个纯粹的鉴赏判断中对于对象的愉悦是与对其形式的纯然评判结合在一起的,那么,这种愉悦无非就是这形式对于判断力的主观合目的性,我们感觉到这个合目的性是与心灵中对象的表象结合在一起的"③。

也正是这一特点决定了形式在与"目的"相关联时的"合目的性"。在鉴赏判断第三个契机的结论中,康德对此的表述是,"美是一个对象的合目的性的形式,如果这形式无需一个目的的表象而在对象身上被感知到的话"④。将对愉快情感的评判与反思性判断力相关联,表明在这一评判中并没有先在的道德法则或自然规则,因而也不存在一个客观的"目的",但是通过"判断"的方式,知性与理性又参与其中。康德以"能力"代替"概念"来指称这一判断中的知性与理性,为的是指出,这一判断依旧与目的有关联,但不是指向目的,而是呈现合目的性。"借助于理性而通过纯然概念使人喜欢的东西"⑤真正说来指向的是善,与此相关联的东西之所以"受赏识、被赞同",是因为"其中被他设定了一种客观价值的东西"⑥。与此相比较,只有"美的"事物才是"无

---

① 康德:《判断力批判》,李秋零译,第 224 页。
② 同上,第 299 页。
③ 同上,第 301—302 页。
④ 同上,第 245 页。
⑤ 同上,第 214 页。
⑥ 同上,第 217 页。

需概念而普遍地让人喜欢的东西"①。不过,通过"合目的性"来消弭法则与目的,却不一定通向情感的呈现,它也可通过客观方式与实存相关联,呈现出自然的"完善性",因为它是"一个**概念**在其客体方面的因果性"②。在这一意义上,将合目的性与"形式"相关联,强化的是合目的性的主观方式。康德指出,"一个关于主体状态的表象,其把主体保持在同一状态之中的因果性的意识,在这里可以普遍地表明我们称为愉快的东西;与此相反,不快则是包含着把诸表象的状态规定成它们自己的反面(阻止或者取消它们)的根据的那种表象"③,呈现的便是由合目的性而来的因果性的主观状态。

  从审美情感之感性呈现的角度审视,康德进一步将愉快和不快的情感与其现实化状态相关联。表达情感状态的两对关键术语的区分可呈现这一思路的推进,康德将拥有现实性的情感状态称作"愉悦(Wohlgefallen)或者不悦(mißfallen)"④,以表明其与"愉快(Lust)或者不快(Unlust)"⑤的情感状态的不同,后者是对情感能力的先验解说,前者是对这一能力的现实呈现。发生这一转化的依据是"兴趣"概念。面对愉悦的情感,康德首先指出,"意欲某种东西和对它的存在有一种愉悦,亦即对此有一种兴趣,这二者是同一的"⑥。由此将愉悦与兴趣相关联,强调二者之间的一种内在关系,固然是为了与一般意义上的情感状态作出区分,呈现情感的现实化,更重要之处则在于通过兴趣概念引入一种区分,从而获得审美愉悦的特殊品性——"自由的愉悦"。

  在与兴趣相关的意义上,康德将愉悦区分为三种现实化方式:"偏好"(Neigung)、"惠爱"(Gunst)和"敬重"(Achtung),其中,惠爱作为呈现审美感受的愉悦是"一种没有兴趣的和自由的愉悦(freie Wohlgefallen)"⑦。这里,将审美愉悦与"自由"相关联显然有其特殊指向。回顾康德的先验哲学体系,自由首先以与理性相关的方式获得

---

① 康德:《判断力批判》,李秋零译,第 227 页。
② 同上。
③ 同上,第 228 页。
④ 同上,第 218 页。
⑤ 同上,第 213 页。
⑥ 同上,第 216 页。
⑦ 同上,第 217 页。

自身的呈现,如果说先验意义上的理性自由还指向的是消极层面的内涵,即摆脱感性的干扰,那么由实践理性而来的积极意义上的自由,则是由自己来规定。在这一理论背景下,一旦感性存在也需要与自由相关联,势必意味着这一感性是由理性来规定的感性,意志就是在这一意义上获得自身的自由。然而从第三批判开始,自由的内涵发生了反差较大的变化,出现了一种不同于理性的感性意义上的自由。当然,为了获得普遍性,感性意义上的自由也会与知性、理性产生关联,但后者却不是作为法则的知性、理性,而是作为能力的知性、理性。因而,自由的呈现便不再是由知性、理性法则来规定自身,而是想象力与知性、理性能力之间的一种自由协调的状态。在这一意义上,康德强调"惠爱是惟一自由的愉悦"①,就意味着自由的评判标准已发生变化,从是否由"理性"来规定到是否与"兴趣"有关联。

康德认为,适意的事物会带来欢娱,在于构成其基础的兴趣呈现为"偏好"(Neigung),善的事物能带来赞同的感受和愉悦,表明构成其基础的兴趣呈现为"敬重"(Achtung),而美的事物之所以让人单纯的喜欢,则源于构成其基础的兴趣呈现为"惠爱"(Gunst)。差异之处在于,前两种情感都内含着兴趣,适意建立于对感官的兴趣,善通过兴趣与概念相关联,产生出对道德法则的兴趣,而惠爱则是全然没有兴趣的,它既不建立在兴趣之上,也不产生出任何兴趣。回顾18世纪的思想发展,将感性自由的判断依据指向"兴趣"概念,虽是对英国经验论"无利害性"观念的承接,但康德无疑有着关键性推进。前者想要排除的只是与感官相关联的"利害",而康德的"无兴趣"则不只是要剥离情感对感官的依赖,更是要去除理性对感性的规定。值得关注之处恰恰在于后者:通过对共通感概念作为先天条件与主观原则的解说,康德引出了审美领域与"理性"之间的一种特殊关系,也由此呈现出对待理性的一种矛盾态度。不过,"矛盾"的呈现只是一种表征,如果说在审美愉悦中我们其实并不能完全排除理性,那么恰恰是在对后一种"兴趣"的去除中,一种新的兴趣内涵已蕴含其中。康德在"纯粹审美判断的演绎"中对这一新的兴趣概念——理智的兴趣的解说,是这一思路推进的结果。

与新的兴趣概念相对照,美的分析论中的兴趣概念承担的充其量

---

① 康德:《判断力批判》,李秋零译,第217—218页。

只是消极功能,即通过排除自身,而剥离其他因素对情感的规定,由此获得的"自由的愉悦",指向的也是消极意义上的自由,尚无进一步的内涵规定。正是基于这一前提,康德将这一愉悦的内在状态指向"静观",认为与此相关联的"鉴赏判断纯然是**静观的**(kontemplativ),也就是说,是一种对一个对象的存在漠不关心,仅仅把对象的性状与愉快和不快的情感加以对照的判断。但是,这种静观本身也不是集中于概念的;因为鉴赏判断不是认识判断(既不是理论的认识判断,也不是实践的认识判断),因而也不是**基于**概念,或者也以概念**为目的**的"[1]。后来的研究者之所以会对康德的审美"静观"理论提出质疑,是因为他们只关注到康德在美的分析中对愉悦内涵的解说,而忽略"纯粹审美判断的演绎"部分在谈及兴趣概念时所发生的变化。第42节重新面对兴趣概念时,康德发现并阐明了一种对美的直接的、理智的兴趣,并认为"他不仅在形式上喜欢自然的产品,而且也喜欢这产品的存在,而没有一种感性魅力参与其中,或者说他也没有把某种目的与之结合"[2]。从这一兴趣也被称作"自由的兴趣"[3]可推知,康德其实提出了一种积极意义上的"自由的愉悦"。消极意义上的愉悦主要目的是排除外在的规定,在积极意义上,自由的愉悦则不仅伴随于"形式"中,且与"产品的存在"相关联,并通过后者内含的创造性维度彰显出愉悦的"自由"本色。

【本文系国家社会科学基金一般项目"18世纪西方思想中三条思路的交汇与美学的逻辑建构问题研究"(21BZX025)的阶段性成果】

(作者单位:中国社会科学院大学哲学院、中国社会科学院哲学研究所)

学术编辑:何兰芳

---

[1] 康德:《判断力批判》,李秋零译,第217页。
[2] 同上,第311页。
[3] 同上,第313页。

# 康德视域下美对人类未来实践生活之意义

朱会晖

**内容提要** 康德美学呈现了个性与创造性、主体间的交互性和生命的普遍性的三位一体,和美对人类未来的实践生活的深远意义。个性和能动性在审美和艺术创作中具有重要的作用和地位,美能够有效促进个体的个性和主动性。审美判断力的公开应用,能传达人们独创性的想象、审美理念和对理性理念的独特理解和丰富情感,以多元、丰富、开放的艺术万神殿,映射、激发对深层的永恒理念的思考,无目的地促进理性的公共交流、紧密而有活力的社会共同体的形成。美者能够激发对普遍理念的思考,增进对自由与自然之统一的希望与信念,促进主体的活动方式的普遍性,增进人的道德情感和德性。

**关键词** 康德 美 道德 个性 社交性 审美自律

康德的审美自律论在美学史乃至文化史上产生了深远影响,构成了"现代美学的真正开端"。[①] 严格意义上的"美学",到了康德才真正起源。[②] 在康德诞辰 300 周年之际,当下人类面临急剧的技术、社会的不确定变化与种种复杂挑战,我们有必要重思康德视角下美对道德乃至人类实践之未来的意义。

对此,国内外学界已有很多有意义的研究。例如,张政文指出,康德以审美现代性的设计来化解理性现代性的负面现实作用,补充并捍卫启蒙的理性现代性。[③] 牛宏宝阐明康德的审美判断力和目的论判断

---

① 陈剑澜:《康德的审美自律论》,《文艺研究》2018 年第 11 期。
② 高建平:《"美学"的起源》,《外国美学》第 19 辑,江苏教育出版社 2009 年版,第 19 页。
③ 张政文:《康德的审美现代性设计及对后现代美学的启示》,《文艺研究》2010 年第 11 期。

力都蕴含着一种隐喻运作结构的性质。① 保罗·盖耶(Paul Guyer)恰当地指出:"趣味可以服务于道德自律,唯当道德也能认可审美的自主时。"②不过,盖耶批评了康德对审美情感的看法,认为康德的美学只承认愉悦与不愉悦的情感,而排斥其他情感的审美作用,则是可商榷的。王维嘉"将鉴赏引向道德教化与道德激励",认为"道德教化针对主体的感受性,而道德激励则意味着理论认识与道德实践之间的统一"。③珍妮·克奈勒(Jane Kneller)认为康德美学构成了(强调艺术说教的)莱辛美学和(强调美的关键作用的)席勒美学之间缺失的环节;而她认为康德对艺术美的贬低是基于保守的社会立场,则是可以再议的。④约瑟夫·卡农(Joseph Cannon)也断言,康德认为,自然美表明了对自然与道德自由之间和谐的兴趣,但康德不应否认艺术美能有类似的重要意义。玛格丽特·拉卡泽(Marguerite La Caze)试图阐述(并非过于严肃的)康德彰显了爱与美在道德感与道德品质、道德想象力、道德榜样等方面的积极作用。⑤ 亨利·阿利森(Henry Allison)认为,自然美本身并未提供自然与自由统一的痕迹,道德的人才会设想它提供了这种痕迹。⑥

笔者将从美对个性与主动性、主体间的交互性和生命活动方式的普遍性的作用三个方面展开,论述康德视野中的美对人类未来实践生活之意义。这三方面对应普通健全知性或共通感的三个原则,康德认为它们可以解释"鉴赏力批判"的原理,这些原则的实现也是"从自身中产生出智慧"的"永恒不变"的基本准则,也是人类进步的重要方

---

① 牛宏宝:《〈判断力批判〉中的隐喻问题》,《北京大学学报(哲学社会科学版)》2019年第1期。

② Paul Guyer, *Kant and the Experience of Freedom: Essays on Aesthetics and Morality*, Cambridge: Cambridge University Press, 1993, p.19;转引自沈语冰:《美何以成为道德善的象征?》,《浙江大学学报(人文社会科学版)》2008年第1期。

③ 王维嘉:《优美与崇高:康德的感性判断力批判》,上海三联书店2020年版,第291页。

④ Jane Kneller, *Kant and the Power of Imagination*, Cambridge: Cambridge University Press, 2007, p.56.

⑤ Marguerite La Caze, "Emotional Enlightenment: Kant on love and the beautiful", in: Geoff Boucher and Henry Martyn Lioyd(eds.), *Rethinking the Enlightenment: Between History, Philosophy, and Politics*, Lanham MD: Lexington Books, 2017, pp.199-219.

⑥ Henry Allison, *Kant's Theory of Taste, A Reading of the Critique of Aesthetic Judgment*, Cambridge: Cambridge University Press, 2001, p.228.

式:"1. 自己思维;2. 在每个别人的地位上思维;3. 任何时候都与自己一致地思维。"①(KU 5:294;Anthro 7:201;Anthro 7:229)

  学界往往忽视了美对个性和主体间交互的多元互动的影响及其重要意义,本文试图阐明这种意义;康德甚至断言,具有个性"是内在价值(人的尊严)的最大值"。(Anthro 7:295)笔者试图较全面地阐明康德对美的现实意义的诸多层次,也试图讨论某些相关疑难,例如康德美学中似乎存在严重的矛盾:他在美的分析中强调想象力的自由优先于知性的合规则性,而在艺术论中则宣称鉴赏力比天才更为必要和重要、知性的合规则性比重视想象力的自由更重要。由于篇幅关系,本文将不讨论崇高对人类实践的意义。

  康德认为,通过美来实现个性和创造性、主体间的交互性、生命原则的普遍性的统一,对于人类的未来发展而言有独特的意义。在康德美学中,就美和生命的**个性**、**创造性**的关系而言,在审美活动中,个性和审美自由优先于秩序与规则,在艺术创作中也有重要的地位。就其**与交互主体性**的关系而言,审美领域中判断力的**公开应用**,传达人们**独创性**的想象、审美理念和对理性理念的独特理解和丰富情感,以多元、丰富、开放的艺术万神殿,表现和激发对普遍概念的思考,无目的地促进理性的公开运用、公民的自我启蒙和共同体的统一。就其与生命的**普遍性**的关系而言,具有普遍性的鉴赏判断能够使人无需剧烈的冲突而自然地从动物性过渡到实践自由,成为成熟、**自律**的存在者。

---

  ① 康德是启蒙思想在哲学上的总结者。关于人类进步,他主张一种渐进的、基于内在思考的社会进步。自由是康德哲学的基本精神,自律是康德哲学的基本原则,启蒙则是通向自由、自律的基本路径。他把启蒙提升至原则性的层次,这关涉的不仅仅是某种社会活动,而且是一种基本的生活方式。通过理性的独立使用和公开运用而展开的启蒙,对于个体生活和社会生活都是至关重要的。个人或社群是否有勇气从(咎由自取的)被动状态中摆脱出来,成为独立思考和主动生活的人,在公共的交往中,根据普遍性的共识而决断。而为了实现主动思考的自由,有效的理性交流是非常重要的。"然而,如果我们不是仿佛在与别人共同思维,我们把我们的思想传达给别人,别人把他们的思想传达给我们,那么,我们会有多少思维,以及会怎样真正地思维呢!"(Aufklärung 8:144)而这种多元的交流不应该是无原则和无方向的,应当基于基本的普遍原则、并逐渐增加普遍的共识,从而形成一以贯之的思维方式。他认为,启蒙在最终是每个人的自我启蒙,在本质上是立足于个体的主体性(摆脱偏见、迷信与盲从)、通过主体间的交互性(理性的公开运用和共通感)而达到生命活动的普遍性,是基于每个人的自由、通过每个人的自由、通向每个人的自由的活动过程。

  笔者对康德著作的引用一般标明普鲁士科学院版《康德文集》(*Kants gesammelte Schriften*)的书名缩写、卷数和页码,唯独对《纯粹理性批判》的引用按照对应其第一、第二版的 A、B 页码。

康德的美学体现了**古典主义**和后来的**浪漫主义**之中许多的合理因素，既突出了想象力和**情感（包括实践情感）**的重要性，又解释了判断力、知性和**理性**独特的作用，既肯定艺术活动的内在价值，又以**自由**、**主动性（而非美）**为生活的最高价值。

## 一、美对个性和创造性的意义

在审美和艺术中，个性和创造性具有重要的作用和地位，审美和艺术创作能够有效促进个体的个性和创造力。康德认为，审美领域的本质特征是审美自律和艺术自律，主要体现为想象力对认知、实践等现实目的的独立性和自由想象的能动性，尽管他又肯定了美和善的关联，肯定想象力与知性的互补性。

人们往往忽略康德对个性的重要地位和价值的强调，尽管他也凸显普遍法则，他认为两者是内在统一的；因此，美对个性的积极作用有着特殊的意义。个性意味着在普遍原则之下的思维方式的原创性、真诚性、内在一致性和持久性，个性"具有一种内在的价值，并且高于一切价格"。（Anthro 7:293）。首先，"个性（Charakter）正在于思维方式的原创性"，它以主动性形成个人的行为举止；"但是，有理性的人毕竟也不可以因此就是怪人"，因为他立足于普遍有效的原则。① （Anthro 7:293)其次，个性意味着真诚、确定性，和内外的始终如一。"但是，一种个性的确立是一般生活方式的内在原则的绝对统一"，个性体现为面对他人和自我时都使"真诚成为自己最高的准则"。（Anthro 7:295)再次，个性体现人的内在价值与尊严的最大值，既体现对（理性主动设立的）普遍法则的遵循，也体现对生活方式的独特创造。

第一，想象力的自由与个性在审美与艺术创作中得到充分彰显，

---

① 康德的"Charakter"概念有多种含义。它有人类学意义上的独特的个性的含义，对此康德说，自私的诗人没有个性；它也有伦理学意义上的道德品格的含义，据此，每个人都有或善或恶的品格，康德还区分了本体界的理知的品格和现象界的经验性的品格。（参见 Anthro 7:295；KrV A538－557/B566－585）根据《康德辞典》，它指："概念、事件、事物、个体以及整个人类的个体化的、典型的或特殊的特征。"[Marcus Willaschek, Jürgen Stolzenberg, Georg Mohr & Stefano Bacin (hrsg.), *Kant-Lexikon*, Berlin/Boston: De Gruyer Press, 2015, Band 1, S.318.]

能有效促进人的个性创造性。

首先,审美活动充分体现个性与创造性,个性和想象力的自由在其中占主导地位、优先于知性的合规则性。在审美鉴赏中,想象力的自由比知性的规则性更为重要,感觉形式的丰富性,独特性比质料的统一性、合规则性更为重要。审美鉴赏体现为想象力与知性的自由游戏;想象力更多要求自由和对象形式的丰富性,以便持续地综合杂多,知性则更多要求秩序和对象形式的合规则性,以便能用概念进行思考。在审美活动中,"知性是为想象力服务的,而不是想象力为知性服务"。(KU 5:542)因为审美并非要带来某种认识或实践,只是要通过内心游戏的活跃状态刺激感性,主动地带来愉悦。因此,艺术鉴赏"宁可把想象力的自由一直推进到接近于怪诞的地步,而在对规则的一切强制的这种摆脱中,正好确立了鉴赏能够在想象力的设计中展示其最大的完善性"。(KU 5:242)相反,"一切刻板地合乎规则的东西(它接近于数学上的合规则性),本身都有违背鉴赏的成分:它并不以对它的观赏提供长久的娱乐",如果它并不明确地以知识或者一种确定的独立于认识或实践的目的为意图的话,过于规则的事物就将容易造成无聊。(KU 5:242-243)而且,审美活动通常是充满创造性的过程:审美的想象力进行生产性的运用,通过自由的想象而主动创造出独特、丰富的形象,并与知性展开不确定的游戏。与在认识中不同,在鉴赏判断中,想象力一开始就不是被看作再生的、被动的,"而是被看作生产性的和自身主动的(即作为可能直观的任意形式的创造者)",(KU 5:240)在此,欣赏者并非单纯接受性地把握对象的形象,更能超越对象、进行自由的联接与幻想。由于欣赏者的经验各不相同且不断变化,其想象也充满独特性与新颖性。此外,美的理想是对极致美者的感性想象,是"最高的典范,即鉴赏的原型",用来评判一切作为鉴赏的客体,乃至评判每个人的鉴赏力;但这样的心灵标尺,每个人只能主动地调动想象力,"在自己心里把它产生出来"。(KU 5:232)

其次,在艺术创作中,个性与独创性得到充分彰显,天才和想象力发挥其自由、构成实质性的生产能力,在鉴赏力的规约下带来美的艺术。在艺术创作中,天才和生产性的想象力不仅创造出了审美理念、有独特内涵的概念、艺术的形象和作品,还创造出新的、供后世模仿和借鉴的重要艺术规则和创作方式,传达出独特的情感和对世界的理解。审美理念是想象力所形成的独特想象,即某种想象性的直观,它由于试图表现理性理念,因而"是一个(想象力)永远不能找到一个概念与之相适应的直观"。(KU 5:342)艺术家以内心中隐微的审美理念为"原型"进行创作,具体的感性形象则"构成理念的表述",是理念的"副本、摹本"。(KU 5:322)而且,人在艺术创作中设想出许多独特的可能情景和对世界的独特理解,体验许多丰富、深刻的感情;人们在审美活动中也能理解这些独特的想象、思想和情感。此外,康德认为唯有艺术领域才有天才,科学和实践领域没有,因为在艺术中自由才得以真正的发挥和彰显。另外,他对艺术和手艺的区分也表明了自由的重要性:真正意义上的艺术是"自由的艺术",不同于手艺("雇佣的艺术");手艺要通过辛苦的劳动而获得某种外在于活动的结果(如报酬),因而"强制性地加之于人",艺术自身却是愉快的游戏过程,就其本身而言,并不受到外在于艺术的因素的束缚。(KU 5:304)

天才与鉴赏力的结合是自然与自由共同作用的结果,两者构成自然向自由过渡的中介。杰瑞米·普柔尔克斯认为:"既然康德看来把天才与自然的关联看作这样的关系,其中创造性反映着自然的本源的生产力,而天才的独特天资体现在找到审美理念的'自然的'表现之上。"[1]他认为,天才是通过判断力将自然的规则转化为艺术的规则的能力。判断力是天才的指导,但也需要天才来创造和启发。笔者认为,天才是少数人天生的**自然**禀赋,对天才资质的发挥则体现后天对审美自由的发挥;审美判断力作为先天潜质是每个人都拥有的,作为现实的能力需要后天的**人为努力**而形成,它使天才创作的表象符合审美的要求并契合表象所呈现的自然。天才是自然赋予的良好资质,其形成美妙灵感的过程也无法被自觉,并且难以解释,但如果它不与鉴赏力相结合并经受后者的训练,则无法形成美的艺术并促进人的自由。

再次,康德美学中有一个通常未被触及的难题,看起来,其思想似乎存在严重的矛盾:他在对美的分析中强调想象力的自由优先于知性的合规则性,而在艺术论中则强调鉴赏力和知性对规则的遵循比天才和想象力的自由创造更为必要和重要。康德在艺术论中断言:"所以如果在一个作品中当这两种不同的特性发生冲突时要牺牲掉某种东

---

[1] Jeremy Proulx, "Nature, Judgment and Art: Kant and the Problem of Genius", In: *Kant Studies Online*, No.1, 2011, p.29.

西的话,那就宁可不得不让这事发生在天才一方;而判断力在美的艺术的事情中从自己的原则出发来发表意见时,就会宁可损及想象力的自由和丰富性,而不允许损害知性。"(KU 5:319 - 320)

笔者认为,康德在此其实并未陷入矛盾,想象力与知性各自在审美鉴赏和艺术中的地位确实不同。其一,想象力与知性的地位在审美与艺术创作中的不同,首先是基于审美活动和艺术创作的重要差异:但创作需要符合诸多规则,而艺术作品却要显得像摆脱规则的自然物,以致人们在鉴赏时更多感受到自由,而非其合规则性。"在一个美的艺术作品上我们必须意识到,它是艺术而不是自然;但在它的形式中的合目的性却必须看起来像是摆脱了有意规则的一切强制,以至于它好像只是自然的一个产物。"(KU 5:306)欣赏者可以在没有充分觉察到作品合规则性的情况下,让想象力自由驰骋,他们更多体验到的是艺术品与众不同的个性、独创性和形象的丰富性,但很多看似平淡无奇的形式,往往基于漫长磨练而来的技艺,而所谓的"羚羊挂角、无迹可寻",却是要基于艺术家"某种缓慢的甚至苦刑般的切磋琢磨",让鉴赏力不断筛选天才提供的诸多观想,以便迎来妙手偶得的灵感,从而让艺术的形式适合于主题思想和艺术媒介,却又体现出非凡的独创性,并且不损害内心游戏中的自由。(KU 5:312 - 313)

其二,康德在"美的分析论"中主要讨论的是无关利害与认知的纯粹美,而在艺术论中讨论的主要是依附美,后者更多受到知性与规则的约束。康德在"美的分析论"中的四个契机基本上围绕纯粹美展开,其关于美无关于利害与认知的论断不适合依附美。而在艺术论中,艺术品通常依附美,是自然的美丽表现,需要与再现的对象相似,而且也要符合其表达的理性思想,其可感形式还要体现合规则性,而不能太凌乱。艺术学生模仿前人作品固然是不利于其独创性,"但任何艺术都毕竟需要某种机械的基本规则,亦即产品对相配的理念的适应性,也就是说,在展示被思维的对象时的真实性"。(Anthro 7:225)

其三,康德强调鉴赏力的艺术功能是针对"狂飙突进运动",强调艺术不能没有规则,天才以独创性和个性为特征,但它并不站在规则的对立面,而恰恰是艺术规则的最重要源泉。他只是要求艺术在一定的规则性的限度之内,想象力依然会"发现自己面前有那些概念的一个广阔的活动空间"。(Anthro 7:255)规则和自由既冲突又互为条件,正是鉴赏力通过规则"指引天才应当在哪些方面和多大范围内扩展自己,以保持其合目的性"。(KU 5:319)艺术只要并不是没有规则、不是太不合规则,想象力的自由仍然是美感的重要的实质性来源。

其四,尽管缺乏天才的人也能通过模仿来生产美的艺术作品,但这些作品最终以天才为根据,因为它们所模仿的作品和遵循的规则是由天才创作的。

第二,在康德美学中,审美和艺术活动是充满能动性的过程,通过判断力全面调动起感官性、想象力、知性、理性、情感等诸多能力,发挥天才与鉴赏力的作用,有助于人格的主动性与创造性的培养。

首先,康德认为,在鉴赏活动中,除了开始的直观之形成以外,后续的活动环节都是主体主动发动的,并在内心游戏和愉悦之间形成积极的循环因果,从而体现内在的合目的性。鉴赏至少包含以下环节:对对象的直观、想象力的把握,想象力不借助概念而形成图型,判断力为图型寻求概念的反思,想象力对概念的展现,展现与把握的比较,审美情感与审美判断的形成。审美判断力通过比较对可感事物的把握和对概念的展现,使想象力与知性得以(间接地)汇合和相互影响,并以此确定想象力与知性的协调性,促使审美情感和审美判断的形成。而正是由于审美活动的这种能动性,康德断言审美评判活动先于审美愉悦,强调这种普遍有效的愉悦不是基于感官刺激,而是基于内心的主动活动。

其次,他认为,在艺术创作中,天才和鉴赏力发动内心诸能力发挥积极、能动的作用。① 首先,天才创造审美理念(某种独特的想象)、创造独特的形式性规则和概念的规则,赋予概念以新的独特内涵,并通过具体的形象来表达审美理念,引发想象力与知性持续的相互游戏,从而引起丰富、持续的美感。再者,鉴赏力可以通过艺术典范的激发,唤起自身的创造激情和努力;它可以模仿天才创作的规则或风格,并在此基础上做一些具体的创新;它能使天才变得有教养,使之能赋予想象力提供的素材以恰当的形式;它能为创作提供尺度和努力的方向。

审美活动通过其主动性和这种主动性所带来的愉悦,使人能够自

---

① 参见朱会晖:《康德论天才与鉴赏力在艺术创作中的作用与地位》,《艺术评论》2020年第10期。

然而然地从自然状态过渡到自由状态,从被动的、受本能欲望束缚的状态中挣脱出来,转变到审美自由的状态,通过鉴赏中"想象力在其自由中的游戏",通过艺术创作中天才独创性的审美理念,转变到更有审美自由的、个性化的生活状态,并再进一步转变到实践自由(自律)的状态。在动物性向人性的自由的过渡中,审美愉悦起很重要的作用,促使我们可以不经历剧烈的跳跃而完成这种转变——这不同于实践往往需要强有力的意志,以与欲望做无止息的战斗,从而使自由理念逐渐实现于自然界。(KU 5:350)由此,美构成自然与自由的重要桥梁。

总之,审美领域展演着感觉、想象力、判断力、知性、情感之间来回穿梭的能动过程,让感性的光华与理性的深思相整合,促使现实的自然与无限的自由彼此统一,让天才和想象力的自由得到充分的发挥,又使之达到鉴赏力和知性的规约,从而有效地促使个性与创造性的形成与提升。

## 二、美对交互主体性的意义

鉴赏判断和艺术创作能构成这样一种中介,它让人们相互**传达**独特的**审美理念**、对普遍的**理性理念**的独特理解以及丰富**情感**,促进心灵的开放性、站在他人立场的思考和交互主体性的内心传达与理解。独创的艺术家们共同建构五彩斑斓的艺术万神殿,共同映射关于永恒理性理念的无限丰富思想,促使紧密而有活力的社会共同体的形成。

第一,在康德哲学中,审美鉴赏和艺术创作都体现着对内心状态的相互传达,促进交互主体性的内心传达与理解。首先,鉴赏力是"先天地评判与被给予的表象(无须借助一个概念)结合在一起的那些情感的可传达性的能力",鉴赏判断以共同的语言来思考和传达关于审美表象的情感等内心状态。(KU 5:296)鉴赏判断(作为一种陈述)需要借助思维和语言,而语言本身是社会性的形式。"思维就是与自己说话……因而也是在理念(通过再生产的想象力)倾听。"(Anthro 7:193)其次,美的艺术无目的地让心灵能力产生愉悦,这种愉悦同时合目的地促进心灵能力以及各种表象在人与人之间的传达。(KU 5:

306)再次,艺术创作与欣赏实现着又激发着社会性的关切。① 因为,如果我们不是有传达愉悦情感的社会性的关切,我们就很难对美的艺术有某种关切。孤岛上的人甚至无意装饰自己的屋舍。

第二,独创的艺术家共同建构五彩斑斓的艺术万神殿,共同映射关于永恒理性理念的无限丰富思想,推动着理性的公共传达与交流,促使紧密而有活力的社会共同体的形成。

首先,康德认为,美者不仅与经验事物相关,还表现着高远的**理性理念和深层的思想**。美体现的是由想象力和知性的协调一致而引起的无关切的愉悦,它对(思考着本体的)理性的规则与目的有独立性。不过,康德断言,"我们可以一般地把美(不管它是自然美还是艺术美)称之为对审美理念的表现(den Ausdruck ästhetischer Ideen)";而审美理念又展示着、表现着理性理念,与理性理念有着广泛的联系,它们"至少在努力追求某种超出经验界限之外而存在的东西,因而试图接近于对理性概念(智性的理念)的某种体现"。自然物无法有意表现审美理念,但它们能引发人们对审美理念的想象,因而康德说,自然物也可以是审美理念的表现。艺术家则将审美理念凝结于作品,从而将其传达给欣赏者。尽管欣赏者无法也许完全准确把握作者的审美理念,但如果他们完全无法把握这些审美理念,则艺术难以促进内心能力的可传达性,审美理念也失去其意义。(KU 5:320;5:314)康德还宣称,鉴赏判断尽管不基于确定的知性概念,却基于不确定的理性理念。审美理念是"想象力的这些表象",它们无法客观地展示理性理念,却通过模拟关系"服务于那个理性理念",使艺术的感性表象构成理性理念的感性的标志。(KU 5:314-315)牛宏宝指出:"当我们把审美理念作为不可感性展示的理念的象征展示,和审美理念作为创造性想象力所创造的表象及其不可被任何概念穷尽的丰富性,以及前面讨论的类比在第三批判中的整体运作等方面综合起来考虑时,就会发现,康德的

---

① 康德说:"被称之为关切(Interesse)的那种愉悦,我们是把它与一个对象的实存的表象结合着的。"(KU 5:204)"关切"构成了理性决定意志的力量,一般的动物只有本能,并无关切。"关切就是理性由之而成为实践的、即成为一个规定意志的原因的那种东西",(GMS 4:459)中文词"关切"比"兴趣"更能表达"Interesse"所意指的对各种设想对象(包括道德行为等严肃对象)的实存的关心,而"兴趣"一词往往表示爱好、某些不严肃的关心;这个概念所表达的是一种内心状态,而不是对象与主体的关系,因此,翻译成"关切"比翻译为"利害"更为恰当。国内《实践理性批判》的译本也一般将该词译为"关切"。

审美判断力和目的论判断力其实都蕴含着一种隐喻运作结构的性质……"①

其次,在根本上,美的艺术是无目的的;因为在审美领域中,美以及审美理念虽然表面上是服务于理性理念而存在,但它们对理性理念的表现的根本意义归根到底是旨在激发内心的自由协调和美感。因此,在康德同时讨论艺术中的美和对理性理念的表现的时候,他把美放在比表现理念更高的位置。他说,感性的艺术形式"还提供某种审美理念(感性理念),它取代逻辑的体现而服务于那个理性理念,但真正说来是为了使内心鼓舞生动,因为它向内心展示了那些有亲缘关系的表象的一个看不到边的领域的远景"。(KU 5:315)在此,逻辑的与对对象的客观认识相关,而感性的与主体自身的主观情感相关。美的艺术中对自然事物的模仿和对超感官事物的表现以及对现实的关切,其最终意义在于诸心灵能力的自由游戏、引起丰富微妙的审美愉悦,而非要提高对理性理念的认识。同理,尽管美的艺术通常再现经验的自然对象,并生产出美的产品,但这些活动都只是要带来心灵的自由游戏,因而在根本上是无目的的。

再次,艺术可以用最为独特的、个性化的形式、形象与审美理念,来象征最抽象、普遍的理性理念,赋予各种概念以生命(KU 5:321);艺术的主动想象与评判使得人们更多地从感官欲望的束缚中摆脱出来,成为一个更积极、能动的个体,更加成熟、稳健、道德地生活,并使得人们在彼此交流中更充分、有效地理解这些观念,在互相传达内心的过程中增强人们的共通感,形成紧密而有共识的、开放而有活力的共同体。

关于审美的多元性交流,康德美学坚持有原则的多元主义,认为尽管美的创造与欣赏往往运用特殊的技艺、传统等方面的背景知识,但由于人们就其本性而言能够习得这些知识,人们仍能创造和欣赏不同类型的艺术,相关的审美判断仍可以普遍有效。康德认为,艺术创作与欣赏需要有主题的背景知识、文化传统的知识、对学院规则与机制的把握和对相关技艺的理解。很多艺术的背景知识涉及特定的传统和时代文化,往往不被欣赏者所掌握,但这些知识只是我们创作和

---

① 牛宏宝:《〈判断力批判〉中的隐喻问题》,《北京大学学报(哲学社会科学版)》2019年第1期。

理解艺术形式的手段,并非美感的内在根据,而只是它的外在条件。人们往往很难欣赏其他传统的艺术,例如,西方人往往难以理解中国绘画。这是因为,西方人往往缺乏充分的关于这个传统的知识和文化修养。"至于任何艺术中的科学性的东西,即针对着在表现艺术客体时的真实性的东西,那么它虽然是美的艺术的不可回避的条件,但不是美的艺术本身。"(KU 5:354)但是,就人性而言,人们习得这些知识和素养是可能的,人们也能够有效鉴赏其他文化的艺术,并形成关于艺术美的共识。而对技艺和背景文化的知识只是让我们充分理解其艺术形式的条件,形式才是艺术的内在根据。思想内容可以增进美,但要通过影响对形式的经验才能影响美感。在这种意义上,审美判断具有普遍有效性。

鉴赏判断的普遍有效性与鉴赏的个性与多元性存在一定的张力,但两者并不矛盾。首先,康德认为,鉴赏并不仅在于被动的接受,主要在于能动地想象,往往涉及对审美理念和理性理念的自由思考,因而鉴赏可以在一定限度内充分发挥其个性与独创性,体现多元性。其次,许多事物的形式和所表现的审美理念、思想和情感十分丰富、复杂,能引发人们对其基本的审美特性做出大体一致的判断,又能让人们可以基于不同个性、从不同的视角对同一事物进行鉴赏,从而形成多种独特而恰当的评论。这些评论相互补充和启发,既体现欣赏者的个性,又可以逐渐形成统一的整体意见。再次,艺术作品通常体现作者所处的地域与时代的文化,不同地域的自然美也大不相同,对艺术的欣赏能够很好地扩展人的心灵,使之更具有开放性和创造性。最后,康德认为,审美判断不基于任何确定的概念和客观的原则,审美判断的必然性"只能被称之为示范性,即一切人对于一个被看作某种无法指明的普遍规则之实例的判断加以赞同的必然性"。(KU 5:237)这种不确定性给多元的鉴赏留下许多自由的空间。另外,鉴赏判断的必然性是应然意义上的必然性,这与人们实际上往往并未形成一致的鉴赏判断相容。

因此,浪漫主义者认为,康德反对个性乃至艺术个性的表达,这种批评并不恰当:"毫无疑问,浪漫主义者批评康德的绝对命令提出了一种有问题的普遍主义伦理学,不鼓励独特个性的自由表达。他们认为这种普遍主义的伦理是有问题的,因为他们认为个人表达和独特、有特色和统一的自我的发展在内在和道德上都是有价值的。"①

此外,康德坚持美的艺术在本质上是无目的的,艺术应超脱于具体的现实目的,以免其艺术的魅力干扰理性的思考与交流。这不仅是由于康德对美与艺术的独立性的强调,更是由于他的**启蒙立场**。因为,康德反对艺术创作者过多艺术的感性的魅力引起宗教狂热、政治狂热和道德狂热;他也反对沉湎于艺术的幻象,单纯满足于虚幻的爱与崇高,过于多愁善感,乃至于哭哭啼啼,削弱面对现实、积极行动的力量;而且康德认为,艺术的意义更多的在于提出问题、激发思考,但真正解决问题则更多依赖于运用自己理性的勇气,公开地运用理性的清晰性、严谨性与开放性,依赖理性、开放、宽容的文化氛围,和"自由公民的共识"及坚实而慎重的行动。②

康德的启蒙观念真正地把希望寄托在每个人身上——并不仅仅是寄希望于把好的思想传播于大众,更是寄希望于大众能够通过其理性的思考,主动作出正确判断和选择。重要的不在于少数精英的正确的判断,而是在于每个人的正确结论的能力。当然,这并不否认,在思想文化进步的过程中,精英起了很重要的引导作用。这也是康德总体对革命持一种否定态度的原因:没有任何一个人,应当为群体哪怕是全人类牺牲自己的生命,因为每个人的自由和尊严都是平等的、无条件的珍贵的,是不可量化也不可比较的。

因此,笔者不同意珍妮·克奈勒(Jane Kneller)的这一观点:康德尽管指出对至善的审美想象有助于至善在自然中的实现,康德美学却贬低艺术美。这是出于单纯的偏见,康德并不认为艺术可以通过展现道德的社会层面而让人们相信至善,这是因为康德的保守立场,他是"腓特烈大帝的支持者",他的"对外在权威的尊重在道德和社会领域都胜出了"。③ 与此相似,约瑟夫·卡农断言,康德认为自然美表明了对自然与道德自由之间和谐的关切,但艺术美没有类似的重要意义,

---

① Keren Gorodeisky, "19th Century Romantic Aesthetics", In: *Stanford Encyclopedia of Philosophy*, https://plato.stanford.edu/entries/aesthetics-19th-romantic, Jun 14, 2016.

② 参见朱会晖:《康德论天才与鉴赏力在艺术创作中的作用与地位》,《艺术评论》2020年第10期。

③ Jane Kneller, *Kant and the Power of Imagination*, Cambridge: Cambridge University Press, 2007, p.56.

然而,康德又把美术作品视为"天赋"与"品味"相结合的产物,这就使他不得不承认艺术美表达了自然与自由之间的和谐。① 笔者以为,首先,康德并不否认艺术对道德的积极作用,在关于审美理念、美与道德的关系中,肯定艺术通常或远或近地表现着理性的理念,最终指向至善的理念。其次,康德认为,尽管艺术可发挥积极作用,但对艺术的爱好不足以表明一个人对自然与道德自由之间和谐的关切。**鉴赏的行家里手们**往往"表现出爱慕虚荣、自以为是和败坏道德的热情",而艺术往往有意调动人的感官欲望。(KU 5:298)反之,自然美却能更多地独立于这些欲念,而让人接近至善的信念,因为它不是人为有意造成的,却偶然地合乎人的目的,更加充分体现了无目的的合目的性,体现了自然与人的美好的统一,仿佛大自然有某种隐秘的目的一样,从而给予人以至善的希望。再次,他肯定但并不强调艺术的批判功能,是因为他把希望寄托在理性的公开批判功能上。他是在有限的空间中寻求社会进步的可行路径,这路径就是启蒙之路。思想自由优先于政治自由,如果只有后者而没有前者,人们就会陷入像当代希腊、委内瑞拉那样的无节制的民粹主义之中。康德对艺术美的这种警惕与启蒙对能动性的强调是一致的。

通过审美自律和艺术自律的原则,康德真正确立起美学这一门独立的学科,让哲学从长期对认识、实用、道德、审美的混淆中挣脱出来,只是在确立审美自律的基础上,他才得以恰当地阐明了美与真、善、实用、完善等概念的重要关联。

总之,审美鉴赏和艺术创作都体现了对审美情感的相互传达,打开了兼具个性与普遍性、开放性与确定性、创造性与共通性的审美世界,促进着理性的公共交流和**有共通感的、可交互传达的开放世界**的生成。

## 三、美对生命的普遍性之意义

审美与艺术创作能够使人无需剧烈的跳跃而从动物性自然过渡

---

① Joseph Cannon, "The Moral Value of Artistic Beauty in Kant Cannon", In: *Kantian Review*, 2011, Volume 16, No.1, pp.113-126.

到实践自由,成为被启蒙的、成熟而自律的自由存在者,体现生存方式的普遍性。美往往伴随着对理性理念的思考,从而能够让人敏感地感受理性理念的力量,增进其对自由与自然统一的希望与信念;美能以其普遍性的要求促进主体的活动原则的普遍性;**美也能以其对感官欲求的独立性,自然地促进对动物性的超越。**

第一,在思维内容方面,美者通常引发关于理性理念的深层思考,自然美尤其让人感受到高远的理念的现实化痕迹,从而增进其对自由与自然统一的希望与信念。

首先,美不以理性理念为目的,但通常以理性理念为手段。一方面,美的艺术是无目的的,以感性的形式引起想象力与知性的自由游戏;另一方面,美的艺术需要表现并且通常表现着诸多关于理性理念的思想内容,由此来激发这种自由游戏和美感,否则,艺术要么让人感觉无聊,要么让人沉湎感官欲望的享受。"如果美的艺术不是被或近或远地与道德理念结合起来",那么艺术"着眼的仅仅是享受,这种享受在理念里不留下任何东西,使得精神迟钝,使得对象逐渐变得令人生厌,并使得心灵由于意识到自己在理性的判断中违背目的的情调而对自己不满意和情绪化"。(KU 5:326)

其次,可感的美者体现的审美理念或多或少表现关涉自由、道德的理性理念,从而激发情感、想象、知性的思考,形成内心能力的和谐,该物因而被鉴赏为美的、合目的的。康德认为,"鉴赏力根本上说是一种对道德理念的感性化(借助于对这两者作反思的某种类比)的评判能力"。(KU 5:356)例如,从红色到紫色这七种颜色依次与以下理念相联:崇高、勇敢、坦诚、友爱、谦逊、坚毅、温柔。(KU 5:302)关涉自由的理性理念在美的自然事物(包括艺术品)上得到了某种呈现,获得了理念仿佛得到实现的"痕迹"。①

再次,自然美可以引起理智的关切,增进对至善的信念与希望,从而使人更能坚持道德。在一段晦涩的论述中,康德表明,人有关于理性理念实现于自然界的关切,它体现在理性有这样的关切:理性希望自然能显示出某种痕迹或根据,来使人假定自然物和愉悦的合法则的

---

① 康德认为,自然美更充分体现自然的无目的的合目的性。如果一个人试图让人们误认某种艺术美为自然美,例如模仿夜莺的歌声以达到以假乱真的效果,人们会感到失望,因为他们原以为大自然中偶然出现的夜莺带来美感,感到自然与人的无目的的统一,后来才发现是人为刻意仿效的效果。

一致(尤其在实践上的一致);因此,理性也会对任何类似这种一致的表现(如在自然美上的表现)感兴趣。"但是,既然这也引起了理性的兴趣……大自然会显示某种痕迹或提供某种暗示,说它在自身中包含某种根据,以假定它的产物与我们不依赖于任何关切的愉悦……有一种合规律的协调一致。"(KU 5:300)。当然,自然美无法构成理性理念在自然中实现的真正根据,只是基于这种类似性,有道德兴趣的人会倾向于假定上述根据的存在,从而也会有关于自然美的关切。当道德的人不断看到各种自然美、体验自然与审美愉悦的一致,他们会越发有信心地追求和希望实践的至善(自然和自由的统一)、自由的道德理念在自然界的实现。正如亨利·阿利森所指出:"当然,康德不能直截了当地声称,自然美事实上确实提供了这样的痕迹和暗示,因为这相当于一种教条的目的论主张,远远超出了反思判断的范围。相反,这种说法是,有理由假设道德上良好的行动者会自然地认为他们这样做了,因此,也会对自然界的美产生直接的关切。"[①]如果没有智性的关切,我们也很难对美的自然有某种关切,并对自然的美进行持续的沉思。这些关切(对事物持续实存的关心)并不构成审美判断的根据,我们却可以由美激发起对事物的关切。

审美判断力使得自然的超感性基底"获得了通过理智能力来规定的可能性",促使理性以终极目的(至善)理念规定超感性事物,从而让人更有坚持道德的力量。(KU 5:196)因为判断力让我们设想,虽然自然的超感性的基底是未知的、未被规定的,但这基底仿佛为了人类的普遍有效性的愉悦,而设计了美的自然物的形式。首先,在自然美中,大自然仿佛是"为了我们的愉悦而构成了自己的形式",而这种主观的解释要有"超感性的根据";换言之,仿佛有理智的本体使得自然为了普遍有效的愉悦而有意设计了自然物的形式,自然"仿佛有意地按照合法则的安排表现为艺术"。(KU 5:350;5:301)其次,自然美确实并未提供关于超感性基底的目的的客观、确凿的理论根据,但毕竟提供了相关的机会和依据。"大自然包含有使我们在评判它的某些产物时……知觉到内在合目的性的机会……"(KU 5:350)不过,通过这种机会而来的这些解释对缺乏道德意向的人仍然是缺乏吸引力的。

---

[①] Henry Allison, *Kant's Theory of Taste, A Reading of the Critique of Aesthetic Judgment*, Cambridge: Cambridge University Press, 2001, p.228.

再次,理性以道德法则来规定这种基底,设想一个完全符合道德的"原型的世界",要求经验的行为与之符合;这种设想虽然并非知识,却具有客观有效性。(KpV 5:43)由此,理性还以"作为自由的目的的原则和自由与自然协调一致的原则"规定了"同一个超感性东西"。如王维嘉所指出,这种协调一致意味着至善,而美与道德的相似性则使得从自然合目的性向理性的终极目的的过渡成为可能,增加了至善可以实现的信念。① 而这种关于至善的信念和希望对于人们长期坚持道德来说十分必要,缺乏它们,人们就容易放弃至善的目的,从而缺乏道德坚持的动力。

第二,思维方式上,美可以促进主体活动方式的主动性、独立性与普遍性,自然地接近道德的思维方式。康德断言"美者是道德上的善者的象征",但指出在这种象征关系中,两者只是"按照反思的形式而不是按照内容而达成一致"(KU 5:354;351),康德列出了美与道德之间象征的四重类比关系:两者都"**直接地**令人喜欢""没有**任何关切而令人喜欢**",都体现自由与合法则性的统一,并且原则都"**表现为普遍有效的**"。(KU 5:354-355)基于这种类比关系,美能够促成"感官魅力到习惯性的道德关切的过渡",使人习惯于主动、自律的思维方式,这种思维方式可贯穿于认识、实践和审美,建构启蒙了的、自由自律的人格。(KU 5:355)

第三,在情感上,美能够让人敏感地感受理性理念的力量,增进人的道德情感和德性;美也能以其对感官欲求的独立性,自然地促进对动物性的超越。首先,在审美领域中,自然合目的性概念联结自然和自由,而"这种联结同时也促进了内心对道德情感的感受性"。(KU 5:197;5:300)康德在第三批判中找到了一个统一自然与自由的桥梁——自然合目的性原则。在此,美者既属于自然界,又以某种方式表现了自由的理念,从而能够增进对自由的情感体验。其次,具体说来,由于美引发人们对理性思想的思考,而被思考的理性理念也会唤起诸多深邃的情感。在形成审美愉悦的过程中,与实践相关的丰富情感起到了重要的作用,这些情感能够促使人从被动的自然状态中摆脱出来。当然,这些实践的情感也会反过来促使人更多感受(超越特殊

---

① 王维嘉:《优美与崇高:康德的感性判断力批判》,上海三联书店2020年版,第312—313页。

欲求的、普遍性的)审美情感。"但是,既然鉴赏力在根本上是道德理念的感性化(凭借对二者的反思的某种类比)的评判能力,也从它里面,从必须建立在它上面的对出自道德理念的情感(它就叫做道德情感)的更大的感受性中,引出了鉴赏宣布为对一般人性、不仅对每一种私人情感有效的那种愉快。"(KU 5:356)在纯粹审美判断中,情感和理性理念确实不直接起作用,并不能直接引起审美愉悦。但是,理性理念和丰富的情感可以间接地引发我们的诸多想象,从而引起我们对感性单纯形式的丰富的领会,通过这些形式促使我们感受到更多的审美愉悦。这种道德情感的感受性也促进着鉴赏力,"对于建立鉴赏来说的真正预科就是发展道德理念和培养道德情感"。(KU 5:356)但值得注意的是,并非这些丰富的情感和理性理念直接引起了我们的情感愉悦,只是它们间接通过感性的单纯形式促进了我们的审美愉悦。再次,美以其对感官欲求的独立性,能够自然地促进对动物性的超越。美与道德都是独立于感官欲望的,因此,美能够促使内心无需激烈的冲突而更坚定地追求善,让生命持续遵循普遍有效的实践法则。

美的理想对道德关切、道德想象与思考也有着积极的作用。美的理想是"最高的典范,即鉴赏的原型",据此来评判一切作为鉴赏的客体,乃至评判每个人的鉴赏力;但每个人必须"在自己心里把它产生出来"(KU 5:232)。美的理想需要欣赏者或创作者把"想象力的巨大威力"和理性理念结合起来,以极特殊的美好想象,表现极普遍的理念,以个性化的形象映射最永恒的思想,从而使(如纯洁、坚强、宁静等的)理性理念与善的诸多结合"在身体的表现(作为内心的效果)中变得明显可见"。(KU 5:235)在此,我们对这种整合灵魂与肉身之美的理想客体的持续持存抱有"巨大的关切",对这种极致之美的体验无疑能够增进道德行为的动力、思考和想象。(KU 5:236)

保罗·盖耶批评了康德对审美情感的看法,认为康德的美学只承认愉悦与不愉悦的情感,而排斥其他情感的审美作用,并没有赋予情感较高的地位,康德的美学并没有统一真理、情感和自由游戏,不是最完满的美学,逊色于很多美学家。盖耶认为:"康德之所以要在美学中排除情绪的积极作用,通过把这些对象的诸层面和他们所激发的情感从纯粹美和趣味判断的恰当对象中排除出去,趣味判断的普遍有效性可以更好地被保证。"①

然而,根据康德整全的美学观,艺术既包涵对自然物的认知和再现,也涵盖对情感的表现和对思想的象征,以及由它们而来的对美的形式之体验。康德认为,我们在艺术创作中,往往在表现着某种主题,表现某个理性理念,为之找到某种感性的表象、形象,而这种形象会激发很多知性和理性的思考,它会唤起我们对理性理念和超经验对象的思考,而这些超越性的东西(如绝对自由的意志、上帝、永生、罪等)会引起我们很多丰富的情感,这些丰富的情感会激发知性和想象力进行丰富的游戏,从而间接地促进审美愉悦。审美(感性)理念"让人对一个概念联想到许多不可言说的东西,对这些东西的情感鼓动着认识能力,并使单纯作为字面的语言包含有精神"。(KU 5:316)康德认为,天才的一个特征在于传递某种独特的主观情绪:天才真正说来只在于能够"为一个给予的概念找到各种理念",又能对这些理念加以表达,通过这种表达,"那由此引起的内心主观情绪,作为一个概念的伴随物,就可以传达给别人"。(KU 5:317)

总之,康德的美学体现了古典主义和后来的浪漫主义之中许多的合理因素,在强调情感、差异性、个性和自由的同时,也承认形式、规则、秩序、平衡的必要作用,既突出了想象力(包括先验的想象力和经验的想象力)和情感(美感、崇高感以及种种由审美理念引起的现实情感)的重要性,又赋予了判断力、知性和理性独特的地位,解释了艺术中个性与普遍性之间的关系,并通过判断力的公开应用,促进理性的公开运用与公民的自我启蒙,尤其对于过于重视消费、功利的现代社会来说,仍然有着积极的意义。

康德找到了一种统一理想与现实、建构既美且好的生活的重要路径——以审美的方式,自然而然接近至善,即自由与快乐的统一、德性与幸福之圆满。因美既是自由与创造力的展开,又是纯粹快乐的源泉,能使心灵更加富有灵性而自足,以雅致的审美快意与品味,来超脱进退得失、超越庸俗与贪求,从而以更沉静高远的心胸,愈加执着地坚守生命的自律与自由、追寻高贵的人格与相配之福泽的统一整体。审美的合目的性能够让人习惯于发挥心灵的能动性,并能敏感地感受理

---

① Paul Guyer, *A History of Modern Aesthetics*, Cambridge: Cambridge University Press, 2014, p.437.

性理念的力量、形成丰富的道德情感,又使之习惯于对感官的独立,使其自然而然地从本能欲望的束缚中挣脱出来,从而让人无须经历理性与动物性的剧烈冲突,而越发坚定地发展才华与德性、追求善与正义,同时也追求与其德性相配的幸福,在德福兼修、真善美并行的历程中,逐渐趋于生命的圆满。

许多思想家批评康德等人的启蒙理论会导致善与美、人与自然、理性与感性的割裂,要求通过凸显非理性来回归整体性。张政文指出,康德已经设计了一种审美现代性,来化解理性现代性的负面现实作用,补充并捍卫启蒙的理性现代性。康德在使双方保持差异、独立与张力的前提下,以美和艺术来促进双方的统一。"现代主义文化思潮……通过浪漫主义文化,承接了康德审美现代性反对理性工具化、坚守艺术自律性的精神,并将之极端化,走向非理性主义,为后现代文化整体性解构理性现代性打下了基础。"[①]

笔者认为,康德美学呈现了个性与创造性、主体间的交互性和生命的普遍性的三位一体,美对人类未来的实践生活有着深远的意义。如今,面对急剧变化的技术与社会带来的挑战,以自由自律的理性来超越(基于利己主义、消费主义的)工具理性之滥觞和对感官欲望与虚拟世界的沉溺,以理性、积极的公共交流超越偏见、迷信与生活世界的殖民化,以对每个人的意志自由与尊严的尊重,和有原则的多元主义,超越相对主义与虚无主义,以人文教育、人文素养、人文传统的土壤,抵御量化、商业化和平庸化的持续冲刷,这并非过时,而是越发重要的、未完成的事业;以在理性的限度内,以审美现代性超越理想与现实,以美与艺术自然涵养超然、雅化、自律的灵魂,逐渐弥合理想与现实、自由与自然的裂谷,是我们在剧烈变动的时代中依然可以坚守与仰望者。

【本文系国家社科基金重点项目"康德《判断力批判》诠证"(20AZW004)阶段性成果。】

(作者单位:北京师范大学哲学学院、北京师范大学价值与文化研究中心)

学术编辑:张　冰

---

[①] 张政文:《康德的审美现代性设计及对后现代美学的启示》,《文艺研究》2010年第11期。

# 绿色康德:《判断力批判》与生态美学的关联

申扶民

**内容提要** 康德的《判断力批判》为生态美学提供了可资借鉴的思想资源:在认识论维度,有机整体自然观超越了机械论自然观,与生态审美的认知基础存在相通之处;在道德维度,自然目的论拓展了道德关照的对象,与生态审美的伦理维度存在契合之点;在审美维度,自然审美的德性彰显了非功利性的审美律令,与生态审美的义务存在内在关联。《判断力批判》所包含的这些思想,为生态美学的构建和发展开辟了一条可以旁通的思想路径。

**关键词** 《判断力批判》 自然有机整体 自然目的论 自然审美 生态美学

作为当今美学研究领域的前沿学科,生态美学构建的一条重要路径,是对相关思想的吸纳、借鉴、传承和转化。因此,历史上一些重要思想家的思想观点值得深入发掘,并从中汲取富有启发性的思想资源。作为美学史上的经典文献,康德(Immanuel Kant)的《判断力批判》对后世美学的发展产生了难以估量的影响。对于生态美学来说,《判断力批判》"对自然美作了一些最为敏锐的分析"[①],为之提供了非常重要的可资借鉴的思想资源。本文拟从认知、伦理和审美等三个层面,探讨第三批判思想中可以通向生态美学的路径。

---

① 阿多诺:《美学理论》(修订译本),王柯平译,上海人民出版社2020年版,第94页。

## 一、自然有机整体观与生态审美的认知基础

对于自然的欣赏需要具备相关的自然知识，是当今西方环境美学的一个基本观点。艾伦·卡尔松（Allen Carlson）的看法颇具代表性，"为了审美地欣赏自然，我们必须具备不同自然环境的知识，以及处于这些环境中的不同系统和组成部分的知识。"[1]环境伦理学家霍尔姆斯·罗尔斯顿（Holmes Rolston III）也认为："具有生态学眼光的人将发现，美是创生万物的自然的一个奇妙作品。"[2]如果不具备一定的自然知识，人们就不可能真正地对自然进行欣赏，这也应该成为生态美学所持有的立场。对于生态审美来说，具备对自然的生态认知，是正确欣赏自然的必要条件。在这方面，康德关于自然的有机整体认知，不仅为我们提供了理解康德美学的契机，而且对于自然的生态审美具有启发意义。

海德格尔认为："对物的本质界定决不是康德哲学偶然的附属物，对物之物性的规定是其形而上学的核心。"[3]康德哲学对物的本质界定的一个重要维度，就是对自然物的本质的界定，通过这种界定以获取对自然物的认知。在康德所处的时代，机械工具论不仅主导着人们对自然的认知，而且由此所获取的知识被认为是毋庸置疑的真理。对此，康德提出了针锋相对的看法："纯粹理性的一切哲学最大的、也许是惟一的用处的确只是消极的；因为它不是作为工具论用来扩张，而是作为训练用来规定界限，而且，它的不声不响的功劳在于防止谬误，而不是去揭示真理。"[4]可见，康德对工具认识论僭越知识的界限有着清醒的认识，因而特别强调划定认知的界限，以防止因狂妄而产生认

---

[1] Allen Carlson, "Appreciation and the Natural Environment", in: Allen Carlson and Arnold Berleant (ed.), *The Aesthetics of Natural Environments*, Peterborough: Broadview Press, 2004, p.72.

[2] 霍尔姆斯·罗尔斯顿：《环境伦理学：大自然的价值以及人对大自然的义务》，杨通进译，中国社会科学出版社2000年版，第320页。

[3] 马丁·海德格尔：《物的追问：康德关于先验原理的学说》，赵卫国译，上海译文出版社2010年版，第50页。

[4] 康德：《纯粹理性批判》，邓晓芒译，人民出版社2004年版，第606页。

知谬误。康德的这种警醒在前批判时期就已露端倪,"难道人们能够说,给我物质,我将向你们指出,幼虫是怎样产生的吗?难道人们在这里不是由于不知道对象的真正内在性质,并由于对象的复杂多样性,所以一开始就碰了壁吗?"①康德的反诘表明,即便小小的幼虫,由于其生命有机体的复杂多样性,也是物质还原论所无法揭示其奥秘的。因此,为了真正认识自然,必须另辟蹊径。

在康德看来,对自然的认知存在着二律背反,"命题:物质的东西的一切产生都是按照单纯机械规律而可能的。反命题:它们的有些产生按照单纯机械的规律是不可能的。"②这表明,单纯的机械规律不足以解释所有自然物的产生。为了解决这个难题,康德引入了反思性判断力,它"必须为自然界的某些形式而把另一条不同于自然机械作用的原则思考为它们的可能性的根据"③。这条不同于自然机械原则的自然合目的性原则,为反思性判断力认知自然开启了新的视域。遵循合目的性原则的反思性判断力将自然视为有机整体,"对一个作为自然目的之物首先要求的是,各部分(按其存有和形式)只有通过其与整体的关系才是可能的"④。惟有将自然看作一个有机整体,才能理解自然各组成部分的有机性。自然作为有机生命整体,是系统生成而非机械组装的,它同器械的根本区别在于它是"有组织的和自组织的存在者"⑤。因此,只有着眼于有机整体性,才能认知自然的本质。否则,就如康德所断言的那样:

  我们按照自然的单纯机械原则甚至连有机物及其内部可能性都不足以认识,更不用说解释它们了;而且这是如此确定,以致我们可以大胆地说:哪怕只是作出这样一种估计或只是希望,即有朝一日也许还会有一个牛顿出现,他按照不是任何意图所安排的自然规律来使哪怕只是一根草茎的产生得到理解,这对于人类来说也是荒谬的;相反,我们必须完全否认人类有这种洞察力。⑥

---

① 康德:《宇宙发展史概论》,全增嘏译,上海译文出版社2001年版,第10—11页。
② 康德:《判断力批判》,邓晓芒译,人民出版社2002年版,第238页。
③ 同上,第239页。
④ 同上,第222页。
⑤ 同上,第223页。
⑥ 同上,第253页。

对人类机械认识论僭妄的警醒,使得康德在认识到人类认知能力有限(即便伟大有如牛顿)的同时,对自然的无穷奥秘(即便普通如同一根草茎)充满敬畏之感。

与纯粹机械认识论的狂妄自大相比,对自然的有机整体认识论承认自身的界限和有限,而这正是自然审美所需要的:

> 我们不论是在空间的无限性中还是在对空间的无限制的分割中去追踪它,它都向我们展现出一个如此不可测度的多样性、秩序、合目的性和美的舞台,以致甚至按照我们软弱的知性在这方面本来能够获得的那些知识,一切关于如此之多和难以估量的奇迹的语言都失去了自己的分量,一切数字都失去了自己测量的效力,甚至我们的思想本身都失去了界定,这就使得我们关于整体的判断必然会化作一种无言的但更加意味深长的惊异。①

度量化、数字化的工具理性在自然美面前显得苍白无力,只有从有机整体的角度去判断自然,"此中有真意,欲辨已忘言"式的整体认知才能体验自然之美。自然若被评判为美,必须从机械认识论转向有机整体认识论,这是自然之所以成其为美的认识论前提。康德从自然美推断出自然是遵循合目的性原则的有规律的系统:

> 独立的自然美向我们揭示出大自然的一种技巧,这技巧使大自然表现为一个依据规律的系统,这些规律的原则是我们在自己全部的知性能力中都找不到的,这就是说,依据某种合目的性的原则,或者更确切地说依据判断力在运用于现象时的合目的性的原则,从而使得这些现象不仅必须被评判为在自然的无目的的机械性中属于自然的,而且也必须被评判为属于艺术的类似物的。②

透过自然美的现象,可以发现自然作为一个系统,它所依据的规

---

① 康德:《纯粹理性批判》,邓晓芒译,第491—492页。
② 康德:《判断力批判》,邓晓芒译,第84页。

律的原则不可能从无目的的机械性中找到,而只能从合目的性的有机整体性中找到,只有如此,自然才可能类似于艺术,呈现为独立于机械性之外的有机整体之美。并且,自然审美能够帮助人们重新认识自然,"自然美虽然实际上并没有扩展我们对自然客体的知识,但毕竟扩展了我们关于自然的概念,即把作为单纯机械性的自然概念扩展成了作为艺术的同一个自然的概念"①。对自然的审美判断使人们改变了对自然的单纯机械认知,从与艺术相类比的角度将自然看作一个合目的的有机整体,"在这一过程中,审美是把自己推进到了知识和真理的核心地带"②。因而,在自然的有机整体认知与自然的审美判断之间形成了一种相互作用的循环关系。

由于从目的论的角度将自然视为一个有机整体,对自然的审美也必然是整体性的。这种自然整体美的判断,建立在康德"作为自然目的之物就是有机物"的自然认知基础之上。在康德看来,作为自然目的之物有两个要求。第一个要求是:"各部分(按其存有和形式)只有通过其与整体的关系才是可能的。"③第二个要求是:"它的各部分是由于相互交替地作为自己形式的原因和结果,而结合为一个整体的统一体。"④自然整体是各部分相互作用和影响的结果,因此,自然的整体美也是各部分相互作用和影响的结果。康德将自然的美称之为艺术的类似物,但它不同于后者的地方在于,艺术的美是由艺术家创造的外力形成的,而自然的美是作为有机整体自身形成的,就此而言,自然美"就连通过与人类艺术的一种严格适合的类比也不能思考和解释它"⑤,自然美只能从内在有机整体的层面去思考,才能得到合理的解释。康德一方面坚持从目的论的角度考察自然,另一方面也一再指出自然演进过程中所存在的灾难、破坏和毁灭,但他强调后者只是暂时的、局部的,是会被自然整体所克服和超越的,"世上没有任何东西是白费的;而我们凭借自然界在它的有机产物上所提供的例证,有理由,

---

① 康德:《判断力批判》,邓晓芒译,第84页。
② 沃尔夫冈·韦尔施:《重构美学》,陆扬、张岩冰译,上海译文出版社2002年版,第55页。
③ 康德:《判断力批判》,邓晓芒译,第222页。
④ 同上。
⑤ 同上,第225页。

甚至有责任从自然及其规律中仅仅期待那在整体上合乎目的的东西"①。自然界的一切都合乎自然整体的目的,它是作为一个巨大的目的系统而被我们评判为美的。在这方面,康德对自然美的理解与生态学对自然美的理解高度契合。罗尔斯顿认为对大自然的审美评价必须着眼于自然整体和生态系统,"从大地整体的角度看,即从地球生态系统的角度看,所有的自然物都具有正价值"②。因此,即便大自然在某个时期和某个范围内存在丑陋甚至毁灭的现象,但只要从更长时段的自然演进历史和更广袤的自然空间来考察,即"我们要考虑**生态过程**的美感属性;……进而考察**整个生态系统**的美感属性"③,那么在生态学的视域中,大自然在整体上终究是美的。

从生态科学的角度来说,康德的有机整体自然观属于一种典型的生态认知。康德从目的论的角度出发,将自然视为有机整体,或者说,在探究自然有机整体时必须运用目的论,这种与生态认知相契合的有机整体认知,为人们对自然的生态审美提供了一个认识论的视角,让人们意识到生态认知对于生态审美的重要性。正如罗尔斯顿所言,"真正的美学应当知道真正的科学所知道的一切"④,真正的生态美学应当知道真正的生态科学所知道的一切。

## 二、自然目的论与生态审美的伦理维度

对自然的生态审美不仅需要生态认知的协助,而且需要生态伦理的参与。生态审美内在地包含着对自然的关爱和尊重,这是生态审美的伦理维度。在这方面,康德对自然的合目的性及其同自然审美之间关系的阐述,为人们开启了生态伦理介入自然审美的视域。

在康德看来,自然有机整体的系统生成及其内部的相互依存,表明自然生命的形成具有合目的性,"一个有机的自然产物是这样的,在其中一切都是目的而交互地也是手段。在其中,没有任何东西是白费

---

① 康德:《判断力批判》,邓晓芒译,第229页。
② 霍尔姆斯·罗尔斯顿:《环境伦理学:大自然的价值以及人对大自然的义务》,杨通进译,第322页。
③ 同上,第324页。
④ 同上,第332页。

的,无目的的,或是要归之于某种盲目的自然机械作用的"①。在自然有机体中,每一部分的存在自身就是目的,而同时又是维系其他部分存在的手段,只有互为目的和手段,自然有机整体才能生生不息地存在,任何纯粹以对方作为自身存在的手段而不同时作为对方存在的手段的存在物,不仅损害对方的存在,而且最终危及自身的存在,进而破坏整个自然有机整体的存在,这既是一条客观的自然生态规律,也是生态伦理的应有之义。

在自然有机整体所形成的生态系统中,由于不同自然物相互之间既是目的又是手段,因此,同一自然物既具有自身的内在合目的性,也具有相对于其他自然存在物的相对合目的性。自然的相对合目的性表现在人类和其他自然存在物两个方面,"这种合目的性(对人类而言)就叫作有用性,或者(对任何其他被造物而言)也叫作促成作用"②。自然对人类的相对合目的性表现为自然能为人所用,人类可以根据自己的意图来利用自然。然而,尽管人类能够将自然当作手段来利用,后者仍然不能够被视为纯粹的手段,而必须同时也被视为目的。因为人类自身也是自然有机整体的一部分,对于人类而言,其他自然存在物既是手段也是目的。因此:

> 只要我们假定人类本来就应该在地球上生活,那么那些他们一旦失去就不能作为动物,甚至作为理性的动物(不论是在如何低级的程度上)而存在的手段,就至少也是不可缺少的;但这样一来,为了这一点而不可或缺的这样一些自然物也就必须被视为自然目的了。③

将自然不只是当作手段而同时也当作目的,既是对工具机械论自然观的摒弃,也是对视人为唯一目的的伦理观的突破,这与生态伦理款曲相通。

在康德的目的论当中,人作为自然有机整体的最后目的和终极目的,正是建立在承认自然具有自身合目的性的基础之上。人类作为自

---

① 康德:《判断力批判》,邓晓芒译,第226页。
② 同上,第215页。
③ 同上,第217页。

然的最后目的,并不是就自然作为纯粹的手段以满足人的功利欲求而言的,反而是对功利欲求的超越,因为,如果人类作为自然最后目的的价值"只是按照人们享受什么(按照一切爱好的总量这一自然目的,即幸福)来估量,那么生活对于我们有怎样一种价值就是很容易断言的了。这种价值将跌落到零度以下"①。人类作为自然的终极目的在于自由的实现,这在很大程度上取决于能否超越对自然的功利欲求,如果人类的理性:

> 只能够把物的存有价值建立在自然对他们的关系(即他们的福利)之中,却不能够本源地(通过自由)自己为自己取得这样一种价值:那么虽然在这个世界中会有(相对的)目的,但不会有任何(绝对的)终极目的。②

人的自由能否实现即人能否成为自然的终极目的,取决于人是将自然视为纯粹的手段以满足自己的各种欲求,还是同时也视之为目的,只有将自然视为目的,人的自由才能成为现实。

在将自然有机整体从目的论上评判为目的系统时,康德指出:

> 一旦凭借有机物向我们提供出来的自然目的而对自然界所作的目的论评判使我们有理由提出自然的一个巨大目的系统的理念,则就连自然界的美,即自然界与我们对它的现象进行领会和评判的诸认识能力的自由游戏的协调一致,也能够以这种方式被看作自然界在其整体中、在人是其中一员的这个系统中的客观合目的性了。我们可以看成自然界为了我们而拥有的一种恩惠的是,它除了有用的东西之外还如此丰盛地施予美和魅力,因此我们才能够热爱大自然,而且能因为它的无限广大而以敬重来看待它,并在这种观赏中自己也感到自己高尚起来:就像自然界本来就完全是在这种意图中来搭建并装饰起自己壮丽的舞台一样。③

---

① 康德:《判断力批判》,邓晓芒译,第289页注释①。
② 同上,第306页。
③ 同上,第230—231页。

正是在目的论的基础上，人才会把自然看作合目的的有机整体，人也才会将自身看作自然有机整体的一个组成部分。这样，人就不只是将自然当作满足自身功利欲望的对象，因而能够超越功利主义伦理，在对自然的非功利审美中产生对自然的热爱和敬重。在这里，对自然的非功利审美与热爱、敬重自然的伦理观念，由于自然的合目的性而联结起来。对此，康德在对"恩惠"的注释里做了进一步的阐释：

> 在审美的部分中我们曾说过：我们领受恩惠地观看美的自然界，因为我们从它的形式上感到了完全自由的（无利害的）愉悦。这是因为，在这个单纯的鉴赏判断中完全不加考虑的是，这种自然的美是为什么目的而实存着的：是为着引起我们的愉快，还是与我们作为目的没有任何关系。但在一个目的论的判断中我们也对这种关系给予了注意；而这时我们就可以把这件事看作大自然的恩惠，即：大自然本来是要通过展示如此多的美的形态来促进我们的文化。①

值得注意的是，康德将自然的美与恩惠联系起来，恩惠具有明显的道德意涵。领受恩惠地观看美的自然，是因为我们超越了对自然的利害考虑而获得完全自由的愉悦。大自然的恩惠在于通过展示丰富的美来促进人类的文化。由此可见，自然美对于人类的自由和文化的发展具有重要作用。而人类也只有培养起超越功利主义伦理的道德兴趣，才可能将自然看作美的和有目的的：

> 首先激起对自然界的美和目的的注意的也是这种道德的兴趣，……更不能缺少那种道德兴趣，因为甚至研究自然目的的也只有在与终极目的的关系中才能获得这样一种直接的兴趣，它如此大规模地在对自然界的惊叹中表现出来，而不考虑从中可以获取的任何好处。②

康德对自然目的与自然美内在关联的揭示，为生态审美的伦理维

---

① 康德：《判断力批判》，邓晓芒译，第231页注释①。
② 同上，第317页。

度提供了一个重要的理论参照。

康德的目的论从自然演化的角度,来论证人是自然的最后目的和终极目的,其人本主义色彩是显而易见的。然而,不同于典型的人类中心主义,康德不只是将自然视为满足人类目的的手段,而同时视自然自身也是目的,不能不说是伦理学的一个重大突破,从其有利于保护自然的客观结果来说,是与生态伦理相通的。然而,康德伦理学对于生态伦理的启发意义并未引起应有的关注和重视,相反,当代杰出的环境伦理学家罗尔斯顿认为:"康德认识到了他者在道德上的重要性,……但他所关注的他者却仅仅是其他人,……环境伦理学超越了康德的伦理学,超越了人本主义伦理学,因为它把其他存在物也当做与人并列的目的来对待。"①罗尔斯顿由此断定:

> 根据其伦理学目标来看,康德仍是一个残留的利己主义者;他虽然对伦理主体谆谆教诲道:他们应成为人本主义的利他主义者,但他本人并不是他们所希望的那种真正的利他主义者。他认为,只有"自我"(个人)才与道德有关;他还没有足够的道德想象力从道德上关心真正的"他者"(非人类存在物)——树木、物种、生态系统。他只是一个人本主义意义上的利他主义者,还不是一个环境主义意义上的利他主义者。②

在未提出自然目的论之前,康德伦理学确实只关注人(自我和他人),但随着自然目的论在第三批判的出现,自然就与人构成了一个互为目的和手段的有机整体,作为他者的自然同样值得人们的尊重。从生态伦理的角度来考察,相对于激进的生态中心主义伦理,似乎可以将康德的自然目的论称之为弱生态伦理或消极生态伦理。从这种伦理观出发,人们对自然的审美就不仅能够激发起对自然的热爱和敬重,而且能够进一步提升自身的道德境界,从而在审美和伦理之间形成一种相互作用的良性循环。康德的这一思想,为人们深入探讨生态审美与伦理之间的相互关系提供了一个支点。

---

① 霍尔姆斯·罗尔斯顿:《环境伦理学:大自然的价值以及人对大自然的义务》,杨通进译,第464页。
② 同上。

## 三、自然审美的德性与生态审美的义务

在人类文明向生态文明转型的时代,生态审美已超越了传统意义上的自然审美,具有鲜明的社会价值和意义。生态文明建设的一个重要任务是构建人与自然生命共同体,促进人与自然的和谐共生。在这个过程中,生态审美以审美介入的方式,要求所有公民承担起热爱、尊重自然的审美义务,为自己、为他人、为整个社会营造一个美好的自然生态环境,为实现诗意栖居的理想尽到应尽的义务。就此而言,生态审美绝非单纯的个人审美活动,而是所有人都应当参与的公共行为,是一项关乎人人享有美好生活的社会公义事业。在这方面,康德美学强调通过自然审美以实现人的自由,就是将德性与自然审美联系起来,"在康德看来,美学提出了自然和人之间应当存在的和谐的问题"[1]。康德美学所提出的问题,也正是今天生态美学所面对的问题,因此,康德美学所提供的解决问题的路径,无疑可以成为生态美学回应当今生态问题的一个重要参照。

自然审美在康德美学中占据着核心位置。在康德那里,自然美"比任何一种形式的艺术,更能为我们提供敬重我们自身的自律的伟大这样一个机会。他的这个观点截然不同于他同时代的观点。康德思想中的这个革命激进得足以称之为哥白尼式的"[2]。康德自然审美思想的革命性在于自然美是我们德性的一面镜像,自然审美是通向自由的必由之路。

在《伦理学讲演录》里,康德明确地将自然美与人的道德义务联系起来,"人不应该破坏自然美;即使他本人不能利用它,其他人或许能利用它,尽管他本人不需要从中发现这样一种义务,却要为他人考虑。因此,所有对于动物和其他存在物的义务都是我们间接地对于人类的

---

[1] 特里·伊格尔顿:《美学意识形态》(修订版),王杰、付德根、麦永雄译,中央编译出版社2013年版,"导言"第1页。

[2] Paul Guyer, *Kant and the Experience of Freedom*, Cambridge: Cambridge University Press, 1993, p.230.

义务"①。人们对于自然美的道德义务在于其有用性,人们对自然美的保护,即使不是利己的,也应该是利他的,甚至是出于对整个人类利益的考虑,这体现了自然审美的生态正义。因此,从根本上来说,人们对于自然美所应承担的义务最终还是对人类自身的义务。毋庸讳言,今天生态美学所提出的生态审美也含有这种康德式的思想。生态审美内在地包含对自然的保护,是为了有一个适宜人类生存和可持续发展的美好环境,因而,生态审美活动隐含着人们应尽的义务。

而在第三批判里面,康德在分析自然美同人的德性之间的关系时,则完全摒弃了自然对于人的有用性。在"美的分析论"第一契机当中,康德宣称自然审美的愉悦是不带任何利害的。无论人们对自然所产生的快适的愉悦,还是善的愉悦,都是同利害相关联的,而"所有的利害都以需要为前提,或是带来某种需要"。② 如果将自然视为纯粹满足人的需要的享受对象,则完全有悖于人的德性:

> 当一个人只是为享受而活着(并且为了这个意图他又是如此勤奋),甚至他同时作为在这方面的手段对于其他所有那些同样也只以享受为目的的人也会有极大的促进作用,因为他可能会出于同感而与他们有乐同享,于是就说这个人的生存本身也会有某种价值;这却是永远也不会说服理性来接受的。只有通过他不考虑到享受而在完全的自由中,甚至不依赖于自然有可能带来让他领受的东西所做的事,他才能赋予他的存有作为一个人格的生存以某种绝对的价值;而幸福则连同其快意的全部丰富性都还远远不是无条件的善。③

如果人们将自身的幸福等同于自然为其所提供的享受,那么这种幸福即便所有人都能享有,人的存在价值在德性方面也是付之阙如的。而惟有在对自然的纯粹审美中,不同于享受的愉悦"才是一种无利害的和自由的愉悦"④。人们对自然美的这种兴趣既是其有德性的

---

① Immanuel Kant, *Lectures on Ethics*, trans. by Peter Heath, Cambridge: Cambridge University Press, 1997, p.213.
② 康德:《判断力批判》,邓晓芒译,第45页。
③ 同上,第43页。
④ 同上,第45页。

体现,又是建立在德性的基础之上,"对自然的美怀有这种兴趣的人,只有当他事先已经很好地建立起了对道德的善的兴趣时,才能怀有这种兴趣。因此谁对自然的美直接感到兴趣,我们在他那里就有理由至少去猜测一种对善良道德意向的素质"①。反之,"那些对自然美没有任何情感(因为我们就是这样称呼在观赏自然时对兴趣的感受性的),并在餐饮之间执著于单纯感官感觉的享受的人,我们就把他们的思想境界看作粗俗的和鄙陋的"②。从生态的角度来说,康德强调自然审美对享受的杜绝,并将其与人的德性挂钩,确实有助于保护自然。尤其是在生态危机日趋严重的今天,康德的这一思想发人深省。人类今天所面临的诸多生态问题,在很大程度上根源于人类对自然资源的无度享用。人类不断膨胀的耽于感官享受的欲望如果不加节制,自然资源告罄所引发的生态灾难和悲剧就无法避免。因此,生态审美理应突出自然之于人的非功利审美价值,这既是人们应当履行的生态审美义务,也有助于培养人们的生态德性。

康德对"美的分析论"第二契机的阐述,为人们如何将生态审美义务付诸实践提供了一条思路。在康德看来,对于美的鉴赏判断具有主观普遍性:

> 如果有一个东西,某人意识到对它的愉悦在他自己是没有任何利害的,他对这个东西就只能作这样的评判,即它必然包含一个使每个人都愉悦的根据。因为既然它不是建立在主体的某个爱好之上(又不是建立在另外的经过考虑的利害之上),而是判断者在他投入到对象的愉悦上感到完全的自由:所以他不可能发现只有他的主体才依赖的任何私人条件是这种愉悦的根据,因而这种愉悦必须被看作是植根于他也能在每个别人那里预设的东西之中;因此他必定相信有理由对每个人期望一种类似的愉悦。③

如果在自然审美中,对于自然美的鉴赏没有任何利害,那么,就可以推己及人,期望甚至要求他人同样对自然美的鉴赏不基于任何利害

---

① 康德:《判断力批判》,邓晓芒译,第 143 页。
② 同上,第 145 页。
③ 同上,第 46 页。

考虑。从而，对于任何一个审美主体来说，"与意识到自身中脱离了一切利害的鉴赏判断必然相联系的，就是一种不带有基于客体之上的普遍性而对每个人有效的要求，就是说，与它结合在一起的必须是某种主观普遍性的要求"①。对自然美的鉴赏必须排除一切利害考虑，这是一道普遍有效的审美律令。从生态审美的角度来说，虽然不能一概而论地排除对于自然的功利考虑，但着眼于人类的长远利益，在某种程度和一定范围内放弃对自然急功近利的功利主义行为，而更多地以一种无关利害的审美眼光来看待自然，则应当成为生态文明建设过程中每一位公民应尽的生态审美义务。

然而，人们对自然的生态审美义务并非强制性的，而是应当建立在共同的情感基础之上。康德对鉴赏判断共通感的分析，对确立生态审美义务的情感基础具有示范性。康德宣称："在我们由以宣称某物为美的一切判断中，我们不允许任何人有别的意见；然而我们的判断却不是建立在概念上，而只是建立在我们的情感上的：所以我们不是把这种情感作为私人情感，而是作为共同的情感而置于基础的位置上。"②人们之间由于存在共同的情感，就能够做出一致的鉴赏判断。因此，在自然审美的过程中，基于"人同此心、心同此理"的共通感，人们不仅能在自然审美上达成一致的意见，而且面对自然美所产生的喜爱和不忍之心，会约束人们对自然的戕害。这种约束虽然不是来自外部的命令，却如同一种义务一样对每一个人都有效。对于情感、义务和自然美之间的关系，康德有明确的阐述：

> 就自然界中的**美的**、虽然无生命的东西而言，一种纯然毁坏的癖好(spiritus destructionis)与人对自己的义务是相悖的；因为这种毁坏削弱或者根绝了人的这样一种情感，这种情感虽然并非独自就已经是道德的，但毕竟至少为此准备了感性的那种对道德性有很大促进作用的情调，亦即没有使用的意图也喜爱某种东西(例如美丽的晶体、植物界无法描绘的美)。③

---

① 康德：《判断力批判》，邓晓芒译，第 46—47 页。
② 同上，第 76 页。
③ 康德：《道德形而上学》，《康德著作全集》第 6 卷，张荣、李秋零译，中国人民大学出版社 2007 年版，第 453 页。

毁坏自然美既有悖于自己的义务，也毁坏了人的情感，而超越使用意图的非功利情感则是人们喜爱自然美的基础。康德这些前瞻性的思想揭示了履行生态审美义务的可行之路，人们可以通过共同的情感基础，在感性的审美活动中激发对自然的热爱，人们因为热爱自然之美的共同情感纽带而达成共同保护自然的生态契约。在生态契约之下履行生态审美义务，是人类实现与自然和解、和谐共生的前提。

## 结语

《判断力批判》的革命性意义在于，不同时代的人们都能从中汲取建设性的思想资源。在自然认知、自然伦理、自然审美等方面，康德所提出的观点都不仅是开创性的，而且也是开放性的，这种思想的召唤结构不断地激发人们回溯到康德那里，寻找解答新问题的新思路。对于生态美学来说，《判断力批判》所涉及的自然有机整体观、自然目的论、自然审美的自由意涵等，都是有待发掘的先导型理论资源，生态美学的构建和发展，离不开对这一极为重要的历史资源的借鉴。

（作者单位：广西民族大学文学院）

学术编辑：李永胜

# 弥合与断裂:现代西方艺术观念生成视野中的《判断力批判》

陈新儒

**内容提要** 康德的《判断力批判》不仅是西方美学走向成熟的标志,也是现代艺术观念得以弥合的最重要环节。通过对埃斯特惕卡、无利害、美、崇高、趣味、共通感、天才、美的艺术(体系)等概念的全面演绎,《判断力批判》为现代艺术观念在感性与理性和先验与经验两条鸿沟的最终弥合找到了成熟的路径,这也是当今艺术观念的形而上基础。但另一方面,《判断力批判》也集中暴露了康德自身无法解决的体系固有的断裂倾向。康德提出的许多概念和观点至今依然从正反两个方面同时影响着我们看待艺术的态度、立场和视角,它如今依然是我们面对纷繁芜杂的艺术现象时继续思考相关议题的重要理论资源。

**关键词** 康德 《判断力批判》 现代艺术观念 艺术体系

1790年,康德出版了《判断力批判》[①],并宣布自己由此结束了"全部的批判工作"(KU 5:170)。尽管康德直到《实践理性批判》即将撰写完毕时都没有写作第三批判的明确计划,但他之后很快意识到了"自然概念的领域"和"自由概念的领域"存在一道尚未逾越的鸿沟,需要通过判断力来进行打通[②],而该书的上卷《埃斯特惕卡[③]判断力批判》

---

① 本文所引的康德文本均采用"科学院版康德全集"(Kant, Immanuel, *Immanuel Kants gesammelten Schriften*, Berlin: Reimer, 1905 - 1936)的德文名称缩写加卷数与原版页码夹注。按照学界惯例,《判断力批判》的缩写为 KU 5;《实用人类学》的缩写为 Anthro 7。此外,本文在引用原文时还参考了李秋零与邓晓芒的《判断力批判》中译本,以及 Werner Pluhar 和 Paul Guyer 的《判断力批判》英译本。

② 关于《判断力批判》的写作背景和成书过程,参见保罗·盖耶尔:《康德》,宫睿译,人民出版社 2016 年版,第 39—40 页;保罗·盖耶尔:《〈判断力批判〉成书考》,刘旭光译,《汉语言文学研究》2022 年第 3 期。

③ 《判断力批判》中的 Ästhetik/ästhetisch 通常被视为同时具有"审美的"和(转下页)

如今被普遍视为西方美学史在原创性、精妙性和全面性方面的重要转折点,也是首部使审美理论变成一个哲学体系的组成部分的现代哲学著作。① 和他不喜欢在著述中征引其他思想家的名声恰恰相反,康德对于此前美学领域的诸多概念和观点进行了前无古人的弥合工作。学界如今已普遍视康德为对现代艺术体系乃至现代艺术学科一锤定音的最终建构者,②但康德在现代艺术观念生成历史中扮演的具体角色依然有待进一步考察。本文拟结合康德文本以及相关美学史议题,旨在探讨《判断力批判》从哪几个方面回应、修正、融合了前人已经逐渐生成的艺术观念,并为西方艺术观念的现代转向提供了何种理论资源。

## 一、无利害、美与崇高:感性与理性的鸿沟弥合

在论述康德的艺术观念前,我们首先需要从感性与理性的鸿沟弥合来理解他的立论基础。康德在《判断力批判》的前言中对"埃斯特惕卡"进行了重新定义:"由对事物(既有自然的事物也有艺术的事物)的形式的反思而来的一种愉悦的感受性,不仅表明了对象在主体身上按照自然概念作用于反思性判断力的关系中的合目的性,而且也反过来表明了主体就对象而言按照其形式乃至无形式根据自由概念的合目的性……埃斯特惕卡判断不仅作为趣味判断与美的事物相关,而且作为出自一种情感的判断与崇高的事物相关。"(KU 5:197)反思作为这段话的关键词出自18世纪中叶的法国百科全书派。他们提出存在着一种"反思性的知

---

(接上页)"感性的"两种涵义,但学界近年来围绕这一概念提出了许多新的译法主张,但无论哪种译法都无法兼顾康德的原义。参见夏兴才、王雪采:《康德"审美无利害"命题的结构论析》,《海峡人文学刊》2022年第2期。笔者则主张,《判断力批判》中的ästhetisch同时意指"审美的"和"感性的",但或许是受到席勒的影响,康德在晚年著述的《实用人类学》中改成了在"审美"的意义上使用ästhetisch一词,并且与Sinnlichkeit所代表的"感性"进行了明确区分(Anthro 7:129 - 130)。参见陈新儒:《现代审美话语的奠基与艺术本体价值的追寻——重估席勒的美学遗产》,《美育学刊》2022年第6期。为了避免出现混乱,笔者在每次引用与Ästhetik/ästhetisch相关的字眼时均使用朱光潜先生提倡的音译"埃斯特惕卡"。

① 门罗·比厄斯利:《美学史:从古希腊到当代》,高建平译,高等教育出版社2018年版,第349页。

② 参见孙晓霞:《西方艺术学科史:从古希腊到18世纪》,文化艺术出版社2021年版,第545—549页。

识",这种知识并非像我们之前通常所认为的那样仅仅是头脑中一些原始观念的混杂,而是能激发我们的想象。① 这是不同于知性和理性的第三种认识能力,也就是如今意义上的感性。而康德的进步之处便在于,他同时看到了反思性中所蕴含的理性成分,这是在对善(Guten)、美(Schönen)与适意(Angenehmen)之间的区分中首先认识到这一点的:"在感觉中使感官喜欢的东西就是适意的……借助于理性而通过纯然概念使人喜欢的东西就是善的……对美的事物的愉悦必须依赖于导向某个(不确定的)概念的、关于一个对象的反思,并由此不同于适意的事物,但适意完全基于感觉。"(KU 5:205 – 207)至少在感觉层面,康德明确地区分了美、适意与善在接受的方式与效果上的差异:美是具有反思性(而反思性中包含着理性)的适意,适意是不具备理性认识的善——而他所说的"埃斯特惕卡"无疑同时包含了美和适意这两个层面。康德还认为,对美的分析"是处于沉思状态的,也就是说,是一种对对象的存在保持中立,仅仅把对象的样态与愉悦和不快的情感加以对照的判断"(KU 5:209)。这里所谓的沉思状态即前文提到的反思性。通过与对象保持中立,康德笔下的美的分析既区别于指向感性的适意(其中没有反思或沉思的成分),也区别于指向理性的善(其中不涉及情感的愉悦或不快),而是处于二者之间。美的分析由此被康德视为连接感性与理性的桥梁,而艺术则成为这一桥梁的具体经验方式。

或许是感到"中立"还不足以凸显美的独特性,康德接下来还指出:"在所有体现愉悦的三种方式中,唯有因为对美之事物的趣味唤起的愉悦才是一种无利害的自由愉悦,因为既没有来自感性的利害(Interesse),也没有来自理性的利害来强迫我们对其给予肯定的评价。"(KU 5:210)在美学史上,最早将"无利害"这一经济学术语引入美学领域的是18世纪早期的英国人夏夫兹博里,②这标志着对美的思

---

① Jean Le Rond d'Alembert, *Preliminary Discourse to the Encyclopedia of Diderot*, Chicago: The University of Chicago Press, 1995, p.36.

② 夏夫兹博里提出,必须将"对上帝的无利害的爱"——即不求回报或不为避免惩罚而对上帝的爱,视为获得真正道德感的"最高原则",然后将这种"无利害"的状态运用到了对美感的解释上,认为秩序与比例的背后存在着某种终极的智慧。参见 Third Earl of Shaftsbury (Anthony Ashley Cooper), *Characteristics of Men, Manners, Opinions, Times*, Cambridge: Cambridge University Press, 2000, p.268.

辨从美本身转向主体对美的感受,但在很长一段时间内都鲜有其他学者再次提及这一概念。康德在夏夫兹博里之后重拾"无利害",并首次将其从主体经验迁移至主体感受中,认为这种感受区别于两种利害——适意的对象(例如饥饿感的满足)和善的对象(例如对道德风尚的遵循)(KU 5:210-211)。① 正因为对无利害感受的推崇,康德始终相信,当我们进行关于美的判断时,尽管这种判断并非如适意和善那样与事物的实际价值有关,却能给所有人提供一个评价的普遍准则。而如果将这种观念代入对艺术的思考,就会得到以下结论:"在康德的美学理论中,最关键的不是美的概念、美的事物,而是审美判断,即一种无利害、无概念、无目的地对待事物的审美态度。这种审美态度要求我们将艺术从各种实用的语境中孤立出来,将艺术纯粹视为艺术本身。有了这种审美态度,我们就有了完全不同的看待过去的艺术作品的眼光。"② 康德在这里对无利害的全新解释,使其为审美形式论和艺术自律论提供了形而上的土壤。遵循这一逻辑,康德在后文中提出了自己对艺术在人类知识体系中位置的理解:"旨在直接引起愉悦的感受的艺术是埃斯特惕卡艺术。埃斯特惕卡艺术要么是适意的艺术,要么是美的艺术。如果其目的是使愉悦来伴随作为纯然感觉的表象,它就是前者,如果其目的是使愉悦来伴随作为认识方式的表象,它就是后者。"(KU 5:305)康德这里所说的"美的艺术"就是今天的艺术,但康德试图进一步将艺术界定为与知性有关的令人愉悦的具体对象,从而与单纯令人愉悦却具有明确利害目的的适意艺术进行区分。

但如果把康德这一看似价值中立的艺术观念放到一个更大的背景中,我们就会发现他所谓的"无利害"的预设并非毫无价值立场。恰恰相反,康德这里所说的"(令人)愉悦的对象""普遍令人喜欢的东西""被认作一个必然愉悦的对象的东西"等等,本身就是一种肯定性的评价,"愉悦""喜欢"这些词汇所代表的就是一种价值取向意义上的"倾向性"。③ 实际上,康德在第 16 节已经在为自己观念中的片面立场进

---

① 由于康德在这里用 Interesse 指主体对实际对象的"实存"(Existenz)有着欲求的倾向,因此该词此处翻译成"兴趣"更为准确,这与近年来国内学界的主流观点一致。参见夏兴才、王雪柔:《康德"审美无利害"命题的结构论析》,《海峡人文学刊》2022 年第 2 期;王维嘉:《优美与崇高:康德的感性判断力批判》,上海三联书店 2020 年版,第 34 页。

② 彭锋:《西方美学与艺术》,北京大学出版社 2005 年版,第 241 页。

③ 杜书瀛:《价值美学》,中国社会科学出版社 2016 年版,第 110—111 页。

行了一定的修正:"存在两种美:自由的美或者依附的美。前者不以任何有关对象应当是什么的概念为前提条件,后者则以这样一个概念以及对象依照这个概念的完善性为前提条件。前一种美的诸般种类叫做这个事物或那个事物的(独自存在的)美,后一种美则作为依附于一个概念的美(有条件的美),被赋予隶属于一个特殊目的的概念的那些对象。"(KU 5:229)上述观点来自 18 世纪早期的英国哲学家哈奇森(Francis Hutcheson)对"本原美"和"相对美"的区分,前者指无须通过与任何外在对象进行比较就可以直接感受到的美,后者指需要通过与外在对象的比较(例如模仿和相似)进行间接感受的美。① 通过引入依附美并承认其作为美的表现方式,康德不再认为美的事物不是无需概念而普遍地让人喜欢的东西,而是无需确定的概念而让人感受到愉悦的东西。于是,依附美既与埃斯特惕卡有关,又间接地以概念为基础,成为一种特殊的美。② 康德由此扬弃了哈奇森的理论,即美的判断总是且只是一个关于对象的完美性或是它对某种目的的适合性的隐藏的判断,甚至暗示了在艺术领域中,普遍存在依附美高于纯粹美的情形。③ 不仅如此,康德还通过对依附美的肯定,承认了美感在现实运用中的复杂性,仅仅依靠美的分析似乎无法解释非沉思状态的埃斯特惕卡判断,例如在对建筑这样的人造技艺作品进行分析时,关于纯粹美的判断就会失效。

康德由此转入对崇高的分析。这一转变初看起来显得十分突兀,因为康德从未在前文中暗示后文将转入这一领域的分析。与此前崇高理论的最大不同之处在于,康德将崇高视为在美的分析与善的分析之间的过渡地带:"就像埃斯特惕卡的判断力在评判美的事物时把想象在其自由游戏(freien Spiele)中与知性相联系,以便与知性的(无需另外规定的)一般概念协调一致那样,它也在把一个事物评判为崇高时将同一种能力与理性相联系,以便主观上与理性的(不确定)观念协调一致。"(KU 5:256)换言之,康德认为主体对美的事物的认识更偏向于知性,而主体对崇高的事物的认识则更偏向于理性,而恰恰是理

---

① Francis Hutcheson, *An Inquiry into the Original of Our Ideas of Beauty and Virtue*, Hildesheim: Georg Olms Verlag, 1971, p.27.
② 王维嘉:《优美与崇高:康德的感性判断力批判》,第 110 页。
③ 保罗·盖耶尔:《康德》,宫睿译,第 332 页。

性成分的影响使得崇高感可能并非源自主体的愉悦,而是畏惧。① 所以康德把美的愉悦称为"积极的愉悦",把崇高的愉悦称为"消极的愉悦"(KU 5:245)。比厄斯利指出,美的判断与崇高的判断之间存在着逻辑上的差异,前者宣称在对象与无利害的愉悦感之间具有紧密的和必然的联系,任何恰当地进行感知的人将必然感受到这种愉悦;后者宣称具有一种有条件的或潜在的联系,它能被一个理性的存在物用来引发一种对理性或人的道德目标的伟大感受,但并非所有人都能如此利用。② 因此,作为一种依附美,崇高既不具备无利害性,也无法像纯粹美那样不依靠概念就获得期待上的普遍性,崇高必须要通过后天的经验与教养才可能被感受到。尽管康德没有明确提出崇高与艺术的关系,但是我们已经可以发现崇高在艺术评价方面的重要地位。

在第一部分的总附释中,康德这样写道:"在与愉悦感受的关系中,一个对象可以要么被视为适意的,要么被视为美的,要么被视为崇高的,要么被视为(绝对的)善的……美的就是纯粹判断中(因而不是凭借感觉按照知性的一个概念)令人喜欢的东西,由此它必须是无利害的;崇高的就是通过其对感官兴趣的阻碍而直接令人喜欢的东西。"(KU 5:266-267)至此,适意、美、崇高和善在康德的分析体系中形成了一条从感性到理性的渐变线条,而美与崇高则构成了康德艺术观念的立论核心。

## 二、趣味、共通感与天才:经验与先验的鸿沟弥合

在解决了理性与感性之间的鸿沟后,另一个摆在康德面前的问题就是经验与先验之间的鸿沟,即评价艺术的标准究竟来自经验的积累还是先验的原则。康德首先通过提出趣味(Geschmack,又译鉴赏)的

---

① 该论点来自西方美学史上崇高理论的重要奠基者伯克(Edmund Burke),他最著名的观点是:崇高感与美感存在对立关系,前者与恐惧有关,通过主体与对象之间的疏离而获得;后者与愉悦有关,通过主体与对象之间距离的靠近而获得。在此基础上,伯克试图将崇高与美解释为艺术评价方面的二元对立项,这直接启发了康德将美和崇高与艺术观念相联系。参见 Edmund Burke, *A Philosophical Enquiry into the Origin of Our Ideas of the Sublime and Beautiful*, New York: Garland Publishing, 1971, pp.39-43; pp.53-54.

② 门罗·比厄斯利:《美学史:从古希腊到当代》,高建平译,第367页。

二律背反来解决这一问题,《判断力批判》的开始部分就明确出现了对趣味的定义:"判断美的事物的能力……需要什么才能把一个对象称为美的,必须由对趣味判断的分析才能揭示。"(KU 5:203)此处的"趣味判断"即前节所论述的"美的分析"。但在这里,康德遇到了此前所有谈论趣味的思想家都遇到的难题:趣味的标准是否可以争辩?例如休谟认为,我们无法从观念上解决趣味的标准究竟是主观还是客观的问题,而只能诉诸于经验(即最好的批评家)①;但哈奇森认为,根据天赋原则所引出的内在官能所代表的趣味本身就已经暗含了一种先验的评价标准,无须通过经验再去寻找②——这代表了经验论和先验论在趣味问题上不可调和的冲突立场。③ 康德由此提出了关于趣味的二律背反:"正论:趣味判断不是建立在概念之上的;因为若不然,对此就可以争辩了。反论:趣味判断是建立在概念之上的;因为若不然,尽管这种判断存在差异,对此也根本不可以争执(要求别人必然赞同该判断)。"(KU 5:338)针对这个二律背反,康德提出的解决思路是:"趣味判断建立在一个概念之上,但从这个概念不能就对象而言认识和证明任何东西,因为它就自身而言是不可规定且不适用于知识的;但是,趣味判断却正是通过这个概念同时获得了对每个人的有效性,因为这一判断的依据也许就在关于那可以被视为任性的超感性基底的东西的概念之中……正论本应表示的是,趣味判断不是建立在确定的概念上;反论本应表示的是,趣味判断建立在一个不确定的概念(即超感性基底的概念)之上的——这样一来二者就不存在任何冲突。"(KU 5:339-340)换言之,康德认为二者的冲突仅仅在于侧重点的不同,对经验的强调其实就是对个体感觉的差异性的强调,对先验的强调则是这种感觉上升到普遍性的强调。

康德用"共通感"(sensus communis)来解释趣味普遍性的可传达性:"人们必须把共通感理解为一种共同的感觉的理念,也就是说,一

---

① David Hume, *Four Dissertations*, London: Printed for A. Millar, 1757, p.228.
② Francis Hutcheson, *An Inquiry into the Original of Our Ideas of Beauty and Virtue*, p.23.
③ 哈奇森和休谟之后的几乎所有英国美学家(如伯克、杰纳德[Alexander Gerard]、里德[Thomas Reid]、艾利森[Archibald Alison]等)都讨论过趣味问题,但无外乎经验论和先验论中的一种,康德对他们的观点均十分熟悉。参见 George Dickie, *The Century of Taste: The Philosophical Odyssey of Taste in the Eighteenth Century*, Oxford: Oxford University Press, 1996, pp.29-84.

种评判能力的理念,这种评判能力在自己的反思中(先天地)考虑到任何他人在思想中的表象方式,以便使自己的判断仿佛是依凭全部人类理性,并由此避开那些会从主观的私人条件出发对判断产生不利影响的幻觉,这些私人条件很容易会被视为客观的。"(KU 5:293-294)这看似等同于影响了康德的英国经验主义者托马斯·里德(Thomas Reid)所述的"常识"①,但康德在后页的注释中对共通感进行了细分:"人们可以用埃斯特惕卡的共通感来表示趣味,用逻辑的共通感来表示平常的人类知性。"(KU 5:296)如果我们将共通感放入艺术欣赏的语境中,就会看到康德是在承认对具体艺术的喜好属于主观经验的前提下,认为对艺术作品价值的确认必须存在某种先验的标准,这样就在纯粹自发的愉悦和基于确定概念的认识之间找到了平衡的道路,趣味"处于一种自由游戏的状态……这种状态结合了直观的杂多之复合的想象以及各表象的概念之统一的知性……这是唯一对所有人都有效的表象方式"(KU 5:217)——这段表述日后被简化为"想象与知性的自由游戏"而被广泛引用。

那么,在康德直接论述艺术的部分,从经验与先验的鸿沟弥合这一角度又能给我们哪些新的理解呢?首先需要注意的是,《判断力批判》的第43至53节尽管被划为"崇高的分析"的一部分,但这十一节所主要讨论的是艺术,和崇高并无直接关联。所以,《判断力批判》的上卷实际上应该分成三个部分,最后一部分为美的艺术的分析论。其实早在全书导言行文结束之处,康德就已经为自己的三大批判体系即"心灵的全部能力"提供了整体的面貌,其中对认识"愉悦和不快的情感"的能力,也就是"判断力"称为沟通认识能力(知性)和欲求能力(理性)的桥梁,其所基于的先天原则是合目的性,运用对象则是艺术(KU 5:198)。但奇怪的是,康德在全书的大部分篇幅中并没有直接提到艺术,甚至在举例说明判断力的作用对象时想到的依然主要是他在此前归为知性运用的自然。一个合理的推测是,康德是在完成了《判断力批判》后才补写了这篇导言,此时他已经意识到了对艺术的分析将会成为连接人类三种心灵能力的关键钥匙,而他想要做的"不

---

① 里德认为,趣味并非仅仅能凭借感知的愉悦与否进行判断,而是像品尝食物的味觉那样包含某种能让人普遍认同的特性,因此人与人之间存在某种"常识"(common sense,与sensus communis 同义),它能够产生一种普遍的趣味标准。参见彭锋:《重提内在感官说》,《美育学刊》2017年第3期。

只是将艺术与感性状态相关联,还要进一步探究艺术如何获得自身之可能"。①

为了达到这一目的,康德首先站在历史角度对艺术概念的演变进行了从远到近的辨析:"艺术不同于自然……人们将通过以理性为其行动基础的自由活动称为艺术……艺术不同于科学,前者作为实践的能力被与理论的技术区别开来……艺术也不同于工艺,前者被称为自由的艺术,后者被称为雇佣的艺术,人们这样看待前者,就好像它只是作为游戏,亦即作为独自就使人适意的活动而能够合目的地得出结果(成功)似的。"(KU 5:303)但是对于所谓的"自由艺术",正如我们在上节看到的,康德同样将其划分为美的艺术和适意的艺术,因为"美的艺术是这样一种表现方式,它独自就是合目的的,而且尽管没有目的,却仍然促进了为了社交传达而对心灵能力的培养……美的艺术是以反思性的判断力而非感性为标准的艺术"(KU 5:306)。尽管康德在这两节的表述并非与全书的主题密切相关,但已经可以看到他正是在对"美的艺术"这一关键性概念的辨析中联系了上节所提到的感性与理性的综合,而且结合了趣味方面的经验与先验的综合,艺术便以此成为需要给予特殊关注的全新领域,这也预示了日后进一步发展成熟的艺术自律论的出现。

康德接下来对天才与艺术②关系的论述,是他对艺术观念现代化的最重要贡献。首先,天才被他赋予了先验的价值:"天才是给艺术提供规则的才能(禀赋)。天才就是天生的心灵禀赋,通过它自然给艺术提供规则……天才是一种产生出不能为之提供任何确定规则的东西的才能,而不是对于按照某种规则可以学习的东西的技巧。"(KU 5:307)在这里,康德直接将天才视作一切艺术活动的来源,而它本身是没有任何规则可以遵循的,所以康德会认为天才的精神与模仿完全对立,因为后者只能提供学习的对象。我们可以将其视为康德对艺术创作领域在经验层面的修正,只有那些不依赖于前人经验的原创头脑才能被视为艺术灵感的源泉。另一方面,康德并非完全将天才的价值彻底抽象化,他还强调了天才在经验方面可以提供的另一种价值:"天才

---

① 卢春红:《何以是"美的艺术"?——论〈判断力批判〉中从"艺术"到"天才"的另一条思路》,《外国美学》第29辑,2018年第2期。

② 从《判断力批判》的第46节开始,康德对于"美的艺术"和"艺术"之间不再进行概念上的区分,但依然交替使用这两个词。为了行文方便,下文统一译作"艺术"。

的作品必须同时具有典范性,因此它们本身并非通过模仿而产生,却必须作为他人模仿的对象,即成为评判的标准或规则。"(KU 5:308)但康德马上又强调,天才只是提供规则,他们自己并没有办法就规则提出令人信服的解释,因此只能通过所谓内在的合目的性去感受,无法像对待知识那样通过系统的学习就能掌握。艺术史家迪弗(Thierry de Duve)对此这样评论:

> 在他那个时代,艺术创作显然涉及一个学习过程,涉及对技巧的掌握,还得遵循各种各样的规则和惯例,审美判断的空间就在于这些规则和惯例之中。不过,康德也意识到了,假如艺术家的才华仅仅存在于掌握技巧和适用规则,那么,审美判断就不会是自由的,而只能是有赖于那些规则和惯例的。也就是说,有赖于一个规定一件艺术品应该怎样的概念。为了在艺术创作中允许趣味的自由判断,艺术家的才华还必须涉及某种别的东西,某种甚至在艺术家那里也是无意识的东西,一种天赋,而非文化的习得;正是靠了这种天才,艺术家才能超越或绕过各种规则或惯例。①

可见,康德看到了天才这一概念具有的潜能并将其定位于艺术领域,②这要比18世纪的英国经验主义者笔下适用于任何领域的天才更加具体。"天才"与"创造"从此在艺术观念中成为一组可以互换的近义词,"艺术创作没有规则,天才的艺术家就是艺术创作的规则"如今依然是全世界范围内的主流艺术观念对天才的最常见解释。③ 随着天才概念从经验领域的引入,康德的整体艺术观念也不再陷入前文对美、崇高与趣味的分析领域的先验泥沼,完成了经验与先验的观念弥合。

---

① 蒂埃利·德·迪弗:《杜尚之后的康德》,沈语冰等译,江苏美术出版社2014年版,第252页。
② 在《实用人类学》中,康德将天才的范围扩展至全部人类领域,并将其定义为"发明的才能",但他指出,伴随着天才出现的一定是想象力,这似乎又强调了天才对于艺术创作的作用(Anthro 7:224)。
③ 彭锋:《从"艺术"到"艺术界"——艺术的赋魅与祛魅》,《文艺研究》2016年第5期。

## 三、现代艺术体系的完善与断裂

在理清了与艺术观念有关的种种形而上议题后,康德接下来便着手解决具体艺术的分类问题,这也是他的前辈和同辈始终关注的重要问题。① 但这样一来,康德就被迫完全转入自己并不擅长的纯粹经验领域,他也罕见地在注释中承认了自己的分类观点可能暴露的缺陷:"读者不要把对艺术的一种可能划分的这种设想认定为预期的理论。它只是人们还能够并且应当着手从事的诸多尝试中的其中一个。"(KU 5:321)但正是在这种经验化的归纳中,《判断力批判》中的许多抽象晦涩的术语才首次得到了基于案例的演绎。在前文提到的艺术与自然和科学进行的区分中,康德依然是在"人为创造"这种古老技艺观念中看待艺术的。② 但在下一节,康德又提出艺术可以划分为机械艺术和埃斯特惕卡艺术,后者又可以进一步划分为适意的艺术和美的艺术,前者以感官享受为目的,后者没有直接目的但诉诸反思性的判断力。③ 最后,康德将艺术(美的艺术)分为三种:言语的艺术、视觉的艺术和诸感觉游戏的艺术,第一种艺术分为诗和雄辩术,第二种艺术分为雕塑、建筑、绘画、园艺等与视觉有关的艺术,第三种艺术分为音乐和色彩艺术(KU 5:321-325)。但这些并非艺术的全部,例如歌剧、舞蹈等艺术门类便属于其中两者乃至更多门类的互相结合,其中的组合方式是十分自由的。

在下一节,康德将论述重点放在了对各种艺术门类之间价值的比

---

① 关于康德之前的德国美学家对艺术分类问题的论述,参见陈新儒:《德国前古典美学中的艺术分类问题及其今日启示——以门德尔松、莱辛与赫尔德为中心》,《艺术学研究》2022年第3期。

② 除了将科学与自然和艺术相区分外,康德还区分了艺术与工艺,但康德认为工艺需要诉诸某种"机械作用"(KU 5:304)。因此,康德在艺术与手艺之间的区分和前面的区分有所不同,这里的艺术应被理解为下文提到的"埃斯特惕卡艺术"。

③ 有学者认为,《判断力批判》中的 Kunst 应当理解为广义的技艺,通行译本中的"审美艺术"应译为"感性技艺",而"美的艺术"也应译为"美的技艺"。尽管这更加符合康德本意,但为了保持行文一致,本文仍然将其统一译为"艺术",并时刻注意二者之间的重要区别。参见尹። 辉:《西方美学艺术思想研究:从柏拉图、康德到马克思的传承与超越》,社会科学文献出版社2022年版,第396—398页。

较之上,相比前人对该问题的拐弯抹角,康德则对此更加直截了当。在他看来,诗艺的价值永远是最高的,因为"它几乎完全源于天才,并且典范的引导作用是最微小的"(KU 5:326)。也就是说,康德是通过创作主体的自由程度来看待不同艺术门类的价值比较的,因为语言的抽象性,诗人不会局限于前人所使用过的材料、手法乃至理念,他们仅仅凭借丰富的思想和创造力就能凭空制造一个生动的世界;而对于演说者来说,机智与想象力的价值也在语言的自由游戏中得到了最大程度的体现。虽然康德的观点看似并无新意,但他却站在对天才和想象的推崇之上赋予文学以最高价值。而对于音乐和视觉艺术之间的价值比较,康德提供了两个不同的参照系:如果是以与感性结合的感动心灵为原则,则音乐的价值更大;如果是与知性结合的培养教化为原则,则视觉艺术更胜一筹(KU 5:328-329)。但就像康德之前就已经指出的那样,无论是依靠感性还是知性,都不能称之为纯粹的趣味判断,所以康德并没有在这个问题上纠缠过久便直接给出了艺术门类的价值排序:诗艺居于首位,其次是造型艺术,最后才是作为感觉游戏的音乐(KU 5:330)。① 然而遗憾的是,康德并未继续深入建构自己的艺术体系,甚至在日后返回到了古典意义上的艺术概念。在《实用人类学》中,康德再次论及艺术体系,但这一次,他将诗视为"美的艺术"的别称:"用精神和鉴赏来创作的产品通常被称之为诗,并且是美的艺术的作品,不管它是借助眼睛还是借助耳朵来直接展现给感官,这种美的艺术也可以称之为宽泛意义上的诗艺(poetica in sensu lato),无论它是绘画、园林、建筑艺术还是严格意义上的诗艺(poetica in sensu stricto)。"(Anthro 7:246)这无疑是在《判断力批判》已有的观点上倒退了一大步。

和他精妙深邃的美学体系相比,康德的艺术体系不但要显得简单得多,而且存在诸多前后矛盾之处。正如克里斯特勒(Paul Oskar Kristeller)所言:"自从康德将美学定为哲学领域的永久分支以来,艺术体系的核心部分在18世纪末已经基本定型,其中仅有一些细节和解释上的差异。"② 从此意义上说,康德当然无愧于克里斯特勒所谓的

---

① 关于对《判断力批判》提出的艺术体系价值排序的详细辨析,参见陈剑澜:《康德论美的艺术》,《美术研究》2018年第6期。

② Paul Oskar Kristeller, "The Modern System of the Arts: A Study in the History of Aesthetics (II)", In: *Journal of the History of Ideas*, Vol.13, No.1, p.43.

"现代艺术体系的奠基者"之名。但是,这又使得康德的美学体系处于自身难以缝合的断裂状态,例如在诸感觉游戏的艺术中无端提及的色彩艺术,这实际上是康德在对纯粹美的分析中所遗留的未解决难题。按照康德的演绎,所有视觉艺术都必须归为依附美的范畴,因为它们都显然具有感性方面的合目的性,而只有假设存在着一种抽象的色彩艺术才可能纳入纯粹美的考察范围。① 康德似乎将纯色在艺术领域视为一个单独存在的例外,然而事实上他所谈论的根本不是我们具体感知到的颜色,而只能是通过所谓反思来把握的一种对颜色的抽象感知,这只能沦为极其荒唐的先验演绎的产物。

此外,康德对于崇高与美的分析一旦转入具体的艺术,就变得无力解释除了美与崇高之外同样可能会被艺术唤起的其他情感。例如,他仅仅在艺术体系分析之后的余论部分,才涉及"滑稽"这一本应单独论及的情感。迪弗就此指出,尽管康德想让趣味建立在愉悦或不悦的情感之上,他却从来也没有排除其他情感,除了美和崇高:假设一件作品能产生厌恶感或滑稽感,那么"这是艺术"就不可能意味着"这是美"。在所有其他情形里,它却可以保留这一意义,不过在这里"艺术"都代替了"美"②——这样一来,甚至连崇高也因为不具备无利害和纯粹趣味判断的特质而无法纳入他的艺术观念中。更重要的是,康德始终没有对艺术(尤其是美的艺术)在人类社会中的位置进行正面解释。在他严丝合缝的先验批判体系中,艺术仅仅是主观合目的性的判断力的、介于自然和自由之间的运用领域,而这个领域究竟应在人类生活中被赋予怎样的价值序列则不是他关心的问题。我们不仅无法从《判断力批判》中弄清楚康德究竟更加看重自然、科学还是艺术,甚至无从把握康德为美的艺术内部进行价值排序的理论依据。

如果我们把这些断裂之处再次放入康德的整个美学体系中来看,就会发现康德艺术观念的更多局限性。首先是对剥离现实语境后的纯粹美的追求所导致的理论与实践的断裂,这恰恰与《判断力批判》前言提出的统一理论哲学与实践哲学的总目标(KU 5:176)背道而驰。布尔迪厄(Pierre Bourdieu)指出,康德对美与艺术的分析最大的缺陷

---

① George Dickie, *The Century of Taste: The Philosophical Odyssey of Taste in the Eighteenth Century*, p.118.

② 蒂埃利·德·迪弗:《杜尚之后的康德》,沈语冰等译,第245页。

就在于无视社会中不同阶层的审美体验的差异与历史性:"这些分析,不知不觉地将个别情况普遍化,并由此将关于艺术作品的定位和定时的个别经验转换为一切艺术认识的超历史规则。"①约翰·凯里(John Carey)更是直截了当地将现代以来的艺术自律神话归咎于康德:

> 很容易就能识别康德及其追随者在艺术概念上的规定,它们今天仍被使用。这些规定是:艺术是神圣的;它比科学更深刻、更高级;它揭示的真理超越了科学的范畴;它提炼了我们的感受力,把我们变成更好的人;艺术是天才的创造,这些天才不必像我们其他人一样遵守道德法则;艺术不应该激起人的性欲,否则它就会变成色情。这些就成了康德的信徒们代代相传的迷信……那些公开赞扬高雅艺术优越性的人,事实上正在对那些从低俗艺术中得到愉悦的人说:我感受到的比你感受到的更有价值。②

就算康德本人看到这样的指责或许都会惊讶,因为康德只是提出了一种现代意义上的艺术理论(modern theory of art),而非追求自律的现代艺术理论(theory of modern art)。③ 但无可否认的是,正是康德对于美的先验原则、无利害、纯粹趣味判断、天才等概念的反复强调,使得艺术从观念上逐渐成为一种形式主义的迷信,艺术观念被拉回并困囿在哲学的纯粹思辨层面④——这在当时就已经遭到了以赫尔德(J. G. Herder)为代表的历史主义者的批判,后者坚称无利害的普遍趣味判断是不可能实现的乌托邦。⑤ 我们还可以从日后的马克思主义美学中看到对此更加彻底的批判。

---

① 皮埃尔·布尔迪厄:《艺术的法则:文学场的生成和结构》,刘晖译,中央编译出版社2001年版,第344页。
② 约翰·凯里:《艺术有什么用?》,刘洪涛、谢江南译,译林出版社2007年版,第15—24页。
③ 尽管《判断力批判》是现代艺术理论(尤其是狭义的现代主义艺术理论)的重要来源,但康德的艺术理论中的现代性并非"现代艺术",而是"哲学现代性",二者存在关联,但不可混淆。参见 Paul Guyer, "Kant's Theory of Modern Art?", in: *Kantian Review*, Vol. 26, No. 4, pp. 619 – 634.
④ 孙晓霞:《西方艺术学科史:从古希腊到18世纪》,第555页。
⑤ Paul Guyer, *A History of Modern Aesthetics*, Vol. 1, New York: Cambridge University Press, 2014, pp. 509 – 526.

另一方面,《判断力批判》在具体论述中暴露的保守倾向,导致论点与论据之间同样出现了断裂。《判断力批判》不止一处地强调,艺术依然是对自然的从属或模仿,这不但与康德的天才观点自相矛盾,而且也无法支撑他对纯粹美的论述中关于艺术的分析。此外,康德对于趣味与天才的关系认识过于机械,甚至认为如果二者出现冲突,则"宁可允许损害想象力的自由与丰富,也不允许损害知性"(KU 5:320),这不仅是日后继承了康德艺术自律思想的浪漫主义者和唯美主义者所坚决反对的,还与他前文已经做出的多处判断相抵牾。更重要的是,康德的摇摆不定还体现在第一部分的最后两节对于道德与美的关系的认定,他关心的是从审美情感到道德情感的过渡亦即至善理想之实现的主观条件,因此断定美是德性的象征,而将艺术与真理问题弃于一边。尽管康德把现代美学领入了主体哲学的庭院深处,却止步于堂奥前。① 尽管我们可以说,《判断力批判》上卷最后两节的有关论述对日后兴起的美育思想有重要的启发作用,但仅就内容的整体性而言,康德似乎并没有为自己的论点找到合适的论据。

## 结语

对于康德艺术观念局限性的成因,叔本华的评论可谓一针见血:"他总是从别人的陈述,从人们对于美的判断,而不是美自身出发的。因此,这就好像一个冰雪聪明的盲人几乎也能同样地从他所听到的关于色彩的一些精当的描述构成一个色彩的学说……他甚至一再做出了中肯的、正确的一般论述,但他对问题的正式解决却是这样不能容许的,远远够不上这题材的尊严,以致我们想也不会想到把他得到的解决当作客观真理看。"② 我们或许可以将其进一步归因于康德本人艺术经验的缺乏,但这也是他对先验演绎一以贯之的强调导致的必然结果。但是,这些缺陷并不影响《判断力批判》成为将西方现代艺术观念

---

① 陈剑澜:《德国观念论美学中的直观理论》,《北京大学学报(哲学社会科学版)》2021年第6期。

② 阿图尔·叔本华:《附录:康德哲学批判》,《作为意志和表象的世界》,石冲白译,商务印书馆1982年版,第721页。

推向成熟的标志性著作,也不影响康德成为其所处时代艺术观念的集大成者,康德留下的诸多问题继续成为日后艺术理论的思考起点。在18世纪末的欧洲思想界,现代艺术观念已经出现了诸多走向成熟的标志:美学这门哲学的分支学科被赋予了与艺术真正有关的现代意味;大写的"艺术"已经开始和狭义的"美的艺术"一同在对艺术和手工艺的区分中成为固定的价值能指;艺术家的地位在学院、沙龙和批评家的共同努力之下出现了大幅度的提高,由此也伴随着对诸如天才、原创/创造力、想象等概念与艺术创造活动之间联系的加深,尤其是"想象"与"天才"这一对概念,更是成为艺术观念走向成熟的左右助推器;趣味(鉴赏)与艺术接受和欣赏之间的联系变得无比稳固;古典主义的艺术观念在质疑与调整的过程中被西方现代艺术观念进行了大幅度的改造,感性与理性、经验与先验之间的矛盾也出现了调和的倾向;美与崇高已经被树立为评价艺术的两大核心标准……上述所有现代西方艺术观念生成历史中的关键节点,都曾受到《判断力批判》直接或间接的影响。

《判断力批判》的艺术观念在今天同样影响深远:不但迄今为止所有试图从美学角度解释艺术问题的观点都可以被视为康德艺术观念的变体,[①]而且大多数人依然倾向于在一个最大的语境中来看待大写的"艺术",不仅从形而上学的角度,而且从社会和文化的角度来具体看待它。[②]《判断力批判》既不应被视为不容挑战的权威,也不应被视为早已过时的故纸堆,康德在其中提出的许多概念和观点至今依然从正反两个方面同时影响着我们看待艺术的态度、立场和视角,它如今依然是我们面对纷繁芜杂的艺术现象时继续思考相关议题的重要理论资源。

**【本文系教育部人文社科青年项目"德国前古典美学中的文艺问题研究"(22YJC751006)的阶段性成果】**

(作者单位:福建师范大学文学院)
学术编辑:朱俐俐

---

① 皮埃尔·布尔迪厄:《艺术的法则:文学场的生成和结构》,刘晖译,第343页。
② 门罗·比厄斯利:《美学史:从古希腊到当代》,高建平译,第401页。

# "相遇美学":一条通向康德哲学人类学的神秘主义道路

石天宇

**内容提要** 德国近代以来,理性主义和神秘主义之间一直存在严重的思想冲突,马丁·布伯的《人与人》是这一冲突的典型代表,此书集中展现了两大传统难以调和的命运,即用神秘主义的方式回答"人是什么"。只有在康德的先验范畴之下发展出一个更深层次的范畴——人格,才能找到二者相统一的路径。通过人格范畴,"人—物"图式作为对立统一项展现了出来。作为美学命题的"相遇"具有"形象"的内涵,这一概念成为理性和神秘相统一的枢纽。

**关键词** 马丁·布伯 康德 相遇 哲学人类学 形象

德国的神秘主义传统一直或隐或显地与理性传统发生碰撞,二者同为近代以来哲学思想的经典样式。神秘主义者认为,世界无法被精确描述,只有通过启示、虔信才能触及上帝或世界的本质,因此与演绎式的理性传统产生了分野。① 在某种知识面前(不论是关于上帝还是关于人),理性和信仰哪一个更具有普遍效力是二者冲突的核心表达。

犹太教神秘主义哲学家马丁·布伯对康德哲学人类学的解读可能是一条融汇理性与神秘两大传统关系的新路。在《人与人》一书的第五卷,马丁·布伯提出"相遇"概念,将康德的问题阐释为全部实存之间的关联,并认为,追问人就意味着探讨人与世界的联系,"相遇美学"就此成为通向康德哲学人类学的可能道路。在这一道路中,理性与神秘的对立如何演化为"人"的疑难?二者如何统一于心灵之中?

---

① 德国哲学神秘主义传统的代表思想有艾克哈特的"心灵之光"、马丁·路德的"因信称义"、雅各·波墨的"神智学",其中"都包含着一种在最高的神秘意识或认识中实现对立面的同一的思想"。(赵林:《论德国哲学的神秘主义传统》,《文史哲》2004年第5期。)

均是要解决的问题。

## 一、"相遇"的人类学索引

1947年,马丁·布伯完成《人与人》一书。在该书的前四卷,他运用《我与你》中的"相遇"思想重建本体论,将传统哲学中的"我"改换为"我—你"的关系本体,指出一切思想均源于"我"与"你"之间的对话,如经验历史的形成、宗教团体的诞生、抵达上帝等。

在第五卷,他评述了哲学史上关于"人"的讨论,这也是他进入康德问题的起点。书中由"人是什么?"起篇。按照康德的说法,具有普遍意义的哲学可以划分为以下四个问题:"1. 我能够知道什么? 2. 我应当做什么? 3. 我可以希望什么? 4. 人是什么?"[1]以上四问构成了哲学人类学的基本框架,而最后一问则是核心:作为发问者的"人"究竟是什么,"人"处于哲学人类学的中心位置。在卷五中,马丁·布伯引用了海德格尔对康德的解读并持批评态度。从基础存在论出发,海德格尔将存在者的品质刻画为"有限性","我能怎样?他就同时宣示了某种有限性"[2]。有限意味着有限度的发问,因为人无法像无限者(比如神)那样生存,"我能够知道什么"的言外之意是总有不知道的东西,人的认识只能在有限的领域内进行;"我应当做什么"意味着总有不应当做的事情;"我可以希望什么"说明有些事情不可被希望。以上三点均是有限性的例证,陈述"能够知道"意味着同时陈述出了对立面,即"不能"。所以,"人是什么"就是关于"人的限定"。[3]

但马丁·布伯对海德格尔的解读不甚满意,他认为后者并未准确说出四个疑问句应有的重点,"我能够知道什么"的意思并不是突出"能与不能",重点在于"能知道",[4]问题的重心不是对人的"限定",而在于从"人"出发,其行为的有效性何在。海德格尔的失误在于,他对

---

[1] 康德:《逻辑学》,李秋零译,《康德著作全集》(第9卷),中国人民大学出版社2010年版,第24页。

[2] 海德格尔:《康德与形而上学疑难》,王庆节译,商务印书馆2021年版,第233页。

[3] 马丁·布伯:《人与人》,张健、韦海英译,史雅堂校,作家出版社1992年版,第174页。

[4] 同上。

康德的原意进行了存在论的改写,以便满足此在形而上学的需要。同样地,如果重点不在于"限定",那么在"我应当做什么"中,"我能够渐知我的'应当',可以发现通向做的途径"。在"我可以希望什么?"中,人力所能及的是,"首先,有某事物为我所希望;其次,我被允许希望它;再次,准确地说,因为我被允许,我即可以去知道我可以希望的是什么。这些才是康德的意思"①。通过对海德格尔的反驳,马丁·布伯将人类学树立在人的现实作为这一支点上,正因为"能做",所以世界是具体的、实在的、此岸的,有限和无限不是一对矛盾,而是生存的二重本质,"它(宗教——作者加)已适应了人类存在的这种双重性质。要对当代人产生影响,宗教本身必须回归现实"②。

但这是否意味着马丁·布伯已经全部接受了康德的思路呢?他的回应是否还原了哲学人类学的真实含义?这需要回溯到康德人类学观念的起源中来作答。根据史料记载,"哲学"和"人类学"并不直接作为并列陈述出现,在1772—1773年哥尼斯堡的冬季学期,康德在教学生涯中第一次开设了人类学课程。根据阿诺尔特(Emil Arnoldt)的记述,该课程参照了鲍姆加登的经验心理学,沃尔夫学派的思想观念在课程中留下了深刻的印记,此时的康德以"观察"为方法,注重感性材料的直接获取。③ 此时,康德的人类学意趣在于对人种特质的收集,在地性考察为呈现人种的巨幅地图打开了方向。同时,人类学的经验化构思其实在该年冬季学期之前就已经有所表露了,但彼时尚未作为独立的讲授课目。保罗·门策尔(Paul Menzer)曾引用赫尔德的记授,表明人类学和哲学(形而上学)的关系,即形而上学包括物理学、本

---

① 马丁·布伯:《人与人》,张健、韦海英译,史雅堂校,第174页。学者海姆·戈登(Haim Gordon)认为二者的分歧之一在于时间性。马丁·布伯会认为"相遇"并非占据了经验意义上的时间,该时间与人类历史经验一样,是"它"之世界的条件,而不是"我—你"这一关系本体的条件。(Haim Gordon, *The Heidegger-Buber Controversy: The Status of I and Thou*, Westport: Greenwood Press, 2001, pp.77 - 89.)

② "It has adapted to this twofold character of human existence. To exert an influence on contemporary man, religion itself would have to return to reality." Martin Buber, *Israel and the World: Essays in A Time of Crisis*, New York: Schocken Books, 1948, p.91.

③ Emil Arnoldt, *Kants Vorlesungen über Anthropologie*, in: *Kritische Exkurse im Gebiete der Kantforschung: Teil 1*, *Gesammelte Schriften*, Bd. IV, Berlin: Cassirer, 1908, S.319 - 334.

体论和神学。① 根据记载,这一想法应发生在 1762—1764 年间,并以 1765—1766 年冬季学期首次作为课程展现。② 由此推断,"哲学"和"人类学"在康德思想中的首次会面,应不早于 1762 年。

但纵观康德的学术生涯,哲学人类学在他思想中的起源并非只有经验科学,这一构思或许隐秘地出现在了"道德和政治的地理学"③中。与自然地理学相异的是,道德和政治的地理学注重人口类型学的差异,差异化的调查呈现了殊相的人的知识,历史视角是考察的起点,人类学注重的是对不同人生活世界的描绘。而"人是什么"这一问题,最早发现于 1793 年 5 月 4 日康德致哥廷根大学神学教授卡尔·弗里德里希·司徒林的信件中,他在信中将人类学提升到了"纯粹哲学的领域里"④,而这一"纯粹哲学"视角下的人类学方案则在 1800 年出版的《逻辑学》中被正式提出,此时距康德辞世的 1804 年仅余四年。

根据上文的时间节点,马丁·布伯在《人与人》中的回应距人类学的提出已过了 185 年,距"人是什么"这一问题的首次登场已过了 154 年,二者相距超过一个半世纪。若回答马丁·布伯是否遵循了康德原意,以及他在何种程度上接受了康德,则需要考察他与康德哲学首次碰撞时的情景和他所吸纳的其他思想资源。根据自传记载,马丁·布伯第一次阅读康德的著作是在 15 岁那年⑤,《未来形而上学导论》使他的心灵产生了极大的震撼,"这种哲学观念对我产生了强烈的安抚作用……康德赋予了我哲学上的自由"⑥。而这一震撼恰恰来自于他童年的困惑:"这个我们不得不生活在其中的世界,它已经呈现出荒谬和

---

① Paul Menzer, *Kants Lehre von der Entwicklung in Natur und Geschichte*, Berlin: Reimer, 1911, S.149.

② Vgl. Hans Dietrich Irmscher, *Immanuel Kant, Aus den Vorlesungen der Jahre 1762 bis 1764, Auf Grund der Nachschriften Johann Gottfried Herders*, in: *Kantstudien-Ergänzungshefte*, Bd.88, Köln: Kölner Univ.Verl., 1964.

③ Immanuel Kant, *Reflexionen Kants zur Anthropologie, aus Kants handschriftlichen Aufzeichnungen*, in: Benno Erdmann(hrsg.), *Reflexionen Kants zur kritischen Philosophie*, Bd.1, H.1, Leipzig: Fues, 1882, S.48.

④ 康德:《康德书信百封》,李秋零译,上海人民出版社 2006 年版,第 199 页.

⑤ Martin Buber, *The Philosophy of Martin Buber*, in: Paul Arthur Schilpp and Maurice Friedman (ed.), *The Library of Living Philosophers*, Vol.XII, USA: Open Court Publishing Company, 1967, p.11.

⑥ Ibid., p.12.

神秘的面貌。"①康德此时的身份是解惑者，马丁·布伯童年时期的困惑恰恰在康德的哥白尼转向中寻觅到了锚点，当他在69岁撰写《人与人》之际，康德的问题已经贯穿了大半生。

而另一思想来源是犹太教哈西德主义（Hasidism），这一思想后来直接形成了马丁·布伯的神秘主义世界观。"神秘"（mystery）一词的希腊语 myein 含义为"合上眼睛或嘴唇"，只有被启示者才允许看见某种秘密的仪式；mystēs 则表示在这种秘密仪式中受到启示的人；而"神秘主义"（mysticism）则源于希腊词 mystērion，通常指代仪式或教义本身，包括净化、献祭、游行、歌曲等，该词最初的语境与宗教息息相关。② 同时，神秘意识不是理知上帝，而是感知其存在，"人能够知道的，仅仅是上帝的存在。他不能认识上帝在本质上是什么。那是人类理智不能把握的某种东西"③。

希伯来语中 Hasid 一词含义为"虔诚的人"，根据《犹太教神秘主义主流》一书的记载，"哈西德运动的原初推动力不是任何种类的学问或传统，而是它关于'虔诚者'的新概念。这是一种宗教理想，超越了一切理性领域的价值，比任何理性成就更值得追求。作一个虔诚者，就是要固守纯粹的、完全独立于理性和学问的宗教标准"④。依据自述性的《我的哈西德之路》一文，马丁·布伯对哈西德主义的最初接受同样是在童年时期，父亲引领他去往名为萨达格拉（Sadagora）的村庄，那里是他神秘主义的精神发源地，⑤儿时的经历、希伯来语的修习以及对犹太民族的深沉热爱，促使他最终走向了神秘主义。在马丁·布伯

---

① Martin Buber, *The Philosophy of Martin Buber*, p.12.
② "神秘主义"又可界定为以下四种特征："不可言说性""可知性""暂时性""被动性"，意在说明"'神秘的意识状态'"这个表达意味着什么"。（威廉·詹姆士：《宗教经验种种》，尚新建译，商务印书馆2017年版，第373—374页。）
③ 罗纳尔德·威廉逊：《希腊化世界中的犹太人——斐洛思想引论》，徐开来、林庆华译，华夏出版社2003年版，第36页。
④ 索伦：《犹太教神秘主义主流》，涂笑非译，四川人民出版社2000年版，第89页。
⑤ Martin Buber, *Hasidism and Modern Man*, in: Maurice Friedman (ed. & trans.), New York: Horizon Press, 1958, pp.50-51. 文中"神秘主义精神发源地"的结论根据此段文字推测而出："There my father took me with him at times to the nearby village of Sadagora. Sadagora is the seat of a dynasty of "zaddikim" (zaddik means righteous, proven, completed), that is, of Hasidic rabbis."同时根据后文"I had spent my childhood, the time up to my fourteenth year, in the house of my grandfather, the Midrash scholar."（Ibid., p.55.）得知，马丁·布伯与哈西德主义的首次遭遇应早于14岁。

后来的工作中,他也始终围绕着犹太圣经的翻译和布道展开,并与罗森茨威格一道将希伯来文《圣经》翻译成德文,这份工作印证了他对双重身份的接纳:使用希伯来语的犹太人和现代意义上的德国人。在希伯来文中,"世界"('olam)一词源于词根"'alam",而"'alam"意为"隐匿",世界的本质是秘而不宣的,贯穿马丁·布伯事业始终的正是这种神秘性,在耶路撒冷的诸多演讲中,他始终提醒听众要通过内心的虔敬和深沉的激情与上帝寻求直接的照面,寻求无法言传的、与上帝合而为一的体验。

因此,回溯到成长和人格的完善时期,马丁·布伯试图融合理性和神秘这两种互斥的思想特质,通过对时间的思考,他以理性的方式接受了康德;通过和教派群众的接触,他以神秘的方式接受了哈西德主义,这也为他后来以犹太教哲学家的身份解读哲学人类学奠定了基础。但比较二人的思想背景时会发现,至少在经验科学的意义上,康德的人类学仍然从属于形而上学,其后在批判哲学的意义上,康德将这一问题义务论化,并将之关联于道德形而上学。但神秘主义并未在经验科学的意义上讨论外部世界的观察术,也未在批判哲学的意义上讨论人的内在能力,因其和理性互斥的思想特质,最终转为了对"人的整体"(wholeness)的探究上,马丁·布伯说:"康德的人类学目的明确、内容完整,但它提供的是另外的东西……人的整体尚未进入这种人类学。"[1]理性和神秘的对立性在马丁·布伯的思想中找到了博弈的支点:人。由"人"这一陈述主语出发,他重新审视了哲学人类学的解答方式,改变了海德格尔的有限性这一存在论前提,并将其引申为"在无限中人是什么?"[2]

## 二、"相遇"及其人类学内涵

根据上述对马丁·布伯独白的分析,他并非以传统哲学的方式接受康德,神秘主义在解读中发挥了重大影响,这也形成了"相遇"的人类学背景。与康德相比较,在后者的批判哲学时期,先天能力

---

[1] 马丁·布伯:《人与人》,张健、韦海英译,史雅堂校,第173页。
[2] 同上,第188页。

的学说在人的问题上发挥了重要作用。根据《逻辑学讲义》,与人的问题密切相关的是理性的使用:"1.人类知识的源泉;2.一切知识的可能的和有益的应用的范围;最后是3.理性的界限。"①在"人"这一理性和神秘的共同起跳点中,我们该如何准确描述二者的对立?矛盾的实质究竟为何?它们是不可调和的吗?以及,它们又该如何在哲学人类学中得到统一?在与司徒林教授通信的前三年,康德在《判断力批判》中完成了对心灵能力的界定,②人的问题基本等同于先天能力的问题,回答"人"等于探究"知识的源泉"。而这样的回答方式也意味着,人类学被不同的纲目所安排,人的本质从不同名义的学科中谋求答案,"我能够知道什么"由形而上学负责解答,"我应当做什么"则属于伦理学,"我可以希望什么"划给了宗教学,不同的学科之间坚守着各自的领地,权责分明、内容完备,18世纪的科学精神参与构造了人的知识,但"人的整体"则在此间旁落了、遗失了。有鉴于此,马丁·布伯形成了以考察"人的整体"为主要内容的神秘主义人类学。

我们的思路无疑被推进到了一个更加广阔的领域。当讲述"人的整体"时,这一称谓意味着什么?神秘主义是否排斥先天能力的考察,仅将"人"当作一个主词?需要说明的是,我们仍然要牢固把握"人是什么"这一核心问题,不断返回到康德对哲学人类学的刻画中,以此才能衡量神秘主义的道路是否行得通。马丁·布伯一生中最重要的著作——《我与你》于1923年完成,之后包括《人与人》在内的其他著作均在不同程度上围绕该书的思想延展讨论,"相遇"在书中也首次登场。关于概念的界定,"相遇"在"我"与"你"之间展开,意味着二者的存在性关联,双方共同营造了"之间"的领域。同时,相遇的方式是"对话",该思想是解读"人的整体"的关键。在《我与你》中,马丁·布伯全方位展示了"对话"的蕴含,对话是"我"诵出

---

① 康德:《逻辑学》,李秋零译,第24页。
② "就一般心灵能力而言,只要把它们当作高层能力,亦即包含着一种自律的能力来看待,那么,对于认识能力(对自然的理论认识能力)来说,知性就是包含着建构性的先天原则的能力;对于愉快和不快的情感来说,这种能力就是判断力,它不依赖于能够与欲求能力的规定相关,并由此直接是实践的那些概念和感觉;对于欲求能力来说则是理性,它无须任何一种不论从哪里来的愉快的中介而是实践的,并作为高层的能力为欲求能力规定终极目的,这个终极目的同时带有对客体的纯粹的理智愉悦。"(康德:《判断力批判》,李秋零译,中国人民大学出版社2011年版,第28页。)

原初词这一源始行为，原初词就是"我—你"，它是最源始的对话内容，代表了主体间的关联结构，我"呼唤"并且期待你的"回应"。对原初词的分析是整个立论的基础，其中有两方面含义：其一，它是非经验性的。"我—你"依托于语词形式而属于人精神的本能活动。其二，它意味着存在最初的显现，即"原初词一旦流溢而出便玉成一种存在"①。对此涉及两种存在。首先是主体的存在，"诵出原初词也就诵出了在。一旦讲出了'你'，'我—你'中之'我'也就随之溢出"②。其次是关系的存在，原初词既然被定义为"我—你"，"我"与"你"之间的连字符也就是关系本体论的象征，也是世界的初始结构，这种结构既是非公共性的，也是不可分解的，此即"狭窄的山脊"（Narrow Ridge）③。

与"我—你"相对应，人持有的另一原初词是"我—它"。与非经验化的"我—你"相比，它同样有两方面内涵：其一，"我—它"造就了经验世界，而经验世界意味着与他人的失衡、与上帝的失联。马丁·布伯认为，世俗意义上的世界由作为对象的"它"拼凑而成，"它"的及物性特征间离了与上帝的关系，从而无法形成人生的真实面貌。其二，"我—它"造就了非整全的存在，即"原初词'我—它'绝不能随纯全之在而说出"④。完整意义上的存在就是人与世界鲜活地打交道，与他人没有中介或阻滞，甚至无须通过教义或仪式达到上帝，是"我"作为"人的整体"与其直接相联。

在此需要返回康德并审视相遇之为哲学人类学的意义。我们尝试将原初词"我—你"改造为两个康德式的命题，其一为："'我'是通过原初词与'你'建立关系的存在者"；其二为："'你'是通过原初词流溢而出的另一存在者。"且两个命题均为综合判断，因为在"我"的概念中并不能直接得出"你"这一结论，即无法通过"我"分析出对它性质的描述。同样地，从作为主词的"你"中也无法获得"另一存在者"。⑤那么，

---

① 马丁·布伯：《我与你》，陈维纲译，商务印书馆2017年版，第6页。
② 同上。
③ Maurice Friedman, *Martin Buber: The Life of Dialogue*, Chicago: the University of Chicago Press, 1955, p.3.
④ 马丁·布伯：《我与你》，陈维纲译，第6页。
⑤ 根据康德："前者（分析判断——作者加）经由谓词没有给主词概念附加上任何东西，而只是通过分解将该概念分裂成其部分概念，而这些概念已经在该概念中被思（转下页）

二者是先天还是后天的呢？康德认为数学命题是先天综合命题的典型形式，因为它并不依赖于经验，但马丁·布伯的典型说法为"凡真实的人生皆是相遇"①。"相遇"要求"实在""现时""此岸"等因素，这是否意味着相遇是经验性的？这与"我—你"的非经验化活动是否矛盾？抑或说，神秘主义是否要以理性哲学为前提？

马丁·布伯于 1951 年发表在《希伯特杂志》(*Hibbert Journal*)上的《原始距离与关系性》(*Urdistanz und Beziehung*)②一文给予我们重要提示。文中展现了以对话为基础的关系本体论的核心要素，即原始距离（Urdistanz, primordial distance）和关系性（Beziehung, relationship），二者构成了精神辩证运动的先验结构，主体身处结构之中并显现为单独的一（der Einzelne, the single one），原始距离作为一种先验要素，使主体走出自身并使他者的显现得以可能。同样地，与他者的关系特征也使主体自身得以成立，"我"与"你"在精神的复返运动中建立了稳固的关系，两个人格相互作用、彼此发生。这就是说，主体并不先于自身的精神运动，先存在关系，后显现人格。在对话中，重点并非是"我"作为外在独立的个体陈述了什么，"我"作为"人"是什么；重点应在于，关系中的"我"是什么，先验结构中的"我"是什么，"人"是如何在"对话"中发生的。这是关于"相遇"的发生学原理，"人是什么"代表着人的发生。以此回顾，由"我—你"改造成的综合命题应是先天性的，它只在非经验化的精神运动中才能成立。但马丁·布伯与康德之间仍有未消除的鸿沟：神秘主义关于"人"的问题是否要以先天能力为前提？主体作为"单独的一"是否有必要展现其知性范畴？因为人的智性与宗教信仰的断裂在"人"这一起跳点上仍未弥合，二者的互斥表现为在范畴学说和关系本体的割裂上。针对上述问题，我们将重拾康德对"人格"的讨论并加以发展，以期对先天（自身之内）和关系（自身之外）的二重性加以统一。

---

（接上页）考了（尽管是以混乱的方式）；与此相反，后者（综合判断——作者加）为主词概念附加上了这样一个谓词，它在那个概念中根本就没有被思考到，而且对概念所做的任何分解均不能将之抽引出来。"（康德：《纯粹理性批判》，韩林合译，商务印书馆 2022 年版，第 45 页。）

① 马丁·布伯：《我与你》，陈维纲译，第 14 页。
② Martin Buber, "Distance and Relation", in: Ronald Gregor Smith (trans.), G. Stephens Spinks (ed.), *The Hibbert Journal*, XLIX, 1950 – 1952, pp. 105 – 113.

对人格的讨论集中在《纯粹理性批判》的先验辩证论部分,作为纯粹理性的第三个谬误推理,康德在对经验心理学进行批判的基础上,认为:"那个意识到其自身在诸不同的时间上的数的同一性的东西在这样的范围内是一个人格。"①人格是同一性的保证,它在时间的相继中保持了量("一个")的恒定性,在时间的变化中,那个能意识到保持同一的数的东西即是人格。同时,人格也涉及了主体的统一性,"在其规定性中包含着一种经由统觉而来的贯通的联结"②。因为统觉代表着直观中被给予的感性杂多被联合进了关于对象的概念之中,而人格作为对主体的规定包含了这种联结,所以,统觉发生在统一的人格之内,另外,"我"自身可以意识到"我"在这样的范围内恒常不变,即统觉发生在"我存在"这个表象之中。人格的同一性命题是关于自我意识的,而最单纯的意识无非就是"我"的表象,因为"关于这种表象(即"我"——作者加),人们甚至都不能说它是一个概念,而只能说它是一种伴随着所有概念的单纯的意识"③。由此推之,那种能在变化的时间中保持同一的人格的表象就是"我"的表象,而"我"自身则是一种自在之物或本体。④

当康德试图为先天知性范畴寻找一个载体时,一个"人格"必然被预设了,人类的理性活动必然发生在保持同一的主体之内,最终"我在思维"这一统觉使所有先天概念得以可能。但康德并未解决的是,"我"如何与他者产生连接?因为对某一个主体的人格的设定并不保证与他者连接的有效性,"我—你"的关系结构仍然没有得到说明。因此,我们尝试发展人格学说,将其作为康德所忽视的更深层次的范畴,以此将具有先天认识能力的主体与他者的连接统一起来。康德说:"我,作为思维的东西,是内感能力的一个对象,并且叫作灵魂。那种构成了外感能力的对象的东西叫作物体。"⑤而内感能力的接受性,以及将杂多归纳进同一个人格或心灵之下的能力,只能是作为先天直观

---

① 康德:《纯粹理性批判》,韩林合译,第 464 页。
② 同上,第 468—469 页。
③ 同上,第 429 页。
④ 关于"我思"的讨论亦可参见 Cramer K, „Gegeben und Gemacht: Vorüberlegungen zur Funktion des Begriffs der 'Handlung' in Kants Theorie der Erkenntnis von Objekten." in: Gerold Prauss (hrsg.), *Handlungstheorie und Transzendentalphilosophie*, Frankfurt am Main: Klostermann, 1986, S.57.
⑤ 康德:《纯粹理性批判》,韩林合译,第 426 页。

形式的时间,并且"就已经包含了前后相继关系、同时性关系以及前后相继同时存在的东西(恒常的东西)的关系"①。这就意味着,如果要求在相继的时间中使某个东西保持不变,必须要求某一种意识到自身的活动来保证这种恒常性,尤其是在时间流动的体验项内设置一种非接受性的、具有反思性质的范畴,以保证时间变化中的"我"只能是同一个我,正是为了对抗这种变化因素,我们需要设置一种先验的基质,以确保"我"足够反思到"我在思维"。

因此,"自身意识的连续性"②要求一个人格范畴设置在其下,使"人"成为一种恒定的称谓而不随杂多而变化。同时,人格对应着关系本体结构,马丁·布伯曾讨论"现时",现时是当下化的时间,是在自身意识的连续性中被人格把握的现在,是"我"这一人格的实际发生,"仅在当下、相遇、关系出现之际,现时方才存在;仅当'你'成为当下时,现时方会显现"③。

## 三、"相遇"之为哲学人类学的神秘主义道路

这一部分将论述"相遇美学"之为哲学人类学的意义。通过上述对人格范畴的分析,"现时"成为"你"这一具有同等效力的人格在场时的背景,并且提供了关系结构的发生场所。"现时"不仅意味着和"潜能"之间的对立,它更强调了人格直接的被给予方式,即通过当下化的时间被关系所设定。这种设定也是对另一人格的确认,只有通过它才能把握他者的存在。

但仍未论证的是,即便"现时"作为背景提供了"你"存在的可能性,但"我—你"究竟怎样现实地发生? 其中该如何引出"相遇美学"? 如前所述,"我"与"你"之间存在着原始距离和关系性两个条件,诵出原初词时,"我"这一人格已经包含了"你"发生的潜能,"诵出"即是将"你"实现,成为当下时间中的存在者,这一具有陈述形式的意向活动

---

① 康德:《纯粹理性批判》,韩林合译,第109页。
② 参见 Manfred Frank, *Präreflexives Selbstbewusstsein: Vier Vorlesungen*, Stuttgart: Reclam, 2015, S.126.
③ 马丁·布伯:《我与你》,陈维纲译,第15页。

意味着对另一人格的"瞄向"(Abzielen),而两个人格之间的连接是这一意向活动的结果,我们称之为"射中"(Erzielen)。人格的实现不是经验的,它只说明了"我"之内包含着另一人格实现的潜能,即"你"的原始印记。被实现的"你"拥有与"我"的共体性,二者相互包含,因此"关系"结构才能成立。至此,人既可以在流动的时间中保持同一,又可以在当下化的时间中连接他者,人格范畴对二者进行了统一。这一范畴揭示了哲学人类学的前提条件,"我"不仅是理性的存在者,它更将"与命运的联系""与充满其生命的秘密的一切平常和不平常的相遇之态度"①等内涵包含其中,即人格范畴所提供的是一个"完整的人"。同时,如果只从孤立的个体出发无法获得对"人"的充分阐释,当哲学人类学被分配给各门完备的学科解答时,人不是作为有疑问的存在,只是作为一种属性、要素或结果。② 人格范畴对先天能力和关系性的统一,呼唤了人的存在问题:作为完整的人的可疑问性位于何处?人应在何种根据中走出自身,并源始地成为一个问题?此时,"相遇美学"为马丁·布伯的思想提供了一种继续发展的路径。但这一概念并非是其本人提出的,我们有责任说明,"相遇"如何能作为哲学人类学的引线?

马丁·布伯的美学思想集中在艺术的讨论部分,其核心概念为"形象"。"艺术的永恒源泉是:形象惠临人,期望假手于他而成为艺术品。形象非为人心之产物,而是一种呈现,它呈现于人心,要求其奉献创造活力。这一切取决于人之真性活动。倘若人践行此活动,以全部身心对所呈现的形象倾吐原初词,那么创造力将自他沛然溢出,艺术品由此而产生。"③"形象"是艺术的呈现方式,并以"人"作为呈现的领地。"永恒源泉"意旨艺术的发生动力是永恒的,是真性活动的结果。但"形象"的根源何在?马丁·布伯沿用神秘主义的思考方式,这一在当下化的时间中发生的表象,就是相遇着的上帝:"对于犹太教来说,上帝不是一个康德式的理念,而是基本上存在着精神实在——既不是

---

① 马丁·布伯:《人与人》,张健、韦海英译,史雅堂校,第173页。
② 哈贝马斯认为,马丁·布伯在一定程度上呼应了存在主义哲学:"存在哲学从所谓人的'本质'当中揭示出生命的样态,也就是人在世界中的存在'方式'"。(哈贝马斯:《马丁·布伯:当代语境中的对话哲学》,曹卫东译,《现代哲学》2017年第4期)从某种程度上讲,马丁·布伯对"人是什么"的回应也是存在主义的不同侧面。
③ 马丁·布伯:《我与你》,陈维纲译,第12页。

靠纯粹理性所设想的某种东西,也不是靠实践理性所假定的某种东西,而是从生存本身的直接性中流射出来的。"①马丁·布伯又一次展现出了与康德的不同:上帝是精神实在而非先验预设。关于上帝实质的讨论再一次展示了理性主义和神秘主义两大精神传统中难以调和的分歧:面对上帝的态度。康德认为,上帝是人的道德行为的最终担保,是出自理性的行为的终极目的,以此保证道德与幸福的一致性,"为使这种至善可能,我们必须假定一个更高的、道德的、最圣洁的和全能的存在者,惟有这个存在者才能把至善的两种因素结合起来"②。但犹太教显然不会在人类理性的界限内宣扬上帝,上帝的实在性意义取代了人的实践目的,且只能在存在的关联活动中显现并拥有其发生领地,而"形象"正是发生的引线,它引导着犹太人对上帝的最初获知,使上帝在激情和虔敬的非抑制状态中被获得,"我们可以在万物中看到上帝的种子,但上帝必须在万物中生长出来"③。面对上帝,理性和神秘的分歧在人身上表现为:行为的依据究竟出自义务,还是出自与某一存在者的联系? 这种分歧是否隐蔽地含有某种共同因素仍未被我们挖掘?

在此需要继续阐释人格范畴,并在其图式中展现这一分歧的调和因素。"范畴如何能应用于显象之上"④是康德在《纯粹理性批判》的图式论部分拟解决的中心问题,因范畴与显象拥有不同的起源,因此无法以同类的方式直接结合,而需要一个居间的调停者——图式。但人格范畴是否拥有自己的图式,并应用于外部的形象或显象之上? 如前文所述,康德将内感能力的对象称为"我",同时将外感能力的对象称为"物体",两种对象化展示了内部与外部连接的可能,在此需要引入一个"人—物"的图式,这一图式属于人格,并展现了作为人格的"我"是如何将范畴应用于显象之上的。论证如下:"人—物"以先验的时间规定为基础,"我"的表象作为一个对象在一切时间中存在;"物"的表象作为一个对象保证其自身在时间中实在的恒常性,"人—物"图式是先验时间规定中必然性与实在性的结合,它占据了"时间序列"与"时

---

① 马丁·布伯:《论犹太教》,刘杰译,山东大学出版社2002年版,第98页。
② 康德:《纯然理性界限内的宗教》,李秋零译,《康德著作全集》(第6卷),中国人民大学出版社2007年版,第6页。
③ 马丁·布伯:《论犹太教》,刘杰译,第98页。
④ 康德:《纯粹理性批判》,韩林合译,第231页。

间全体"①,即在对时间前后相继的领会中,"人—物"图式保证了人格范畴领会活动的一致性;在对某一种实在如何属于时间(即必然性)的领会中,该图式展示了人格范畴是属于时间全体的。

以此观之,"人—物"图式可作为连接"形象"一说的枢纽。上帝作为精神实在,在诵出原初词时拥有其形象,该形象作为一种图像,是等待与范畴结合的感性杂多。形象被先验的"人—物"图式范畴化后,获得了被先天理解的可能。马丁·布伯对以往犹太教观念的重大转变在于,他将人与上帝的关系内在化了,即形象的产生来源于人自身的活动,上帝并非是弥赛亚的降临,其发生动力内在于"从……当中"的疑难索问,即从根源于主体的疑问中涌出。人格范畴及其"人—物"图式起到了调和的作用,"从……当中"这一活动的可能性基于人格的统一性,只有作为先验基底的人被确定了,人自身才能成为牢固的前提。同时,上帝的形象在"人—物"图式中拥有了先天化的可能,即该形象作为一种实在,在时间序列中的恒常,以及在时间全体中的必然(这同样符合神秘主义所认为的上帝的本性),所以,"我—你"这一关联结构被先天地奠定了。至此,"人是什么"这一哲学人类学问题发生了定语上的转变:"在无限中人是什么?"

马丁·布伯的康德解读通过他如下言语加以总结:"康德的'人是什么'问题,其历史及影响我上已论及……惟有在其全部生命中以其全部存在实现所有对他可能的关系之人才有助于我们真正地认识人。"②他展示了该问题所具有的深度和独特的解答路径,我们无法从人之存在的封闭性中获知"人是什么"。"对于海德格尔……人所能够获得的他的实在人生只是作为关于他的本质关系的一个封闭系统"③,对该问题的回答需要保证追问者人格的完整性,因为这是作为整体的人对自身发出的诘难。"从……当中"不是自我意识的循环论证,追问者需要朝向另外一个整体,以"你"的"形象"作为"我—你"产生的契机,感性的"形象"通过"人—物"图式的先天化原理获得了关系性。"相遇"这一神秘主义美学命题以此获得了通向哲学人类学的通行证:在直接的对话中,人不是组成历史事件的静态集合,而是具有历史感

---

① 康德:《纯粹理性批判》,韩林合译,第239页。
② 马丁·布伯:《人与人》,张健、韦海英译,史雅堂校,第271页。
③ 同上,第247页。

的存在者,人不是在"它"之世界中进行经验的平稳累积,而是在自身疑难中保持对自我的重构。因此,"人是什么"的答案就是:人是比历史更为长久的图式结构。

## 结论

"相遇美学"的论证任务,是对德国近代以来理性主义和神秘主义两大精神传统的分歧提供调和方案。但马丁·布伯对康德哲学人类学的解读却愈发暴露了这一冲突:神秘主义中的上帝是否需要基于人的先天能力才能获得其正当性?二者对待上帝的分歧该如何化解?我们将一系列问题归结为"人的疑难"。

康德对知性范畴及其演绎已有了充分的说明,但需要发展出作为基底的"人格"范畴来破解问题。人格使主体的认知和信仰统一于一个表象之下,即同一性的"我"。同时,它拥有一个图式:人—物,该图式基于先验的时间规定,"我"的表象作为一个对象在一切时间中存在;"物"的表象作为一个对象在一切时间中恒常。"人—物"是先验时间中必然性与实在性的结合,它同样符合马丁·布伯对上帝的看法:永恒的精神实在。

正是"相遇美学"对上帝的内在化理解,使我们获得了解答的契机。"你"的可能性只能由"我"的真性活动发出,"你"的实现基于"我"诵出原初词的潜能。人格范畴统一了先天能力(内部)和连接他者(外部),哲学人类学中缺失的"人的整体"因此得以弥补。基于以上探讨,"人是什么"的答案为:人是比历史更为长久的图式结构。

【本成果获得2021年华东师范大学优秀博士生学术创新能力提升计划项目资助(YBNLTS2021-001)】

(作者单位:中山大学中文系博士后、海德堡大学哲学系研究员)

学术编辑:张　冰

## 艺术美学研究

# 定义美学·辨析意图·现象场：
# 比厄斯利分析美学三题

高建平

**内容摘要** 本文对门罗·比厄斯利的《美学：批评哲学中的问题》一书作了评述，主要讨论了三个问题。第一是讨论"什么是美学"，说明分析美学是如何回答这个问题的；第二是对"意图"概念进行辨析，比厄斯利曾参与写作《意图谬误》一文，然而，"意图"仍然是作为批评哲学的美学绕不过去的问题；第三是集中论述"现象场"概念，说明这个概念为解决美学中长期存在的主客观的争论提供了一个新的参照框架，从而使一种在新框架中的审美客观性理论成为可能。

**关键词** 元批评 意图 现象场

很高兴邓文华翻译的这本《美学：批评哲学中的问题》（*Aesthetics: Problems in the Philosophy of Criticism*）终于问世。文华原本在北京第二外国语学院获得学士和硕士学位，于2006年至2009年期间在中国社会科学院研究生院攻读博士，我是他的指导老师。他的博士论文研究的就是这位门罗·C.比厄斯利（Monroe C. Beardsley）的美学思想。当时，我就对他说，希望他译出这部《美学：批评哲学中的问题》，这是比厄斯利的代表性著作。时间一晃过去了十五年，其间多次与他谈到这本书的翻译，这本书最终能译成，我也是深感欣慰。此书我之前曾读过英文，这次读到中译，还是有不少新的感受。

比厄斯利是美国著名美学家和艺术批评家，生于1915年，1985年逝世。关于比厄斯利这个人，中国人既熟悉，又陌生。中国学界熟悉他，是由于他年轻时曾与威廉·K.温姆萨特（William K. Wimsatt）合作撰写了《意图谬误》和《感受谬误》两篇文章。在英美"新批评"派这一文学理论流派传入中国之时，这两篇文章也随之在中国产生重要影响。比厄斯利在中国广为人知的一部著作是《美学史：从古希腊到当代》(Aesthetics: From Classical Greece to the Present)。我将此书译出后，先由北京大学出版社于 2006 年以《西方美学简史》的书名出版。在我作了校订以后，又于 2018 年由高等教育出版社出版了中英文对照本，书名为《美学史：从古希腊到当代》。此书简明而又逻辑性强，有整体性，对美学史上的重要人物、事件、线索都有清晰的描述，适合研究生教学，因此被普遍接受和采用。然而，中国学术界对他在美学上的贡献，却仍是比较陌生。他的一些观点，在各种美学选本和其他美学家的著作中，常有人零星提到，例如，他关于美学的定义，对意图论的批判，对审美对象的分析，等等。然而，这本《美学：批评哲学中的问题》仍没有中文译本，学界对他的了解仍是零碎而片断的，并带有种种误读。经过数年的努力，文华终于将此书译出，对中国学界了解分析美学，了解比厄斯利的美学思想，对中国美学吸收分析美学的营养，发展艺术阐释学，都具有重要意义。

比厄斯利是一位承续了分析哲学传统的美学家。分析哲学的源头，是奥地利哲学家维特根斯坦。维特根斯坦的主要著作有两部，第一部是《逻辑哲学论》，第二部是《哲学研究》。与维特根斯坦相同的是，比厄斯利的第一部著作也是关于逻辑学的研究，书名是《实践逻辑》(Practical Logic, 1950)，此后还著有一部名为《直接思考》(Thinking Straight, 1950)的书。这两部书尽管讲的不是美学问题，但显然，对他将逻辑的方法带入到美学研究中，具有重要的意义。他与维特根斯坦不同之处在于，维特根斯坦尽管在晚年有一些美学的思考，他的理论对启发分析美学的形成有重要意义，却没有写出系统的美学著作。比厄斯利在很早的时候就写出了重要的美学著作，是维特根斯坦哲学学说较早的美学传人。

## 一、对"美学是什么"的独特回答

关于美学，几乎所有的美学著作和教材都会努力提供一个自己的定义。从事美学史研究的学者却会发现，在不同时代，在不同的研究者那里，人们给美学这个学科所下的定义是不一样的。当鲍姆加登致力于建立美学这个学科时，他所说的美学，是研究感性认识的科学。

到了黑格尔写作《美学讲演录》时,他将美学定义为"艺术哲学",所讨论的是处于理性与感性关系之间的艺术的本质。在比厄斯利开始他的美学研究之时,美国还在流行杜威的美学,杜威也是将美学看成"艺术哲学",他是从经验的角度考察艺术的特性。比厄斯利对美学的研究,也同样是"艺术哲学"。然而,此"艺术哲学"并非彼"艺术哲学"。更为具体地说,比厄斯利的"艺术哲学"有着自己独特的特点,如果用最简单的语言概括,比厄斯利认为美学是"艺术批评的哲学"。

比厄斯利在回答这个问题时指出,面对艺术作品,至少可以有三个层次的提问:

> 第一,人们可以针对具体的作品,问具体的问题:"这是弗里吉亚调式的旋律吗?""《俄狄浦斯王》一剧的逆转在哪里?"回答这些问题显然是批评家,而不是美学家的任务。它们不要求理论的反思,而要求事实的信息与阐释的技巧……在第二层次上,人们可以问这样的问题:"什么是音乐调式?""什么是悲剧基本或一般的特征?"回答这些问题是文学或音乐理论家,或系统的批评家的任务。……在第三层次上,人们可以针对批评本身,针对所使用的术语,针对研究与争论的方法,针对它的潜在假定而提问。这些问题显然从属于哲学美学。①

在比厄斯利看来,美学的内容很丰富,所有关于艺术批评问题的深层的理论思考,都是艺术哲学,也就是美学。这是一种对美学的相当包容的定义。比厄斯利写道:

> 作为一个研究领域,美学由一整套十分异质的问题所构成:当我们针对艺术作品而力图做出某种真实的和可靠的陈述时,这些问题就会出现。作为一个知识领域,美学则由批评陈述的澄清和确定所要求的诸原则所构成。因此,美学可被理解为批评哲学,或元批评。②

---

① 门罗·C. 比厄斯利:《美学史:从古希腊到当代》,高建平译,高等教育出版社 2018 年版,第 15 页。

② Monroe C. Beardsley, *Aesthetics: Problems in the Philoshphy of Criticism*, Indianapolis: Kackett Publishing Company, Inc., 1981, pp. 3 - 4.

比厄斯利的这种对美学的描述,肯定了美学在第三层次,即对艺术批评的规则、方法、术语等的讨论。这种讨论不是致力于逃离批评本身,而是批评的深化。比厄斯利还认为,理论思考的成分是随着层次的提高而得到增加的。第三层次固然已毫无疑问是哲学美学,第二层次也有着很多的理论思考的成分,即使是在第一层次,也并非完全不存在理论思考。

他看到美学的这种复杂性,从而提议:"让我们都同意在靠近第二层的中部画一道线,不作结论,不追求精确性,并且,我希望,不作出武断的建议。"① 这样的定义,带来了不同的反应。有人认为,这种定义太模糊,也有人认为,正是这种模糊的说法,使美学具有多种可能性。

与比厄斯利相比,另一个有着很大影响的分析美学学者吉恩·布洛克(Gene Block)在他的著作《艺术哲学》(*Philosophy of Art*)一书中,就为美学提供了明确得多的定义。他认为,人们面对艺术作品,具有三个层次的活动,它们分别是:经验、解释和分析,美学属于最高的层次,即分析的层次。他解释道:

> 每一个层次都表现着或阐明着比它更低些的下一个层次——音乐表现感情,批评解释音乐,艺术哲学分析批评用语,等等。对每一个较高一级层次的判断,都是通过看它是否清晰地阐明了比之更基本的层次上已有的东西,因此最终极的标准乃是对艺术品的直接知觉经验,正如对一种食物之好坏的最终评判是亲自吃一吃一样。②

这就建构了明确的三层体系,认为美学就是这第三层。对于布洛克来说,美学就是批评的术语分析,通过术语分析,澄清一些模糊的概念。布洛克的这一定义,符合比厄斯利以后的分析美学的走向。对于

---

① 门罗·C.比厄斯利:《美学史:从古希腊到当代》,高建平译,第15页。
② 吉恩·布洛克的这本书原名为 *Philosophy of Art*,直译应为《艺术哲学》,中文译本1987年以《美学新解》的书名出版,此后1998年曾以《现代艺术哲学》的书名在四川人民出版社再版。此处的引文引自 H. G. 布洛克:《美学新解》,滕守尧译,辽宁人民出版社1987年版,第13页。

此后的分析美学家们来说，美学的定位已经明确，是对艺术批评的术语和概念的分析。

与比厄斯利的解说相比，布洛克给出的美学的定义就清晰得多，当然，这种清晰性同时也会牺牲一些复杂性。在分析美学此后的发展中，依照理论自身发展的惯性，追求简明定义的倾向赢得了越来越多的分析美学家的欢迎。然而，分析美学家们的这种致力于研究艺术的定义的做法，也会引导人们走进概念分析的迷宫之中。

比厄斯利还举例说，这种对于艺术哲学的定义，具有广泛的适用性。例如，伦理学就是道德哲学。我们可以在一般意义上作出道德陈述，例如，人们可以说，"杀人是错的"。如果进一步问，"错"的意义是什么，这种讨论就进入了哲学层面。再如，物理学讨论物质世界的一些具体属性，如原子、中子、质子，各种基本粒子的存在与运动规律。如果我们进一步讨论世界的物质性，就要讨论人与物的关系，人对世界的认识是否可能。

各门知识都有其层次划分，而哲学是其中最高的层次。美学是艺术哲学，就是从这个意义上说的。美学不同于批评，但又建筑在批评的基础之上。不懂批评，做不了美学，而美学又要超越批评。这种超越，就是超越文学艺术的批评在面对具体作品时的价值观，从而在一个更高的角度分析批评所使用的术语的意义。

西方美学进入20世纪90年代以后，许多美学家们开始了对分析美学的批评。这些批评者所列举的分析美学弊端中最重要的一条，就是分析美学的间接性。他们认为，分析美学过多关注批评所使用的语言分析，淡化价值，不再关注对象的美。这就造成了一个悖论，分析美学名为美学，却不再研究对象的美与丑。在这种情况下，回到比厄斯利，重新看到分析美学创立之初时所面临的复杂性，是一个美学研究出路的有益选择。从某种意义上说，比厄斯利代表着美学界走进分析美学时的一些特点，同样，他也提供了美学界走出分析美学时的可能的路径。一方面，比厄斯利认为，美学是"元批评"，只是"批评的批评"；但另一方面，比厄斯利并非认为，美学不关心对象的批评，远离经验本身，而是认为，美学作为关于艺术批评的哲学，要讨论与艺术批评有关的各种深层的理论问题。

## 二、对意图论的批判及其引发的思考

比厄斯利对批评理论的研究,是从对意图论的批判开始的。前面说到,他在1946年就与温姆萨特合作,写作了《意图谬误》一文。此后在这本《美学:批评哲学中的问题》中,对这方面的理论有进一步的发展。

意图在作品中的作用,这是引起激烈争论的问题。长期以来,从意图的角度来解释一个文本的意义,早已成为传统。一部文学艺术作品,总是作者所作,而且常常是发源于单个的作者。从作者的个性和人生经历,到这些生活经验在作品的凝结,这早已成为文学史写作的惯例。诺贝尔文学奖一般说来不像科学奖那样由几个人共同分享,原因可能也在于文学作品是个人独创的结果。美学上的关于"天才"和"趣味"的理论,都与这种对个人独创性的强调有关。在中国古代,有"以意逆志"和"知人论世"的说法,认为阅读和阐释作品要追溯作者之"志"。这在中国人后世的阐释理论中,也有着深刻的影响。当比厄斯利批评"意图决定论"之时,他所面对的,正是这一悠久的历史传统。

首先,我们需要明确的是,比厄斯利对意图论的批判,有着其独特的角度。他不是从创作的角度反对"意图"论,不是说作品不是由作者所作,或者作者的意图在作品的形成中不起作用。那种"作者死了",是一种吸人眼球的极端说法,很容易引起误读。他所要做的事,是建立一种批评的哲学,也就是说,他所考虑的,是针对文学艺术的批评和评论活动所进行的哲学思考。这就对他的"反意图论"的界限作出了明确的规定。

其次,围绕意图问题,可以展开一些重要的讨论。诗不是应用文,不是一张布告,不是一份药品使用说明书、一份合同。一张布告让人看不懂,误解其中的意义,一份合同意义不清,引发各种解读,从而产生法律纠纷,这都是不好的文字。这些应用文,就是要意图清楚明确。历史书写也是如此,要事实清楚,记录准确,同时,也要表明写作者对事实的判断。中国人讲春秋笔法,是说在历史叙事中通过词语的选用,将写作者的褒贬意向在字里行间隐晦地表达出来。与这些应用性文字不同的是,文学讲求表达的语言和结构上的技巧,内在情感以及潜意识的表达,以及由"互文性"所造成的语言上的特点。用最简单的话说,关于文学,人们常常讲求"说了什么"与"如何说"之间的区分。应用文重在"说了什么",而文学将"如何说"放在了重要的位置。文学的价值常常就在"如何说"中体现出来。批评家如果只关心一部作品说了什么,那就只是将之当作应用文看待了。面对一部文学作品,短到一首小诗,长到一部长篇小说,批评家所要做的,不是研究作者的传记材料,作者的创作意图,甚至不是作品所要表达的主要意思。批评家所要做的事,是认真阅读作品本身,感受其中的每一个词句,每一个细节,并将自己的评论建筑在对作品的经验,而非对作者的推断的基础之上。这时,"如何说"也就有了相对的独立性。

同样的道理也适用于其他的一些艺术门类。我们在欣赏艺术品时,并非在猜作者想从中表现什么,而是感受艺术作品本身,即绘画的线条和色彩、雕塑的造型、音乐中声音的组合、舞蹈的人体动作等使我们产生的经验。这种经验,不是对"说了什么"的认知,而是对"如何说"的感受。

再次,有些艺术门类有二次创作的情况。感受一首诗,阅读文字与听该诗的朗诵所产生的效果不一样。独自阅读一部小说,与高水平的演员将这部小说读给你听,所获得的经验也大不一样。更为复杂的情况,有剧本的写作与演出的关系。一位作者写了一部剧本,后来由导演和演员将它搬上舞台。在排演的过程中,导演会觉得剧本的这一处或那一处演出来效果不好,而演员也发现这句或那句台词应该是这样而非那样说出,如此等等。整个排演的过程,就是一个不断再创作的过程。类似的例子,还有交响乐的演奏,电影、电视的拍摄,等等。在所有这些需要二次创作的艺术中,意图都不是单个人所拥有,而成为复杂的、多人意图推动下的艺术创作活动。最终,某个清晰的意图似乎已经被淡化或消解,形成了由无数动机所推动的复杂的艺术创作过程。

更进一步说,艺术创作,即使作品是由单一作者所作,也是一个复杂的意识与无意识,动机、目的与活动,意图、习惯与能力,意志、情绪和情感,心理状态和注意指向等综合在一起的过程。如果在批评时以作者意图为依据,就是将这各种因素割裂开来了。

在文学艺术批评中,批评家们还要将艺术作品在社会、时代和文化中所产生的意义考虑在内。人们常说,"一本书有自己的命运",其实,一部文学艺术作品更是命运无常。从批评的角度看一部作品,批评家所面对的是复杂的因素。常常有这样的情况,一部作品在发表的当时默默无闻,而在此后会突然走红。与此相反,一部曾流行一时的作品,后来却无人问津。还有,一部作品在自己的国家影响一般,而在别的国家却风靡一时。人们喜欢一部作品,对作者的生平经历并不在意,似乎就是喜欢作品本身。例如在中国,"五四"以后,易卜生的《玩偶之家》、都德的《最后一课》都曾相当流行。前者引起了批评家们对娜拉命运的热烈讨论,后者激发了强烈的爱国热情。这两部作品在中国的命运,正是应合了中国当时的"启蒙"和"救亡"两大主题。

以上所有这些例证,都在支持一种反意图决定的理论。然而,在文学艺术的批评中完全排除意图,也会遭致反对。毕竟,作者还不能死,宣称作者死了的理论,只不过是为了吸引人注意的夸大其词而已。前面说过,比厄斯利的美学,只是一种批评哲学,他开创了将美学看作是批评哲学的传统。此前,与艺术有关而被看成是美学材料的文本,有这样几种:哲学家们探讨艺术的性质,文艺理论家致力于指导文艺创作,而作家和艺术家则写出自己的文学艺术主张或者创作经验。比厄斯利这种从批评出发的理论,所面对的是作品文本,而不是作者。因此,他不是否定作者的存在,而是为他自己的理论探讨设定范围而已。

意图是一个引起了激烈争论的大问题。仅凭意图来评估艺术的成功程度固然是错误的,但是,即使是从批评的角度来看,对意图的设定仍有其存在的理由。

首先,面对作品文本,阐释者当然有其自由,可提供各种各样的阐释,但这并不等于说,阐释是任意的。阐释有它自身的制约性,而这种制约性中很重要的一条,仍是创作者的意图。当人们说,"一千个读者,就有一千个哈姆雷特"之时,作为一种批评哲学,仍要在多种阐释中提出选择的原则。放弃选择的原则,不对阐释作限定,那就等于说阐释是任意的,怎么说都行。这样一来,阐释的沟通就不再可能。实际上,人们在遇到"哪一个哈姆雷特"问题时,仍要诉诸莎士比亚其人其事来作出选择,即哪些是莎士比亚可能会设想的哈姆雷特,哪些是莎士比亚不可能设想的哈姆雷特。如果有批评家将一些莎士比亚不可能具有的现代观念,如个性解放、民权、女权等不属于莎士比亚时代的观念强加到哈姆雷特身上,就会引起读者的反感,这时,批评界就会有"回到莎士比亚"的呼声,寻找莎士比亚时代可能会有的哈姆雷特。这时,作为一种批评哲学,我们仍然要设定意图的存在,从而寻求在种种阐释中作出一种合理的判定。

当然,人们很可能永远不会知道作者的真实意图,那种以对作者意图的追寻为目的对作品文本进行的考证性的探索,可能会把批评引入歧途。这是比厄斯利的意图谬误说所具有号召力的地方。的确,批评变成了作者意图的考证,会使对作品的理解,以及对作品价值的评价变得毫无意义。然而,这不能否定意图设定对作品评价的全部意义。作者意图存在的设定本身,对批评活动本身意义的形成,是一种支撑。这种设定,对于作品感性特征的获得,以及创作者的个人特性、成长经历、生活状态间关系,并由此所赋予作品的人性的获得,具有不可或缺的意义。同时,也可以为批评者提供阐释的有限性,例如,避免不合理地给作品提供超越创作者及其所处的时代和文化的任意阐释。

在设立作者意图时,并不一定要局限于作者的有意识的意图,或者创作目的,而是将意图扩展为作者的人本身,他的生活,他所受的教育、经历、经验,以此作为批评中进行选择的范围。这同时也把作者的无意识包括了进来。新批评坚持作品本体论,从而排斥了从弗洛伊德到荣格的心理分析学派。其实,心理分析学派固然也反对意图论,但他们所反对的,是对意图的理性化的解释。意图可以是有意识的,从而是理性的,也可以是创作的动机,兼有意识与无意识。心理分析学派强调无意识的作用,引发了批评理论对意图中的无意识成分的关注。实际上,意图本身就是这种意识与无意识相互作用的结果。

分析美学学派致力于在"说什么"与"如何说"之间作出区分。其实,这两者在文学和艺术作品中,也不能完全割裂。"如何说"要服从于"说什么",尽管前者有相对的独立性。然而,在"说"的过程中,对"如何更好地说"的追求,又是时时与"说什么"有着密切的关系。完全离开了"说什么"的"如何说",只能是胡言乱语而已。

其次,关于二次创作问题,一些复杂的,需要有很多人的协作才能完成的文学和艺术作品,并不能否认创作者的意图存在,而只是使这种意图变得复杂化,成为意图的叠加而已。所出现的情况,实质上还是最初的意图之力所引发的连锁反应,由于新的力的加入而推动了一个过程,使其得以持续而已。正如多米诺骨牌效应,每一张牌都受了力,又施加了力。然而,最初的那张牌的力所起的作用,仍不能被排除。在批评中,我们仍需要有这个假设。有没有这个假设,结果大不一样。失去了这个假设,作品的意义就被赋予了任意性,即可任意解释。

在陈述了上述正反两方面的道理以后,我们可以得到一个结论:作为对作品的评价,比厄斯利是对的,不能根据意图来评价作品。作者的意图绝不是"评论一部文学作品成功的标准"。批评的哲学要确定,批评家所面对的,是建筑在作品之上的经验。道理要建立在感受之上,理论要建立在经验之上。离开对当下作品的经验而去做作品原意的考证,是一个错误。然而,这并不是说作家死了,意图不存在。文学艺术的创作是一个既有内在心理又有外在动作,并且这两者融合无间的活动过程。最初的动机是一连串活动的缘起,在活动过程中完成作品。

## 三、审美对象的客观性

当人们从事审美活动时,审美对象是客观存在,还是主观状态的体现,这是另一个重要的问题。美学史上的审美态度说,持一种主观论的立场。这些"态度说"的持有者认为,对象之所以美,是由于主体对它们持有某种"态度"。例如,"心理距离说"认为,审美对象之美,是由于审美主体在心理上与对象之间拉开了距离。距离产生美,而这种美,就不是由于对象本身而是由于一种心理的距离。而"移情说"则认为,审美对象之所以美,是因为主体向对象投射了情感。这两种学说,都属于主观论。此外,当时还流行其他一些源自心理学的美学观点,都具有主观论的色彩。

与这些20世纪前期在国际美学界流行的主观论大潮不同,比厄斯利认为,审美对象是客观的。这种客观性,并不是指对象的物理属性。文学作品不是纸张和文字,绘画不是线条和色彩,雕塑也不是石头或青铜。然而,这种客观性,又是实实在在的,可提供审美经验的客观对象。

审美的客观性,与认识论上对象的客观性具有不同的含义。例如,两位重要的英国经验主义者洛克与贝克莱,就曾论及这个问题。洛克认为,不存在"天赋观念",心灵诞生时"像一张没有写过的纸——

没有任何记号的白纸"。① 因此,他是客观论者。与此相反,贝克莱则认为:"存在就是被知觉。当我说我在上面写字的桌子存在时,我的意思是说我能看见或感觉到它。当我离开屋子而说它存在时,我的意思是说,如果我在屋子里,我就会看见它,或者某一其他心灵实际看见了它。如果说事物存在而不被心灵知觉,那完全是不可思议的。"② 因此,他是主观论者。

席勒曾在写给贝尔纳的信中讨论美学上的主观与客观,他认为:"博克的理论是主观而感性的,沃尔夫学派(包括我们常常提起,又常常误解的鲍姆加登)是客观而理性的,康德是主观而理性的,而他自己则是客观而感性的。"③ 席勒认为,审美对象是"活的形象",具有客观性。这种客观性,只是指对象具有一定的自主性,不由当下的自我所决定而已,而不是离开人的独立存在。

在中国,关于美的主观论和客观论,曾出现过激烈的争论。朱光潜前期持主观论,而后来提出主客观的统一。蔡仪则从认识论出发研究美学问题,从而提出了客观论。主观论从审美欣赏者出发,这时,就会出现欣赏者各有自己的标准,最终导致没有标准。客观论诉诸事物的物理属性,失去了与人的联系。此后,美学界还有人提出"社会论"和"价值论"的观点,都是在人与物之间寻找某种"中间物"。

针对这种争论中的困境,比厄斯利提出了一个重要概念,即"现象场"(phenomenal field)。据此,他作出了现象上主观与现象上客观的区分,对于在美学上解开主客观争论的困局,具有重要的启发意义。一片风景代表了一片心情,高兴时山欢水笑,悲伤时云愁月惨,这是将审美的对象等同于人的情感,属于现象上的主观论。与此相反,还存在现象上客观的审美对象。

山川明媚,风和日丽,会带来审美愉悦。如果审美者心事重重,会有人劝他趁着好天气,多出去走走,看看风景,散散心。相反,乌云密布、电闪雷鸣,或者月黑风高,会带来震撼和惊恐。环境和气象的变化,原本无所谓好坏美丑,现象场赋予了它们与人的关系,相对于人来说,才有了好天气与坏天气之分。这些环境和气象本身又具有客观

---

① 文德尔班:《哲学史教程》(上卷),罗达仁译,商务印书馆 2017 年版,第 164 页。
② 梯利:《西方哲学史》(下册),葛力译,商务印书馆 1979 年版,第 103 页。
③ 高建平:《席勒的审美乌托邦及其现代批判》,高建平:《西方美学的现代历程》,安徽教育出版社 2014 年版,第 131 页。

性,具有一种客观的美。

这种现象上的客观性,大量体现在文学艺术作品中。文学作品里的人物,当然是作家塑造的,但又是现象上客观的。批评家可以围绕着作品人物的性格特点进行争论,对人物所具有的丰富而深刻的含义不断探索和发现。哈姆雷特是如此,安娜·卡列尼娜是如此,贾宝玉和林黛玉也是如此,一些不朽的文学形象,其特点就在于可提供人们取之不尽、用之不竭的阐释的源泉。将这些人物说成是具有现象上的客观性,就是说,意义仿佛是从这些人物身上发掘出来的,而不是批评家在阐释时赋予的。在诗歌中也存在着类似的现象。诗歌所描绘的景色,所抒发的情感,也具有现象上的客观性。我们总是被一些美好动人的诗句所感染,而不是将已有的情感投射到诗句上面。我们会赞美诗人的奇思妙想,赞美诗中的奇词妙句,从中感受和学到许多知识,感受到诗句所传递的思想情感,而不只是在阅读时所寄托的阅读的情感。

这种现象上的客观性,说明对象的美是"呈现"出来的。人们常说,世界上不缺少美,缺少的是发现美的眼睛。这是说,美就在那儿,等待我们去发现。

这种"呈现"会带来一系列的问题。首先,我们听一首乐曲,初次听没有听懂,后来再听,越听越觉得好,于是,百听不厌,从中发现更多的内容和意义。我们听一些古典乐曲就是如此。听贝多芬的《英雄交响曲》,一开始听上去只是感到雄壮,听了多遍,才能慢慢觉得意味深长。记得有一年在香港,躺在旅馆床上打开电视,听电视上反复播放某歌星的歌,一开始觉得淡而无味,甚至有点怪异。听了很多遍以后,才能接受,觉得是一首可听的歌。读一些古典名著,常常也是读了几遍,才越读越喜欢。甚至有人说,所谓的经典,就是值得读多遍的作品。《红楼梦》要看五遍,其他世界名著也是如此。电影评论家也会告诉我们,一部好的电影,至少要看两遍,要想写出评论,就要看更多遍。这都是表明,作品的意义,就存于作品之中。批评家既非要根据作者的意图来理解它,也不是看它在读者身上产生的效果,批评家所要关注的,是具有客观性存在的作品本身。这种作品所具有的客观性,是一种现象上的客观性,不是它的物理存在,也不是它在人的心理中的存在,而是某种介乎其间,在现象的层面所具有的对象性。

其次,审美对象的客观性,还体现在对作品的理解有"对"与"错"

之分上。有人看一幅画,得到了一种解读,别人会说,他理解错了,画的意义不在于此,于是产生了争论。对戏剧、小说的理解,也会是如此。只要有对"正确的"理解的认定,就意味着审美对象有现象上的客观意义,批评家们可以对此进行争论,而不是"趣味无争辩"。好的批评家恰恰在于他们评得"正确"或"到位",令人信服,而不是随心所欲,任意发挥。

比厄斯利特别指出,那种印象主义批评,需要排除在外。批评家的直接印象,很可能并不是作品的"呈现",它们只是批评家个人的经验,很容易导向错误。至于那种以被评论的作品所提到的话题为契机,借题发挥,说作家想表达其他意思的批评,更是与对作品的阐释毫不相关。

## 结语:分析美学引入中国的意义

我从1989年到1997年在瑞典乌普萨拉大学读书,在那里所读的大都是分析美学的著作。我的同学中,有几位在分析美学研究方面很有建树。1995年,我从斯德哥尔摩渡海赴芬兰拉赫底参加第13届世界美学大会,从此与国际美学协会结缘。此后的二十多年中,我连续九次参加世界美学大会,并与多位在国际美学协会中活跃的学者成为朋友。这些朋友的观点各不相同,但大都有一个共同的特点,即反分析美学。记得有一年,我邀请几位国外朋友到天津开会,在会议结束后从天津回北京的火车上,斯洛文尼亚学者阿列西·艾尔雅维奇和美国学者泰勒斯·米勒要找我"谈谈"。他们所谈的内容,是问:我为什么要让我的博士生研究分析美学。在他们看来,分析美学过时了。还有一次,我邀请美国学者阿诺德·贝林特到中国社会科学院文学所做讲座。讲座结束后,我请他到我办公室坐坐,恰好那天我订购的几本英文书寄到,我一边拆包一边把那几本拿给他看。贝林特也表示,这些分析美学的书不值得看。至于理查德·舒斯特曼,我曾对他说,读过他编的一本分析美学的选本,他则淡淡地说,那是以前的事了,言下之意是,他现在不再做分析美学研究了。那么,分析美学研究在中国还有什么意义?

记得当时,我回答这些国外学者说,分析美学所讨论的一些问题,从中国人的眼光来看,仍然很有趣。其实,我还想进一步说,分析方法的掌握,对于中国美学研究者来说,是一个美学能力上升的阶梯。在美学中,有许多概念需要澄清,有许多研究角度需要尝试,这些研究有助于中国美学的发展。中国美学家做研究,不能只是追西方最新潮流,而是要从我们自己的实际出发,多方寻找资源,解决我们所面临的问题。有时,一些看似古老的书,真正读进去,仍会发现其中的价值。

我们以前对于20世纪西方美学,大都是粗线条的了解。其实,书仍是要完整地去读,读进去。这些书研究了当时美学界所面临的问题,有些问题至今也没有得到很好的解决。美学与许多人文学科一样,是在对一些问题的追问中得到发展和前进,而不是像一些人所宣称的一样,能够一下子解决什么"千古之谜"。为研究和思考提供框架,由此进一步发现新的问题,这本身就是学术的进步。

比厄斯利在分析美学史上,属于比较早的一位。他的美学思想,致力于经验方法与分析方法的结合。在他之后的一些分析美学家,如阿瑟·丹托、乔治·迪基等,则代表着完全放弃经验方法的一代。在当代美学重回经验论的大趋势下,比厄斯利的思想仍能提供一些启发。一些重要的美学著作,是美学史上留给我们的宝贵财富。

看到这本书的巨大篇幅,深感将它译出之不易。在20世纪百年美学史上,美国美学界出现了几本最好的书,这本书应该是其中之一。"他山之石,可以攻玉。"从这个意义上讲,比厄斯利的这本书的翻译出版,是对中国美学发展的一个重要贡献。

(作者单位:深圳大学美学与文艺批评研究院)

学术编辑:赵彦芳

# 暗箱:作为一种观察方式和视觉模式

曹 晖

**内容提要** 暗箱是根据光学原理制作的装置,当外界对象被强烈的阳光照耀时,它可以在一个完全封闭的室内投射出影像。暗箱图像是眼睛所见的图像,它缩小了光的范围,减弱了光的强度,保留了事物在形式和着色上的准确性,使得"真正自然的绘画"成为可能。暗箱在17世纪被普遍运用,使得荷兰的图像模式与意大利的透视图像模式迥然有别,它试图以一种创新的方式来克服线性透视的局限性,从而构成了笛卡尔的"视觉模式"和开普勒的"视网膜模式"之间的对照关系,这两种模式通过先验-经验、普遍-个体、抽象-真实、人为-自然、理性-感性、旁观者-参与者等一系列的互生状态体现出来。暗箱作为哲学的隐喻和一种解释模型,在多种文化活动和话语领域中发挥作用。通过暗箱,人们希望"让自然描绘自己",表达了对"用自己的眼睛看到"真实世界的渴望。

**关键词** 暗箱 透视 秩序 观察方式 图像模式

暗箱作为一种光学装置,在西方艺术史上起到了重要的作用。早期人们利用暗箱观察外部世界和自然现象,并将其作为具有"自然魔法"的事物加以探讨。随着时间的推移,人们逐渐认识到暗箱可以成为制作有效图像的独一无二的工具,借助暗箱,画家所绘的图像更加精确,万物在画面上呈现出更加生动的状态,使得"真正自然的(truly natural)"绘画成为可能。在17世纪,随着光学的发展,暗箱在荷兰画家中应用得更加广泛和普遍,它不仅使荷兰人在观察方式和图像呈现模式上与意大利人迥异,还掀起了后世反笛卡尔透视主义的先声。因此,暗箱不仅是光学装置,还是图像呈现模式,更作为一种知识形构和解释模式在西方文化和艺术中发挥着强大的力量。

## 一、作为一种观察方式的暗箱

"暗箱(camera obscura)",拉丁文原意为"暗室(dark chamber)",它是"把一个物体或场景的图像投射到一张纸上或毛玻璃上,以便描绘轮廓的装置。它由一个装有百叶窗的盒子或房间组成,盒子或房间的一侧有一个小孔或透镜,来自明亮场景的光线通过它进入并在开口对面的屏幕上形成一个倒置的图像"[1]。暗箱上的洞越小,图像越清晰,但是也越暗。相反,洞越大,图像越亮,但也越模糊。人们对暗箱的发现和研究已有悠久的历史,公元前4世纪的中国春秋战国时期,墨翟将"小孔成像"的思想记入《墨经》,提出:"景倒,在午有端,与景长,说在端","景,光之人,煦若射;下者之人也高,高者之人也下。足蔽下光,故成景于上;首蔽上光,故成影于下。在远近有端与于光故景库也"[2]。著名物理学史家钱临照认为:"本条所述盖一光学上所谓针孔照像匣(Pin hole camera)之实验也。"[3]事实上,暗箱的研究被历代思想家所关注,如欧几里得、亚里士多德、阿尔哈曾(Alhazan)、罗吉尔·培根(Roger Bacon)、达·芬奇、开普勒(Johannes Kepler)等。1038年,阿拉伯学者阿尔哈曾在其著作中叙述了暗箱的原理。虽然阿尔哈曾未能亲自制作暗箱,但他的思想却深深影响了中世纪英国哲学家罗吉尔·培根。1267年,培根利用镜子和最基本的暗箱原理,创造出一系列令人惊叹的视觉效果,甚至还利用暗箱在墙壁上反射出太阳影像。达·芬奇随后表达了他对暗箱的浓厚兴趣,他对视觉问题的贡献之一就是把眼睛比作暗箱。"在很多场合达·芬奇都说起过暗箱,但只是为了证明来自视域各个部分的光线必须在瞳孔中相交,因此呈现出一个倒置的视图,除非通过反射或折射再次相交。"[4]那不勒斯科

---

[1] *The Concise Oxford Dictionary of Art and Artists*, edited by Ian Chilvers, Oxford, New York: Oxford University Press, 1990, p.75.

[2] 钱临照:《释墨经中光学力学诸条》,《科学史论集》,中国科学技术大学出版社1987年版,第8页。

[3] 同上,第9页。

[4] David C. Lindberg, *Theories of Vision from Al-Kindi to Kepler*, Chicago and London: The University of Chicago Press, 1976, p.164.

学家和魔术师德拉·波尔塔(Giovanni Battista della Porta)在1558年所著的《自然魔法》(*Natural Magic*)一书中提供了对暗箱的详尽描述。他解释了如何利用一面凹透镜使投射出来的影像不会颠倒,以及如何依此制造出分辨率更高的影像。他认为暗箱的构造说明了眼睛的结构和视觉的过程。他将光圈和瞳孔相类比,即光线通过光圈进入暗箱,也必须通过瞳孔才能进入眼睛,就像凹透镜收集并校正光线一样,眼睛后部类似镜子的凹面,将正确的图像反射到眼睛中心的敏感器官。这些结论对波尔塔极为重要。因为他认为,这确定了眼睛是通过接收光线而不是发射光线来看东西的,从而解决了哲学家和透视学家长期争论的"出射说"和"入射说"的争议。同时,他建议将房间朝向街道阳光的一面变暗,但留下一个洞,将幽灵般的图像投射到对面墙上,路人和家畜漂浮在他们头上。"柏拉图的洞穴寓言就这样实现了。"①

对暗箱的观察方式的探讨,往往与西方另一项重要发现——透视联系起来。早期暗箱作为一种光学技术装置,为透视法的成功提供了必要的手段,从而达到了更好地绘制图像的目的。基特勒(Friedrich Kittler)认为,西方的线性透视就是通过暗箱技术达到的,"亚里士多德在《问题集》(*Problemata*)中的一句顺带的评论引导阿拉伯数学家如金迪或阿尔哈曾建造了第一个可以使用的暗箱模型,这也是第一个线性透视模型"②。在基特勒看来,暗箱是透视的前提和基础,没有暗箱,不足以产生透视,因为暗箱"连同现代的新式火器,开启了一场视觉革命,这场革命不过是引入了透视法"③,并且"暗箱使完美的透视绘画的革命性观念成为可能"④。1425年,布鲁内莱斯基创作了第一幅线性透视画(借助暗箱进行),这幅嵌板画展示了佛罗伦萨洗礼堂和韦罗齐奥宫,尽管它已经失传。关于线性透视的最早书面探讨要归功于阿尔伯蒂,而阿尔伯蒂的透视法的建构也植根于暗箱。据艺术史家瓦萨里记载,一位匿名的传记作者记录了当时的精彩场面:

---

① Friedrich Kittler, *Optical Media: Berlin Lectures 1999*, translated by Anthony Enns, Malen: Polity Press, 2010, p.53.
② Ibid., p.51.
③ Ibid., p.58.
④ Ibid., p.52.

通过绘画本身,他(阿尔伯蒂)也创作出一些对观众来说完全不可思议的难以置信的东西,这些东西可以通过一个小盒子上的一个小孔看到。在盒子里,人们看到了被巨大的湖泊环绕的高山和广袤的风景,以及用肉眼难以看到的遥远地区的景色。阿尔伯蒂称这些东西为演示,……人们可以看到大角星、昴宿星、猎户星座和其他各种闪烁的星星,月亮在夜晚星星的光芒下从陡峭的悬崖和山峰后面升起,在白昼的演变中,你能看到世界被日神揭开了面纱,根据荷马的记载,清晨的使者厄俄斯向全世界宣布了这一切的发生。①

但是和透视的发展比较起来,暗箱的发展和应用更加复杂多样。按照马丁·坎普(Martin Kemp)的看法,在16世纪晚期的意大利,暗箱所展现的魔力震惊了佛罗伦萨人,它更多的是"作为一种利用自然现象来震惊和娱乐观众的手段,而不能被画家直接使用"②。所以,暗箱这种新奇之物也成为视觉欺骗的手段,和数学、光学、神秘之物以及对神灵的敬畏糅杂在一起,成为中世纪、文艺复兴和巴洛克时代的文化特征。当然,这一点很难从现代人的角度得到理解。福柯在《词与物》中曾对16世纪的知识结构进行了论述,他认为:"在我们看来,16世纪学识就是理性知识、源于魔法实践的观念和整个文化遗产(因重新发现古希腊罗马作者们,其权威力量已得到全面加强)的不稳定的大杂烩。"③事实上,"魔法"是知识的重要一环。波尔塔的《自然魔法》是对神秘莫测的自然力量的研究,试图探索自然证据无法完全解释的奥秘。

暗箱和透视在发展过程中表征了不同的视觉模式和哲学隐喻。首先,线性透视强调单眼视觉和几何建构,它所呈现出的并非现实和自然的世界,而是几何化和理想化的世界,强调理性和抽象。从词源上来讲,透视(Respectiva)一词源于拉丁文动词,意思是"看清楚""检

---

① Friedrich Kittler, *Optical Media: Berlin Lectures 1999*, translated by Anthony Enns, p.61.

② Martin Kemp, *The Science of Art: Optical Themes in Western Art from Brunelleschi to Seurat*, New Haven and London: Yale University Press, 1990, p.191.

③ 福柯:《词与物——人文科学的考古学》,莫伟民译,上海三联书店2002年版,第44页。

查""看透"以及"从精神上看""确定"。① 1435 年,阿尔伯蒂撰写了关于绘画的专著《论绘画》(On Painting),他在书中通过"面纱(veil)""网格(grid)""阿尔伯蒂之窗(Alberti's Window)""视觉金字塔(visual pyramid)"等概念,构建了一种世界观的隐喻,同时将透视表征为"一个合理的、令人信服的、一致的空间连续体"。② 透视是在二维平面建立三维空间的一种方式,也是光学、几何学的伟大成就。按照潘诺夫斯基的看法,古代的透视空间观的表达与近代的空间观相背离,这源于古代世界观与近代世界观的截然不同。从德谟克利特到亚里士多德,古代哲学家将世界作为一个整体来看待,在透视问题上也是如此,他们不会将透视限定在一个事物上。当一个希腊哲学家想要表现一个空间中的各个物体时,他是根据当时的知识原理来组合它们的。但文艺复兴时期的线性透视忽视了人眼的实际结构,否定了人眼的曲面性质,而将其作平面处理。它显示了"一个无限的、不变的、同质化的空间结构——简而言之,一个纯粹的数学空间",是"对心理生理空间结构的系统抽象"③。这一抽象的视觉认知方式被后世称为"笛卡尔透视主义",笛卡尔被认为是现代视觉主义范式的奠基人。线性透视主张视觉的先验性和图式化特征,其中在视椎中形成的"灭点(vanish point)"被隐喻为"基于一个无限宇宙的隐秘假设,……这些画就像是无限宇宙本身的微缩模型"④。灭点也代表了从印度和阿拉伯输入的数字中的"零",在后来欧洲的科学和经济发展中体现出重要的内在价值。

而暗箱与透视不同,这一光学装置进一步强调了自然的"逼真性"。"在暗箱的帮助下生成的绘画和图像的数量可能超出了艺术史解释学的最疯狂的梦想。这样做的显而易见的好处是:由光学接收器

---

① Claudio Guillén, *Literature as System: Essays Toward the Theory of Literary History*, New Jersey: Princeton University Press, 1971, p. 285. Quoted from Giancarlo Maiorino, "Linear Perspective and Symbolic Form: Humanistic Theory and Practice in The Work of L. B Alerti", in: *The Journal of Aesthetics and Art Criticism*, Vol.34, No.4, p.479.

② Brendan Murray, "Alberti's Window: A Phenomenological Dilemma", in: *Architectural Theory Review*, Vol.15, No.2, p.140.

③ Erwin Panofsky, *Perspective as Symbolic Form*, translated by Christopher S. Wood, New York: Zone Books, 1991, pp.29 – 30.

④ Friedrich Kittler, *Optical Media: Berlin Lectures 1999*, translated by Anthony Enns, p.50.

和人类数据接收器、暗箱和画家结合而成的绘画,自然具有更高的精度。"①如果说透视与笛卡尔的抽象的先验认识论相关的话,暗箱则与培根的经验主义相联系,后者在 17 世纪的荷兰艺术中突出地体现出来。画家通过使用暗箱投射图像来观察世界。"透过此一工具,不懂如何画图的人因此得以摹绘得相当精确。"②惠洛克(Arthur K. Wheelock)认为,暗箱暗含一个更为如实的像,"暗箱的'逼真性'满足了 17 世纪荷兰画家心目中自然主义倾向的急迫需求"③。荷兰画家渴望探索周遭的世界,对他们来说,暗箱是独特的工具,能够帮助他们判断真正自然的绘画看起来应该如何。所以尼采指出:"如果每个人都有自己的暗箱,有一个明显不同的窥视孔,那么就不可能有超验的世界观。"④科学的发展表明,暗箱推翻了那种认为发光的光线来自眼睛的欧几里得观念,其模型因此暗示了一个"给定"的存在,这个"给定"的存在将自己以倒置的方式呈现出来。

其次,透视和暗箱的差异还体现在连续性空间和非连续性空间的构建上。如前所述,线性透视利用视椎、灭点等原理,建立了一个连续性、同质化的空间结构,在这个结构中,线性透视将观察者限定在某个距离和角度。因此,"线性透视的概念忽略了知觉视觉的复杂性,导致它们还原到一个灭点并聚焦于一致性,在空间、光和气氛效果方面,艺术家呈现了一个比任何感性现实更清晰、更有条理的现实"⑤。而暗箱立足于真实的观看,观者具有自由度和灵活性,他可以站在任何角度和任何距离观看,从而获得更多的视觉体验。这种观看方式还原了古老的光学,呈现的是视网膜所看到的一切,即承认眼睛是一个球体而非平面,其视域中心就是我们眼中最亮的地方。物体的大小之间的关系只能以角度或弧度表示,而不能用简单的长度和量度来表示,这时,

---

① Friedrich Kittler, *Optical Media: Berlin Lectures 1999*, translated by Anthony Enns, p.63.

② 乔纳森·克拉里:《观察者的技术》,蔡佩君译,华东师范大学出版社 2022 年版,第 55 页。

③ 乔纳森·克拉里:《观察者的技术》,蔡佩君译,第 54 页注释。

④ Martin Jay, "Scopic Regimes of Modernity", in: Hal Foster (ed.), *Vision and Visuality*, Seattle: Bay Press, 1988, p.11.

⑤ Giancarlo Maiorino, "Linear Perspective and Symbolic Form: Humanistic Theory and Practice in The Work of L. B Alerti", in: *The Journal of Aesthetics and Art Criticism*, Vol.34, No.4, p.480.

"直线被视为曲线,曲线被视为直线;柱必须有微微凹进去的曲线,以免出现弯曲。"[1]这比文艺复兴时期的透视更符合主观光学印象的实际结构。因为这种透视基于人的双眼视觉的基础,它所得到的是一个异质的、不断变动的心理学空间结构。克拉里(Jonathan Crary)在《观察者的技术》中也肯定了暗箱的这种性质,他认为暗箱"并不要求一块有限的场域或区域,以便在其上呈现连贯而完整的影像"[2]。所以"我对暗箱的讨论是基于不连续性(discontinuity)和差异性(difference)的概念"[3]。因此我们可以看到波尔塔在《自然魔法》中对暗箱中的世界进行了想象性的描述,他认为,这是一个充满魔力的世界,也是各种事物彼此相连的世界,它用一根链条串联起来,这根链条是巨大的、绷紧的、颤动的,不同的存在彼此适应,宇宙的这一端和另一端的事物彼此模仿,世界的距离消失了。

## 二、再现自然:视网膜图像的呈现

从15世纪中叶开始,科学家和艺术家一直在研究如何"让自然描绘自己"的问题。17世纪的画家已经开始使用暗箱作为造像的辅助设备。作为一种光学装置,暗箱能够在细节上帮助画家成功地描绘对象,以达到更加逼真的透视效果。大卫·霍克尼(David Hockney)在《隐秘的知识》中,对卡拉瓦乔、荷尔拜因、维米尔和洛伦泽·洛托(Lorenzo Lotto)画中使用暗箱的因素进行了论证和分析。如在荷尔拜因的《大使们》(*The Ambassadors*)中,画面呈现出的地球仪、乐谱、背景幕帘、桌布上的纹样与褶皱等,都令人信服地体现出暗箱成像的特征。而洛伦泽·洛托的绘画《夫妇》(*Husband and Wife*)中东方桌毯的"锁眼"纹样上部有明显跑焦的地方,"根据线性透视,纹样应当沿着直线后退,单一的灭点对应单一的视点。可是这个局部的实际情况是,纹样沿着直线后退到半途时出现了扭曲,接着沿着轻微改变了的

---

[1] Erwin Panofsky, *Perspective as Symbolic Form*, translated by Christopher S. Wood, pp. 34 – 35.
[2] 乔纳森·克拉里:《观察者的技术》,蔡佩君译,第67页。
[3] 同上,第60页。

方向继续向后退去"①。霍克尼认为,这一效果是艺术家使用过光学器材的确凿的科学证据,因为这些现象是肉眼观察不到的,很可能是画家在一个光学装置中观察到的。

维米尔的透视图像近年来引起了更多人的兴趣,越来越多的证据显示他在绘画时使用了暗箱。维米尔生活的时代大约比卡拉瓦乔晚了五十年,人们公认他受到了伟大的邻居,显微镜的发明者,镜片磨制专家凡·列文虎克(van Leeuwenhoek)的影响而了解了光学器材的存在②,并将暗箱的光学效果呈现在画面上。在维米尔的画中,最突出的光学现象是聚焦的主平面和混乱的圆圈。画面上还有高光光晕,有精确汇聚的垂直于光轴的平行线,呈现出不考虑视点(被摄物体与画家的距离)如何的空间和尺寸精度。如在《倒牛奶的女仆》(*The Milkmaid*)中,前景的面包篮与挂在后面墙上的筐子相比,就显得对焦不准,这一差别显然是维米尔仅用肉眼观察不到的。维米尔将暗箱用作延展自己视力的"人造眼",就像列文虎克使用显微镜一样,用新奇的眼睛和好奇心仔细观察周围的世界。

从上可见,人们借助暗箱似乎可以实现更加真切地观察自然和再现自然的愿望。这也是17世纪的康斯坦丁·惠更斯(Constantijn Huygens)、开普勒以及20世纪的阿尔珀斯(Svetlana Alpers)、惠洛克、乔纳森·克拉里、萨拉·考夫曼(Sarah Kofman)等所主张的观点。萨拉·考夫曼指出,"暗箱能真实地再现物体"③,它接近人的视网膜成像所反映的世界。暗箱的出乎意料的效果令使用者大为惊异,惠更斯在写给他父母的信中描述了天才工程师德雷贝尔(Cornelis Drebbel)展示的暗箱,惠更斯兴奋地写道:"我无法用语言向你们揭示这种美;相比之下,所有的绘画都是死的,这才是生命本身,或者是某种更崇高的东西,……人物、轮廓和动作自然地结合在一起,令人赏心

---

① 大卫·霍克尼:《隐秘的知识——重新发现西方绘画大师的失传技艺》,万木春等译,浙江人民美术出版社2013年版,第60页。

② 有关列文虎克对维米尔使用暗箱的影响,请参见菲利普·斯塔德曼:《维米尔的暗箱》,徐辛未译,浙江人民美术出版社2019年版,第43—45页;大卫·霍克尼:《隐秘的知识——重新发现西方绘画大师的失传技艺》,万木春等译,第58页。

③ Sarah Kofman, *Camera Obscura: Of Ideology*, translated by Will Straw, Ithaca, New York: Cornell University Press, 1999, p.36.

悦目。"①17世纪的荷兰作家卢瑞克雄（J. Leurechon）也赞赏了暗箱中的生动影像："最重要的是，看到鸟、人或其他动物的运动，以及植物在风中摇曳颤动，是一种乐趣；因为尽管所有这一切都颠倒了，但这幅美丽的画，除了在透视图上被缩短之外，巧妙地表现了任何画家都无法在他的画中表现的东西，实现了从一个地方到另一个地方的连续运动。"②暗箱所创造的自然主义形象完全符合对现实主义绘画的期望。惠更斯曾跟随霍迪斯（Hondius）学画，但他不赞成老师的绘画形式，因为霍迪斯的画表现出一种蚀刻后的效果，线条僵硬，更适合表现建筑物、圆柱或大理石的形式，而非自然事物。惠更斯所欣赏的是景物如画般的效果，如草、树叶和灌木或者灰色变形的废墟等所呈现的美感，它们优雅自然，真实亲切。惠更斯对当时荷兰艺术的最新和最具革命性的发展有着深刻的理解和同情，在他看来，荷兰拥有诸多杰出的风景画家，他们的作品"是如此的自然主义，以致于'除了太阳的温暖和风的流动'之外，什么都不缺"③。人们猜测荷兰风景画在17世纪20年代和30年代向色调阶段的风格演变，受到了惠更斯和其他人在暗箱中看到的"美丽的棕色图片"的影响。

尽管在惠更斯眼中，暗箱是每个人都熟悉的仪器，但当时很少有画家承认使用了暗箱作为绘画的辅助手段。画家乔纳斯·托伦提乌斯（Johnannes Torrentius）表示自己对暗箱一无所知，然而，惠更斯和德·盖恩（de Gheyn）怀疑托伦提乌斯是假装无知，实则是使用了暗箱才令他的艺术达到"令人信服的质量"。某些艺术家会将使用光学辅助仪器当作秘密，当作为了达到完美而使用的神秘技术。"……凡是使人神魂颠倒的事物，其起因都是不可思议的，……所有的优雅都在于巧妙地提出事实，掩饰技巧，并经常改变策略，以给他的作品赋

---

① Arthur K. Wheelock Jr, "Constantijn Huygens and Early Attitudes Towards the Camera Obscura", in: *History of Photography*, Vol. 1, No. 2, p. 93, published online: Oct 01, 2013, https://doi.org/10.1080/03087298.1977.10442893.

② Arthur K. Wheelock Jr, "Constantijn Huygens and Early Attitudes Towards the Camera Obscura", in: *History of Photography*, Vol. 1, No. 2, p. 94, published online: Oct 01, 2013, https://doi.org/10.1080/03087298.1977.10442893.

③ Arthur K. Wheelock Jr, "Constantijn Huygens and Early Attitudes Towards the Camera Obscura", in: *History of Photography*, Vol. 1, No. 2, p. 95, published online: Oct 01, 2013, https://doi.org/10.1080/03087298.1977.10442893.

予价值。"①

按照美国艺术史家阿尔珀斯的观点,暗箱的观察方式与经验主义相关,是培根经验主义知识模式和开普勒视觉模式的展现。暗箱所构造的"视网膜图像"与线性透视所形成的"视觉图像"正好构成了对照关系。这两种视觉方式分别代表了在特定时代人们对视觉构造的理解和人眼与世界的或主动、或被动的关系。"视觉图像"(visual image)被认为是线性透视所产生的结果。阿尔伯蒂利用几何学方法巧妙而简洁地设计了"窗",画家通过观看"视窗"中呈现的对象,并将其轮廓描绘出来而获得正确的图像。但是前提条件是,当他这样做时,他只许用一只眼睛观看,并且不能移动头部。阿尔伯蒂的构造不过是一种图解方式,他把这个过程简化为一系列相互关联的测量。换言之,阿尔伯蒂的透视是在数学化基础上的现代表征。潘诺夫斯基指出,文艺复兴时期的透视空间具有同质性和无边界性,它不是生理学的空间,而是抽象的空间。

从某种意义上说,透视将心理生理空间转化为数学空间,即非物理空间。它否定了前后、左右、身体和迭代空间之间的差异,使空间的所有部分及其所有内容的总和被吸收到一个单一的"量子连续体"中。它忘记了我们不是用一只固定的眼睛看东西,而是用两只不断移动的眼睛看,从而形成了一个球形的视野。它没有考虑到心理条件下的"视觉图像"和机械条件下的"视网膜图像"之间的巨大差异,视觉世界通过"视觉图像"进入我们的意识,而机械条件下的"视网膜图像"则在我们的肉眼上描绘自己。②

事实上,视觉图像忽视了人的双眼视觉,而将单眼的程序加诸这种模式,也忽视了人眼的结构是曲面而非平面,所以不会注意到外在的形式和尺寸对视网膜造成的扭曲。而在阿尔珀斯看来,17

---

① J. Leurechon, *Recreation Mathematicque*, quoted from: Arthur K. Wheelock Jr, "Constantijn Huygens and Early Attitudes Towards the Camera Obscura", in: *History of Photography*, Vol.1, No.2, p.95, published online: Oct 01, 2013, https://doi.org/10.1080/03087298.1977.10442893.

② Erwin Panofsky, *Perspective as Symbolic Form*, translated by Christopher S. Wood, pp.30-31.

世纪的荷兰艺术力图克服线性透视的局限性,希望用"眼睛"本身去捕捉直接的视觉印象,而不是通过被透视所塑造的视觉来建构图像。与意大利人建构图像的方式相比,"荷兰人更多的是用眼睛来观看世界,较少受到先入为主观念的影响"[1]。这恰恰与荷兰人使用的暗箱模式相一致。暗箱这种装置不会为观察者提供世界的建构性,却提供了直接经验的视网膜图像的证据,它所呈现的对象是自然的、经验的,是细致观察的结果,是对客观事物的描绘而非控制。

暗箱为经验主义时代的人们,尤其是荷兰人提供了直接的视觉印象。"暗箱似乎为可见世界提供了直接经验的证据,而艺术家便是在艺术创作中利用了这一点。"[2]北方画家对真实视觉感兴趣,这是这一地区的艺术特色,他们热衷于细致入微的观察,并通过实践将这一观察传达出来,从而记录世界。看、观察和记录成为了解和理解世界的必要途径。因此,培根的著作很早就被荷兰人所接受,人们对他的理论进行探讨,足见他在荷兰人心目中的地位。为了获得真实图像,荷兰人使用了暗箱、透镜和显微镜等辅助器材。1694年,胡克写信给皇家学会,提出可以利用暗箱来描绘陌生地方的图像,以使这些图像更加真实,并纠正文学报告中的错误。尽管这一建议没有被认可,但是荷兰人对暗箱的浓厚兴趣可见一斑。阿尔珀斯认为:"视网膜图像犹如荷兰绘画本身,它是自然世界和人类技艺对其进行加工的再造世界的一次偶遇,这种结合说明了再现的本质,它赋予我们理解世界的能力。"[3]

## 三、身体、个体和相对性:去整体性和去理想化的视觉模式

"视网膜图像"和"视觉图像"可以分别对应于詹姆斯·吉布森(J. J. Gibson)所区分的"视觉世界(visual world)"和"视觉场域(visual

---

[1] 斯韦特兰娜·阿尔珀斯:《描绘的艺术——17世纪的荷兰艺术》,王晓丹译,杨振宇校,商务印书馆2021年版,第60页。

[2] 同上。

[3] 同上,第151—152页。

field)"。吉布森认为,视觉世界在许多方面与视觉场域不同。其中一个重要的差异在于视觉世界是稳定而无边界的,因为它是人的肉眼体验的世界,而视觉场域则是有边缘和界限的,是人将视觉固定在一个点上长时间观看的结果。"普通的视觉感知不以椭圆形的边界为界,也没有清晰的中心和模糊的边缘。这些都是那种不寻常的视觉体验的特征,当我们专注于一个点并记录下这种体验时,我们就会获得视觉场域,它专注于看到的感觉。"①所以,视觉世界、视网膜图像模式是将身体置入世界之中的体验,它是投入式、肉身式、**快速瞥看的眼睛(培根、开普勒式)**,是经验的直观。而视觉场域、**视觉图像模式则是无身体式的、旁观式的、一眨不眨的凝视的眼睛(阿尔伯蒂、笛卡尔式)**,它是解剖学意义的世界,是心灵而非身体在感觉,是心灵而非眼睛在观看,是用固定的心智去凝视。后者在笛卡尔的《谈谈方法》中已经得到了预想和解释。笛卡尔假设了一个没有身体的自己,"这个我——我的灵魂,通过它,我才是我的所是——完全不同于身体;而且比身体更容易理解"②。从吉布森的角度来说,笛卡尔将视觉世界转变为了视觉场域,将身体变成了场域中的客体。

因此,暗箱所表征的视网膜图像模式体现了人和世界的肉体亲近关系。它是去人格化的视觉,是对事物的无主体的被动接受,如被称为"冷眼(cold eye)"的开普勒的视觉,这是一双被动的眼睛,观看机制的作用是再现。在阿尔珀斯看来,暗箱和透镜的这种观察方式体现了荷兰人对实验观察的信任,乃至对世界的信任,"实验观察在荷兰成为可能是由于对世界再现的信任所致。引起我们对理解荷兰绘画感兴趣的原因,与其说是暗箱图像的属性或使用,倒不如说是对这种图像的信任,而这与开普勒有关"③。事实上,在开普勒研究光学之前的 16 世纪,透视学经历了一次复兴,欧几里得、维特罗、阿尔哈曾和佩卡姆著作的印刷版本开始发行了。开普勒 1600 年成为第谷·布拉赫在鲁

---

① James J. Gibson, *The Perception of the Visual World*, Westport, Connecticut: Greenwood Press, 1950, p.155.

② 马丁·杰伊:《低垂之眼——20世纪法国思想对视觉的贬损》,孔锐才译,重庆大学出版社 2021 年版,第 54 页。

③ 斯韦特兰娜·阿尔珀斯:《描绘的艺术——17 世纪的荷兰艺术》,王晓丹译,杨振宇校,第 60—61 页。

道夫二世统治时期宫廷的助手,1601年接替第谷成为帝国的数学家。开普勒在将注意力转向透视学时,发现有必要回到原始资料——欧几里得、阿尔哈曾、维特罗和佩卡姆的著作中。但他认为透视主义的视觉理论与眼睛解剖学的事实相矛盾,从数学和物理的观点来看,这个理论的弱点在于"它在消除落在眼睛上的多余辐射方面不可行且不一致。由于眼睛内的每一点都接收来自视野内每一点的辐射,除非忽略一些辐射或以某种方式重组整个辐射锥,否则将会完全混乱"[1]。开普勒大约从丢勒(Albrecht Dürer)1525年的《量度四书》(*Underweysung der Messung*)中获得了启发,通过自己的实验发现了问题的解决方案。霍尔姆赫兹指出:"现代视觉研究的时代可以被认为始于17世纪,约翰尼斯·开普勒解读了带有透镜的暗箱的光学及其与眼睛的关系。"[2]开普勒称眼睛为光学仪器,而且是自带焦距性能的透镜。它将视网膜成像的物理问题与知觉和感受的心理问题分离开,认为人接受图像的过程是被动的,"所谓的光学研究始于眼睛接收光线,结束于视网膜成像完成"[3]。在对眼睛的研究中,开普勒抛开了视像的主体性,仅以眼睛表面的光和颜色的形式谈论眼前的世界。他通过对尸体解剖的研究,将视像定义为视网膜图像,并称其为一幅图画。学者们一致认为:"开普勒在讨论视网膜倒像时使用了'图画'(pictura)一词,这可能是意义重大的,因为这是视觉理论历史上第一个关于眼睛内真实光学图画的真正实例——一幅独立于观察者存在的图像,是由所有可用光线聚焦在表面上形成的。"[4]他提出:"'*ut pictura, ita visio*'(图画即所见),或者说,视像如图画。"[5]开普勒的眼睛模型,就像维米尔透过暗箱所创作的绘画一样,试图真实地呈现出外部世界的本来面貌。在开普勒看来,"视觉感知本身就是一种

---

[1] David C. Lindberg, *Theories of Vision from Al-Kindi to Kepler*, p.189.

[2] Nicholas J. Wade, "The Eye as an Optical Instrument: From Camera Obscura to Helmholtz's Perspective", in: *Perception*, Vol.30, No.10, p.1157.

[3] 斯韦特兰娜·阿尔珀斯:《描绘的艺术——17世纪的荷兰艺术》,王晓丹译,杨振宇校,第64页。

[4] David C. Lindberg, *Theories of Vision from Al-Kindi to Kepler*, p.202.同时见斯韦特兰娜·阿尔珀斯:《描绘的艺术——17世纪的荷兰艺术》,王晓丹译,杨振宇校,第65页。

[5] 斯韦特兰娜·阿尔珀斯:《描绘的艺术——17世纪的荷兰艺术》,王晓丹译,杨振宇校,第65页。

再现行为"①。

所以,暗箱所表征的视觉模式以其自然性、肉身性的特点反驳了笛卡尔透视主义的反历史、冷漠和空洞性。后者往往将观察者与世界区隔开,从而构成一种距离感,它具有先验、普遍的特征。而暗箱则强调培根式的经验性、开普勒式的去结构化和梅洛-庞蒂式的与世界的血肉相连性。

除注重自然、经验和真实外,暗箱的视觉模式也注重个体和局部的价值,这是与线性透视的整体性和普遍性相对的。线性透视强调整体和理想性的价值。文艺复兴的意大利艺术家讲求理想化的比例和整体,如阿尔伯蒂认为艺术描绘的是典型的形象,即理想化的形象,为了达到这一效果,艺术家可以适当地对所创造之物做出调整,将自然对象安排在一个完美的几何空间中,永远满足端庄和得体的要求,"身体丑陋的部分和所有那些令人看着不舒服的部分,应该用衣服或树叶或手掌遮住。阿佩莱斯(Apelles)只画了安提柯(Antigonus)的侧脸,以回避后者残缺的眼睛。据说伯里克利的头长而畸形,所以他经常让画家和雕塑家为他描绘戴着头盔的画像,而不像其他人那样光着头"②。所以,不完美的自然需要用理想化的艺术来补充和调整,被一个系统的结构所掩盖和修饰。而暗箱模式则令主体介入观察对象,人们不会将比例完美和理想化作为视觉呈现的准则,因为真实才是美。"北方观者的眼睛直接深入世界,而南方观者站在一个可测量的距离点,并由此去领会眼前的可见之物。"③和意大利的艺术相比,北方的荷兰绘画展现出一种局部的美,荷兰人的艺术并不在意"标准"和"典型"的意义。米开朗基罗曾经对北方艺术提出不满,认为他们的风景画尽管十分逼真和趋近自然,但是缺乏尺度和理性。他说:"在弗兰德,他们所绘的风景画非常逼真,这类图像兴许会令你感到愉悦,……但是画家在创作过程中完全没有理性或技巧,没有对称或比例,没有经过巧妙的选择或突出重点,最后导致作品缺乏主旨和

---

① 斯韦特兰娜·阿尔珀斯:《描绘的艺术——17世纪的荷兰艺术》,王晓丹译,杨振宇校,第64页。

② Leon Battista Alberti, *On Painting*, translated by Celil Grayson, London: Penguin books, 1972, p.76.

③ 斯韦特兰娜·阿尔珀斯:《描绘的艺术——17世纪的荷兰艺术》,王晓丹译,杨振宇校,第123页。

活力。"①

对整体性和理想性的判定离不开测量和尺度的作用。在线性透视模式中,人作为判断的一种尺度发挥着重要的作用,这是理想化的、典型化的、普遍性的人。在阿尔伯蒂看来,认知可以摆脱相对性而达到确定性,前提是找到一个参照物和衡量物。他和库萨的尼古拉(Nicholas Cusanus)一样,重新发现了普罗泰戈拉的名言"人是万物的尺度"的意义,将人作为衡量万物的标准。在库萨的尼古拉看来,人是世界的纽带,世界这个大宇宙的全部要素都可以在人的自身中找到并统一起来,人可以借着这一过程实现向神圣者的提升。正因如此,阿尔伯蒂认为,通过测量人的手臂、手肘或脚就可以实现对事物的判断,通过比较就可以获得确定性的知识,"由于人类对自己最为了解,或许是普罗泰戈拉说过,人是万物的模式和尺度,这意味着所有事物的偶然性都应该通过与人的偶然性进行比较而得以了解"②。这一尺度是具有绝对性和恒定意义的。

但这一恒定性的意义在暗箱模式中失效了,因为与暗箱紧密关联的各种透镜的出现,打破了人和世界原本的恒定关系。没有透镜,暗箱这种光学装置就无法成立,暗箱的作用机制近似于光线通过瞳孔进入眼睛,再由凹透镜收集光线。各种与透镜有关的事物在17世纪的荷兰受到无比青睐。开普勒关注反射光的形式,他饶有趣味地观察暗箱、透镜、镜子,甚至盛有透明液体的玻璃尿壶,因为这些工具都可以用来实践反射光的模式。他在这一点上可以与惠更斯比肩,后者曾对光学透镜进行了改进,并建造了第一个可用的天体望远镜。惠更斯支持当时的科学探索,认为在望远镜和显微镜出现后,人与世界的关系发生了变化,他说:"倘若我们可以看到世间万物,从苍穹之上到大地上最微小的生物,那么我们实在犹如诸神。"③因而,文艺复兴时期以人为标尺来衡量万物的参照系发生了颠覆,人与世界的绝对而恒定的关系发生了动摇和错位,之前被认为固定不变的、恒常的世界,现在看来是相对的。阿尔珀斯指出:"将最微小(显微

---

① 斯韦特兰娜·阿尔珀斯:《描绘的艺术——17世纪的荷兰艺术》,王晓丹译,杨振宇校,第46页。
② Leon Battista Alberti, *On Painting*, translated by Celil Grayson, p.53.
③ 斯韦特兰娜·阿尔珀斯:《描绘的艺术——17世纪的荷兰艺术》,王晓丹译,杨振宇校,第43页。

镜看到的微生物),或最远和最大(透过望远镜观察到的天体)生物带到人们眼前,这会带来一个直接且具有毁灭性的后果:原本已经确立的比例和均衡感可能会受到质疑。……在17世纪,望远镜和显微镜已然证明了这一点。"①暗箱和透镜的应用表明,大和小的概念是可变的,微小的东西也可以被放大到极限,人不是生活在一个恒定不变的理想化的世界,而是不断变化甚至尺度缺失的世界。这是开普勒视觉模式所主导的荷兰人的世界观,这种世界观是基于暗箱、望远镜、显微镜这样的装置而形成的,同时也成为17世纪荷兰人生活状态的可靠证据。

## 结语

暗箱不仅是光学装置,也是一种观察方式和视觉呈现模式,并在最大限度上被用作一种哲学隐喻。克拉里认为:"在理性主义或经验主义的思想中,要说明观察活动如何导向对于外在世界的真实推论,都是以暗箱作为解释的模型。"②它甚至表征着卢梭所认为的客观知识的隐喻、马克思和尼采所认为的"视角"主义知识的隐喻,或弗洛伊德所认为的无意识的隐喻。③ 马克思、恩格斯在《德意志意识形态》中指出:"如果在全部意识形态中,人们和他们的关系就像在暗箱中一样是倒立成像的,那么这种现象也是从人们生活的历史过程中产生的,正如物体在视网膜上的倒影是直接从人们生活的生理过程中产生的一样。"④事实上,对暗箱的阐述不能离开主体、实践和体制,由于篇幅所限,在此不做更多的延伸。

暗箱反对线性透视的超历史性,因为观看的行为意味着我们将自

---

① 斯韦特兰娜·阿尔珀斯:《描绘的艺术——17世纪的荷兰艺术》,王晓丹译,杨振宇校,第43页。
② 乔纳森·克拉里:《观察者的技术》,蔡佩君译,第49页。
③ Sarah Kofman, *Camera Obscura: Of Ideology*, translated by Will Straw, p.49.
④ 马克思、恩格斯:《德意志意识形态:节选本》,中央编译局编译,人民出版社2003年版,第16—17页。德文版中为拉丁文"Camera obscura",见 Karl Marx, Friedrich Engels, *Die deutsche Ideologie*, MEW Bd.3, Berlin: Dietz Verlag, 1969, S.26.中文版译为"照相机",本文改为表原义的"暗箱"。

己的身体置于特定时空之中,与所观察的事物发生互动,它表征亲在的身体、视网膜图像模式和纯真之眼,是去整体性和去理想性的视觉。这也与20世纪后对笛卡尔透视主义的现象学批评同步,如海德格尔的存在理论和梅洛-庞蒂的身体知觉理论都建立在反笛卡尔主义的基础之上。通过暗箱,人们希望"让自然描绘自己",表达了对"用自己的眼睛看到"真实世界的渴望。

【本文系国家社科基金重点项目"现代性的视觉秩序研究"(20AZX019)的阶段性成果】

(作者单位:广州大学美术与设计学院)
学术编辑:朱俐俐

# 借力生长:杜威经验主义美学思想对城市公共艺术设计的启示

张向荣

**内容提要** 杜威通过确立审美经验在美学领域的地位,彻底革新了西方传统美学观念,消弭了艺术与日常生活之间的界线,重塑了艺术与日常生活之间的关联,拓展了艺术的领域,拉近了艺术和大众的距离,对艺术实践活动产生了深远的影响。基于杜威经验主义美学,对我国城市微更新进程中公共艺术设计面临的困境进行剖析,提出杜威美学对当前城市公共艺术设计的两点启示:一是要重视公共艺术受众的审美需求,关注接受者的审美趣味和习惯,重视公共艺术与公众的交流功能;二是要重视公共艺术设计在空间上的整体性,力求作品的场所精神,以符合它周围的整体环境,以期消除审美经验的神秘性,促进城市文化的活化与再生,为城市公共艺术发展提供建议。

**关键词** 杜威美学 审美经验 城市人居环境 公共艺术

约翰·杜威以其实用主义哲学而享有盛名,其著作《艺术即经验》(*Art as Experience*)享誉学界,被众多著名美学家誉为20世纪美学论著的瑰宝之一。美国美学家门罗·C.比厄斯利曾赞誉:"无论是在美学还是在其他领域,杜威思想的影响都是无法估量的。这一学科的所有研究者,甚至那些被证实持有完全不同的立场的人,都不能说没有受过他的影响。"[①]高建平也表示:"《艺术即经验》推动了当代中国美学的发展。"[②]杜威对审美经验的阐释,对传统美学关于艺术划分的批

---

① 门罗·C.比厄斯利:《美学史:从古希腊到当代》,高建平译,高等教育出版社2018年版,第575页。
② 陈菁霞:《高建平:〈艺术即经验〉推动了当代中国美学的发展》,《中华读书报》2022年9月7日。

判,以及重建艺术与生活之间的连续性等理论,皆强调了将艺术融入日常经验和实践领域的重要性。这对城市公共艺术设计实践具有重要启示,值得我们深入挖掘和学习。

## 一、经验与艺术:杜威美学的基石与核心

### (一) 杜威美学的哲学基础:经验

杜威的美学建立在经验之上,他将经验视为理解审美经验和艺术的根本,同时也阐述了艺术与日常生活经验应该共存的美学理念。他以此为基石,创立了经验主义的美学,只有透彻理解杜威的经验观,我们才能进一步探索其美学思想。杜威首先让经验出场:"由于活的生物与环境条件的相互作用与生命过程本身息息相关,经验就不停息地出现着。"[①]他认为,活的生物与其周围的环境的交互,是一个不断失衡与恢复平衡的过程。也正是这个过程,使得活的生物能够与其环境进行交流和互动。在这一互动中,经验应运而生,它既非纯粹主观,也非绝对客观,二者在交融互渗中形成一个不可分割的整体,割裂这两方面都会破坏经验本身的真实意义。在杜威看来,"每一个经验都是一个活的生物与他生活在其中的世界的某个方面的相互作用的结果"[②]。

明确了经验的定义后,杜威详细解读了"一个经验"的概念。"一个经验"具备连续性和完整性。"我们在所经验到的物质走完其历程而达到完满时,就拥有了一个经验。"[③]一场精彩的就职演讲、一曲醉人的古琴弹奏、一幅明丽的水彩画完稿,甚至一次不愉快的经历,只要始于初心,终于完美,达到顶峰,并具有独特性和自我满足感,均可形成杜威所指的"一个经验"。"一个经验"还具备其个性,拥有独特的属性。例如,我们时常提及的"某次观演""某次郊游",即使时光荏苒,依然会忍不住回忆起那些经验,感觉如此鲜明,犹如不久前发生。此外,杜威提出,"由于不断的融合,当我们拥有一个经验之时,中间没有空

---

① 约翰·杜威:《艺术即经验》,高建平译,商务印书馆2010年版,第41页。
② 同上,第51页。
③ 同上,第41页。

洞,没有机械的结合,没有死点"①。在这个过程中,感知与认识如同水流般从一个节点流向另一个节点,各部分相互引导,彼此连接,构成连贯统一的整体。

在杜威看来,审美经验代表着"一个经验"的完整成长,即"一个经验"的强化与集中。"使一个经验变得完满和整一的审美性质是情感性的。"②因为它能够将日常的经验元素融合到一个不断成长的系统中,从而形成令人愉悦的情感,使得这个经验变得丰富且统一。换言之,一个经验若渗透了不同层次的审美要素,它便转化为一种审美经验。因此,我们需确保审美经验能够完全融入周边环境。当我们沉浸其中,无法察觉到自我和对象的割裂,其内部元素是互相交融的。遭遇恐惧时,我们无法抑制地颤抖;感到尴尬时,面露羞涩,这都是身心自然的反应。例如,一曲动人的长笛、一道惊心动魄的闪电。实际上,我们的这些感受正是生物体与环境互融互通的结果。乐曲本质上只是乐曲,是曲谱和唱词的组合,是不带情感的。同样,闪电本身只是一种自然现象,并无恐怖之实质,在人们生活中的经验里才衍化成具体的感受。审美经验的存在,正是由于生物体与其所处环境之间的和谐与相融造就。对杜威而言,审美经验超越了日常经验的碎片化和偶发性,呈现为经验的独特表现形态。

杜威通过对传统哲学的重塑,以"活的生物"为出发点,确立了经验的定义。只要经验达到内在一致和完整时,即可视为"一个经验"。这种审美经验代表着经验的完善,象征着经验的高级形式。通过对审美定义的深化,杜威确立了经验在美学中的一席之地,这种全新的经验理论因此得以形成,这也为他的美学理论奠定了坚实根基。

(二) 杜威美学的核心——艺术

"艺术是社会的人从精神上把握现实的一种样式,目的是培养和发展其按照美的规律创造性地改造周围世界和自身的能力。"③自艺术诞生以来,理论界开始主动地去定义它、解读它,接着便是一系列的分类,"艺术是作为由各种具体的艺术(音乐、文学、建筑、造型艺术等)构

---

① 约翰·杜威:《艺术即经验》,高建平译,第43页。
② 同上,第48页。
③ А. А. 别利亚耶夫、Л. И. 诺维科夫、В. И. 托尔斯特赫:《美学辞典》,汤侠生译,东方出版社1993年版,第436页。

成的体系发展的"①。对杜威来说,古典哲学家所作的艺术分类显得过时,他们将其视为与日常生活隔离的独立存在。杜威在批判二元对立观念后,也拓宽了"经验"与"审美经验"的范畴,为他的美学观念"艺术即经验"奠定了稳固的基础。以此为依据,杜威重点阐述了审美艺术与实用艺术、空间艺术与时间艺术、博物馆艺术与大众艺术之间的一脉相承。同时,他提出艺术并非精英的专属,而是每个人都可以通过提升审美体验来获得。

杜威主张首先要重建审美艺术与实用艺术之间的连续性。在现代社会中,生产模式之变革导致艺术品被区分为实用艺术与审美艺术两类。这种区分并非艺术本质所固有,杜威认为产品能不能在使用者心中唤起美的感受,是受它进入市场的方式影响所致。工业化生产固然为我们带来诸多便利,但我们期望这些物品在满足日常需要的同时,也能使生活更加美好。我们需要能提供庇护的居所,同时也希望这些居所宽敞明亮、温馨适居;我们需要遮体保暖的衣裳,但也希望这些衣裳清新雅丽、大方得体。杜威摒弃了传统对艺术类型的划分,即将其分为"赏心悦目"与"具备实用功能"两种形态。在他看来,艺术的审美价值和实际功能并无明显界限,关键在于二者能否达到目的与功能的和谐统一。我们不该将"功能性"视为无趣无味,而"美观性"也不应仅限于形式上的愉悦。一切具有审美价值的艺术品同时兼具实用性,它们是我们获取日常生活经验的途径。杜威主张,评价艺术的价值不应以其实际用途或美观度为标准,而是应当关注艺术与我们日常生活的紧密联系。例如,建筑艺术就是功能性与审美追求深度融合的典范。

继而,杜威主张要重建空间艺术和时间艺术的连续性。通常,艺术被划分为时空两大种类,其中空间艺术涵盖工艺美术、篆刻、美术等,而时间艺术则涉及曲艺、文学等。然而,这种分类方式显然具有局限性,无法涵盖所有艺术类型。以戏剧为例,这一艺术形式既融入了时间的韵律,也融入了对空间的感觉。戏剧凭借音乐的韵律来配合动作的流转,同时借助舞台背景的转换激发观众对空间的感知。戏剧融合了时序与场域,在时光的推移中铺展,在场所的划分里进行。实质

---

① А. А. 别利亚耶夫、Л. И. 诺维科夫、В. И. 托尔斯特赫:《美学辞典》,汤侠生译,第436页。

上,所有艺术往往同步呈现时间与空间属性。在杜威的观点中,先将这两个方面分开对待,随后试图在某种程度上将它们融为一体,这种方法本身就存在缺陷。在我们的经验中,时空总是交织在一起的。物理科学的发展同样证实了所有事物都存在于时间和空间的维度之中。在我们所理解的宇宙中,物体的固有时序和空间紧密相连。在感知周围环境时,我们并非仅依赖单一感官,而是边观察边聆听,甚至可能还会运用到嗅觉。事实上,我们是通过整合多种感官体验来感知世界的。

接下来,杜威提倡恢复博物馆艺术与通俗艺术连续性。在他的看法中,艺术殿堂的形成并非艺术固有特性的必然结果,而是受外部环境影响所致。如今博物馆成为我们亲近艺术品的重要途径,却不知这是资本主义演进的副产品。例如,许多欧洲博物馆实质上是民族主义与帝国主义崛起的见证所,在那里,一方面展示着历史中的艺术辉煌,另一方面陈列着统治者从其他民族掠夺来的财富,卢浮宫收藏的拿破仑战利品便是显著例证。关键的是,那些被陈列在博物馆内并被命名为"艺术"的物品,许多在创作之初与当时人们日常生活紧密相连,并非为艺术之目的而制造。比如说,印第安人的盾牌图腾,本为威慑敌方而设计,同日用品无异,然而一入博物馆便顺理成章地演变为艺术品。当一件物品进入博物馆的展览空间,它似乎就被赋予了艺术典范的角色,人们也习惯以此类艺术品的标准来衡量艺术。杜威对此提出不同意见:"艺术产品——神庙、绘画、雕塑和诗歌——并不等于艺术作品。当一个人与他的产品合作,从而形成一种由于其解放的与有规则的属性而使人愉快的经验时,艺术作品就出现了。"[1]我们应当超越博物馆展出的艺术作品所限定的审美视角,领悟到艺术的本质,即所有引发快乐的事物均属于艺术范畴。此外,博物馆长久以来被视为高不可攀的象征,从而导致艺术与日常生活的疏离。杜威强调,对于艺术的理解必须将创作和欣赏置于情境之中加以考量,只有当艺术与人们的日常经验紧密连接时,艺术才富有深意。我们唯有重现艺术作品的历史文化背景和社会情境,并使其与现实生活融为一体,方能洞察艺术的真谛。在批判将艺术进行条块分割的美学观点时,杜威致力于破除艺术与生活的边界,重塑艺术与日常生活的连续性,树立一种

---

[1] 约翰·杜威:《艺术即经验》,高建平译,第248页。

重新融入日常生活的艺术观念。他认为艺术的根本意义在于增强生活经验,使之更紧密地接近日常,并渗透于生活中,让每一个人都能体验到艺术化的生活之美感。杜威的美学观念为我们在日常生活中对审美的追求提供了新的可能性。

## 二、公共艺术融入日常生活空间的价值

1988年,迈克尔·费瑟斯通首次提出了"日常生活审美化"的概念。这一现象在全球商业巨浪的冲击和媒体的推波助澜中诞生,它标志着艺术和日常生活的边界逐渐模糊。艺术正从高远的圣殿逐步走向平民百姓,变得更加普及。在日常生活审美化趋势推动下,我们日常生活环境日渐炫目,从繁华喧嚣的购物中心,到宜人舒适的休闲环境;从琳琅满目的会展中心,到风格多元的公共空间,所有这些都可以被视为艺术。这一现象在一部分人看来是艺术普及的积极趋势,而在另一部分人眼中,却成为艺术的悲哀。

然而,不论我们持有何种观点,"日常生活审美化"已是不争的现实,是当代不可或缺的常态,但是这方面仍旧缺乏充分的学术支持。杜威的美学思想恰好能够充当一把钥匙,为日常生活审美化现象提供一个理论上的突破口。杜威认为,艺术和生活的根源实为相通,区别仅仅在于经验的多少。我们的每一次审美活动,包括最平凡的生活片段,都在积累具有愉悦感的审美知觉。简单地说,凡是激发美感、带来心灵愉悦的经验,均可视为审美经验。正是这一观点,使得艺术和日常生活融为一体,消除了二者之间的隔阂。这意味着审美经验不仅仅出现在我们接触艺术作品时,更无时无刻不在日常生活中涌现。任何引起我们关注、吸引我们兴趣、带给我们愉悦感受的事物,都会给我们带来审美经验。由此可见,杜威经验主义美学为当前的日常生活审美化提供了有力的理论支持,注入了新的力量。概括来讲,消费文化盛行的当下,日常生活的审美化已转变成一种典型的文化现象,普遍融入人们生活的各个领域。日常生活日益与艺术、设计领域交融互动,给城市公共艺术设计的发展构建了一个新的时代环境。

### (一)城市微更新中的公共艺术现状

20世纪90年代初,公众艺术这一全新的艺术类别在我国崭露头

角,它是实施国家文化发展策略的一种创新手段,在众多公共领域得到了广泛运用。城市空间被分割成历史街区、休闲广场、口袋公园、商业娱乐区和高新技术开发区等多个区域,公共艺术作品,如壁画、装置艺术和城市导视系统等,在这些区域中占据了重要地位。公共艺术是人类文明的体现,它不仅传递和弘扬了城市的历史与文化底蕴、环境特色,还担任着推动和塑造精神文明的职能。一些著名的公共艺术已经成为城市社会文明程度和社会发展水平的象征,它们是城市向游客展示的一张名片。随着时间的流逝,这些公共艺术逐渐沉淀为"城市的年轮"。

公共艺术蕴含着丰富的艺术性、民族性和地域性等精神内涵,因其公共属性而获得了广泛的社会认同。因此,相较于其他艺术形式,公共艺术更需要良好的美学理论作为支撑。近几年来,我国的城市建设正展现出一幅蓬勃发展的图景,城市规划不断推进,但同时也面临着地域特色流失等问题。陈望衡先生曾说道:"美好的城市如艺术,然而,所有的艺术都不如城市";"城市,几乎从它诞生的开始,就一直是人类向往的生活环境"。[1] 然而,城市的建设与发展正遭遇挑战,如"千城一面""文脉断绝"等问题正日益凸显,城市微更新成为激发旧城活力的有效方式,公共艺术便是这一过程中的关键纽带。对照国内城市公共艺术的现状,虽已在某种程度上取得不俗的成就,但是相对于西方城市的长期现代化,我国城市公共艺术的成长历程尚显稚嫩,亟待解决由此引发的一系列问题:

一是公共艺术的低俗性。例如,沈阳中街盾安新一城的"武松杀嫂"、河南偃师的"大背头弥勒佛"等,这些作品由于其怪异的造型呈现出粗俗之态,观赏者并未感受到愉悦,反而产生了心理压力。这些作品与周围环境的风貌严重不协调,也没有融入本地文化,不仅没有彰显出该城市的历史文化底蕴,还对城市的美观造成了负面影响,进而贻害了城市的形象。

二是公共艺术的相似性。当前公共艺术作品普遍缺乏特色,呈现出低级克隆的相似现象。虽然许多城市中的公共艺术作品看似与当地文化传统相符,但实际上,它们被置于任何城市都不会产生冲突。例如,在各个不同城市的街区中,经常可见到着唐装的塑像,以及城市

---

[1] 陈望衡:《我们的家园:环境美学谈》,江苏人民出版社 2014 年版,第 128 页。

"会客厅"中模仿西洋风格的花坛与壁画,多数是缺乏原创性的抄袭。而实际上,每座城市都具备独一无二的文化身份。

三是公共艺术的市场化。在城市化进程中,过分强调市场发展和表面景观,却忽略了文化底蕴和精神性方面的提升,未能充分注重对城市文化遗产的继承和守护。某些城市常常拆除历史文化街区、历史性建筑及文物古迹。或许在中国人的观念中,拆旧建新象征着进步,代表着挣脱过去的束缚。例如,令人至今仍感痛惜的"济南老火车站",它本是一部可以触及的"立体历史",堪称世界建筑史上的杰作,却在济南城市发展进程中遭到拆除。也有城市将公共艺术设施作为施政的成绩,用来铺垫个人政治生涯,大多无视民众实际需求。此外,部分设计师为了迎合市场需求,忽视了公共艺术创作的公共利益。此类现象导致作品缺乏人文精神,难以体现城市的历史文化底蕴。

四是公共艺术的舶来现象。许多城市居住区物业致力于营造轻松宜居的环境,刻意打造出一番异域风情,例如在各类公共空间布置大量风格相似的欧式装置艺术,并冠以"生活美学"的口号。这些作品中透露出空洞理念,似乎一经赋予美学色彩,便赢得了所谓的国际文化气质。然而,从本质上讲,这恰恰是城市公共艺术作品与城市的文化底蕴和大众审美经验失调的体现。

五是大众参与的态度消极。精英文化与大众文化之间的对立导致了主流审美和大众审美之间的差异和碰撞,进而使许多公共艺术作品沦为装饰品,而非能与观赏者产生互动的艺术形式。在那些极端审美主义者眼里,大众根本无法领悟艺术的精髓。他们坚信,若依照大众品味创作艺术作品,必将招致艺术的退化与滑坡。鉴于大部分人在美育方面的不足以及参与公共议题意识的缺失,即使征求他们对公共艺术方案的意见,通常也会采取漠不关心的态度。

(二)设计反思:公共艺术设计融入日常生活空间的价值

城市微更新中的公共艺术的创作和发展本就依赖于城市文化内涵的发展。这一过程从城市更新的实践中汲取灵感,反过来也为城市文化的传承与延续带来新的挑战。从杜威经验主义美学来审视公共艺术设计实践,当公众艺术介入城市的日常生活环境时,所带来的影响既广泛又深远。通过这种方式,不仅能够从更宽泛的层面上为城市微更新提供支持,同时也在一定程度上创造丰富的价值。

首先,其价值在于培育大众的审美认知能力,构建艺术与大众之间交流与分享的平台。目前,公共艺术设计的实际应用价值尚未被充分挖掘,其在社会公众心目中的形象仅局限于美化城市。然而,从根本上讲,公共艺术设计能够通过融入日常空间,创造出具有积极影响的日常美学。在融入日常生活的过程中,公共艺术设计须不断地进行思考与优化,以确保其在生活空间中的合理性。通过作品介入、引起关注、互动交流和审美感知的这一系列的过程,使得公共艺术作品与日常审美相互促进。公共艺术设计逐渐融入社区的日常生活中,力求找到艺术与生活的共鸣点,进而使人们在共享空间中体验到美,同时审美水平亦得以提高,公共艺术起到了润物细无声的作用。现代城市环境错综复杂,人口迁移频繁,邻里互动较少,城市协同合作度不高。然而,借助公共艺术的影响力,可以缩小城市居民的认知与价值观的差距,消除隔阂,使城市居民从陌生走向亲密友善。在此背景下,各种不同的艺术表现手法融洽了公众与城市的关系,在一定程度上改变了城市居民的生活习惯,同时在推动城市微更新中发挥积极影响,激活"城市触媒"的作用,进而促进城市经济增长。

杜威美学具有消弭审美经验的神秘性的特征。传统美学将"审美"视为一个独立范畴,与日常生活切割开来,甚至将其视为超越常态生活的存在。与此相反,杜威致力于重建日常生活与审美经验的连续性。他认为:"在艺术的质料中,存在着共同的属性,如果没有这种一般条件的话,就不可能有一个经验。正像我们前面看到的,基本的条件是感受到有机体与环境相互作用时做与受的关系。"[1]艺术的源头是人与环境的互动所产生的经验,与生活紧密相连,而非其他因素。人的经验都具有审美性质,只要满足特定条件,便能转化为艺术。杜威坚持认为,审美经验根植于我们的日常生活,代表着经验的完满,堪称经验的典范。因此,杜威的美学观念为公共艺术融入日常生活环境提供了理论的支持。

其次,其价值在于具有拓宽生活美学范畴,推动形成城市文化景观的多样性。公共艺术融入城市生活空间,带给大众丰富的审美享受。同时在艺术创作与大众的互动过程中,意外的相遇和戏剧性的画面层出不穷。参与公共艺术项目的人们都能体验到一种特别的审美

---

[1] 约翰·杜威:《艺术即经验》,高建平译,第247页。

愉悦,这样的体验反向促进大众对城市人居环境的认知,从而进一步促使公共艺术在形态表现、听觉感受和触觉体验等多个方面的发展与进化。此外,艺术与生活的互动关系不断推动日常生活审美化向纵深发展。在西方文化历程中,艺术与大众生活的分离逐渐产生负面影响,使得艺术作品愈发显得高不可攀,难以接近。杜威的审美理念致力于重塑艺术经验与日常生活经验之间的连续性。他认为,审美追求的最高境界是增强我们对艺术之美的经验,从而提高生活品质。

康德依据"形式的合目的性"审美原则和二律悖反的思辨原则,把艺术划分为语言、造型和感觉游戏三种类别,而黑格尔依据理念与形式关系的角度,将艺术分为象征型、古典型、浪漫型三种类型,每种类型下又包含若干子类别。杜威提倡的审美理念,冲破了传统的艺术类型划分,主张艺术应与日常生活融为一体,减少艺术与人们日常生活之间的隔阂,使艺术更加亲近大众。他强调,艺术不该被视为特定社会等级的专属,艺术应是人人易于抵达之事物。杜威批评人们经常把生活切割成单独的部分,却忽略了对整体生活的深入认识。杜威的美学主张重建艺术与日常生活之间的联系。艺术根植于人类风雨无阻的劳作中,以及人类的诞生、衰老、疾病、死亡等诸多仪式中。艺术实质上是将日常生活提炼与升华。杜威认为,艺术是一种属性,其分类方式势必存在局限性。因此,他舍弃艺术中所有严谨的分类,认为评判艺术的唯一准则在于观察者是否能与作品达成圆满的审美经验。在日常生活中,美无所不在,缺失的只是发现美的敏锐洞察力。在他眼中,无论是摩登舞展现的迷人舞姿,还是园丁在花园里修剪枝条的动作,都蕴含着一种内在的美感。我们的感知经验并不仅限于欣赏艺术作品,实际上,生活中处处皆是经验的源泉。任何吸引我们目光、引起我们好奇心、让我们感觉快乐的事物,都有助于我们积累经验。无论是在智能手机上浏览的资讯,应用程序中令人沉迷的游戏,聆听到的俏皮笑语,或是偶尔的户外徒步,这些经历均构成了我们的经验值。过去,这些经验往往被视作与艺术无直接关联,杜威提出,只有当广泛社会群体的审美经验普遍提升,并与艺术和生活紧密结合时,美好社会的构建才成为可能。杜威的美学追求,引导我们思考采用不同的方式去体验和辨识城市,以使城市的特色更加突出,让城市生活更富有深度,激发更多独特的城市文化诞生。

### 三、借力生长:杜威美学对城市公共艺术设计的启示

第一个启示是要重视公共艺术受众的审美需求,关注接受者的审美趣味和习惯,重视公共艺术作品与公众的交流功能。杜威对艺术品的两分法,将艺术经验之外的称作"艺术产品",而与人互相作用产生经验的,则命名为"艺术作品"。这意味着,艺术必须与观者互动互感,获得共鸣的经验,方能升华为艺术作品。艺术作品不仅是情感交流,更是主体与艺术对象或行为相互渗透的过程。否则,艺术仅停留在产品层面。杜威这一界分,彰显他重视欣赏者的审美经验。而"审美",系"指一种鉴别、知觉、欣赏的经验。它代表一种消费者而不是生产者的立场"①。背后的含义在于尊重欣赏者的角度而非创作者。犹如茶艺师表演茶道来愉悦茶客,品茗价值的尺度应属茶客而非茶艺师。艺术品获得认同的关键,在于与受众的感知需求和谐共融,并确保艺术品与欣赏者的审美观念紧密相连。

习近平总书记在文艺工作座谈会上强调:"文艺只有植根现实生活、紧跟时代潮流,才能发展繁荣;只有顺应人民意愿、反映人民关切,才能充满活力。"②倘若将艺术创作视为生产,那么艺术品鉴便可以被视为消费。譬如,一台手机,若未进入市场、未经开机,也未使用,它仅是概念上的存在,并不转化为现实之中的手机。同理,一首歌曲,若未正式播放、未被观众欣赏、未获赞誉,该歌曲亦仅存在于设想之中,并未实际转化为真实世界中的歌曲。没有了生产,消费便无从谈起;反之,若缺乏消费,生产的价值也将不复存在。所以说,艺术创作和艺术接受是一对互相渗透的关系。

因此,当前城市公共艺术因出现的诸多问题而招致的质疑和批评,症结在于创作者未能关注真实的审美经验,这些经验既包括创作者元素,也包括创作元素。最关键的是,还涵盖了观赏者或欣赏者的元素。杜威早已明确指出:"正是这些例子,以及拥有存在于做与受之间的一个经验的关系,表明我们不能走得太远,以至于将审美与艺

---

① 约翰·杜威:《艺术即经验》,高建平译,第55页。
② 习近平:《在文艺工作座谈会上的讲话》,《人民日报》2015年10月15日,第2版。

之间的区别扩展到将它们分开。"①当受众的观点被持续淡化,他们往往会更倾向于从作品的角度去讨论,却忽视了艺术作品必须在受众眼中展现其价值的真理。受众的观点之所以时常被忽视,主要原因在于创作者过于侧重作品讨论,而对受众的审美偏好并未给予充分关注。杜威主张,艺术家在创作过程中必须对接受者的兴趣和审美经验有一个预设的评估。他们不仅要从创作者的视角去理解艺术,也要从接受者的视角去理解艺术。在创作过程中,考虑到接受者是对接受者的尊重。杜威的审美经验理论有助于引导公共艺术创作者重新建立这种尊重,并在实践中予以遵循。换言之,公共艺术创作者在创作过程中须关注受众的审美喜好与风俗,重视艺术作品与大众的互动性,而非仅注重表现力。

总而言之,公共艺术设计并非仅仅展示艺术家的个人审美喜好,更为关键的是体现艺术家与受众之间的互动与协作,能反映大众的审美期待。对于艺术家而言,公共艺术作品的内涵不应局限于个人的审美追求,而应与大众的情感和视角进行沟通。这种互动不仅体现在情感和观点层面,还包括对新艺术形式和新材料认知的理解。事实上,公共艺术实质上是一个展示过程,只有当融入受众的审美经验时,其价值才得以彰显。因此,观众的审美经验对公共艺术的创作具有决定性影响,杜威关于审美经验的理论为当前公共艺术提供了有价值的思考视角。

第二个启示是要重视公共艺术设计在空间上的整体性,力求作品的场所精神,以符合它周围的整体环境。如"在公共广场或公园里处于单独而孤立状态的塑像,很难不给人以某种不适宜之感"②。审美经验是经验的独特表现,而在这种经验中,艺术作品表现为所有元素的协调融合,同时也实现了经验的升华。杜威高度重视审美过程中的整体性,据此强调艺术创作不能被割裂成单独的部分进行评判。他认为,"艺术打破了将人们分开的,在日常的联系中无法穿透的壁垒"③。艺术作品所传达的内涵正是其固有统一性的体现。此外,人的感知在审美过程中也扮演着融合的角色,会将公共艺术作品置于大的环境之中去欣赏。这实际上蕴含了一个观点,即在欣赏公共艺术品时,应斟

---

① 约翰·杜威:《艺术即经验》,高建平译,第55页。
② 同上,第269页。
③ 同上,第284页。

酌其与周围空间和环境的和谐一致性。公共艺术的名称源自其首次出现在公共领域,即使某些装置艺术是特意为公共场所设计,如果在完成前存放在私人领域,那么在其成为公众艺术之前,它仅被视为私人艺术作品,而非公共艺术。公共艺术作品的存在,离不开其周边环境的支撑,它的美学价值只有在紧密关联于周边环境的情况下,才能得以全面展现。公共艺术应力求与周边包含自然风光、日常生活及文化底蕴等多方面的环境特征融为一体,与环境所包含的多样性形态相辅相成。以壁画这一公共艺术形式为例,其审美价值和美感程度与周围环境的关联度极高,只有在既定的环境下,其美感才能得到最大化的展现。如将天津古文化街《黄大门》壁画搬到济南来,其独特的韵味将不复存在,原因在于它与天津的民间艺术、文化传统以及生活习惯相辅相成,构成了其独特的美感经验。同理,若将泰安岱岳区《泰山挑山工》壁画设置在上海等大都市,也将失去其原有的神韵。这是因为"挑山工"精神是泰山文化的一部分,与泰山自然地理环境紧密相连。因此,在评价公共艺术时,不能忽视其所依赖的环境因素,尤其是公共艺术创作者在设计过程中,必须关注作品与其所在环境的和谐程度,确保其与周边环境形成统一整体。

城市微更新中不可或缺的一环便是公共艺术,一件优秀的公共艺术作品在于与城市环境及其文化紧密相融,承载城市的文化精粹和精神风貌,映射出新时代的现状与进步方向。因此,关注公共艺术在城市公共空间中的整体性尤为重要。艺术家在设计构思阶段,需要深入洞察和掌握当地的地域文化、自然风貌、风土人情等诸多因素,并且重视公共艺术作品与周边环境的协调一致,以免作品与环境产生脱节。如是,杜威的审美经验理论,为我们解决现代公共艺术面临的困境提供了设计思路。

## 结语

随着城市微更新步伐的加速,注重空间节点与整体环境协同更新是未来城市发展的方向之一。公共艺术价值内涵和表现形式日益丰富,已经演变成了人们日常生活里互相联结的纽带,以及大众表达与互动交流的渠道。人们对公共艺术审美需求的提升,促使生活模式发生转变。城市公共艺术设计所面临的,既是挑战,也是机遇,它正朝向多元化的发展方向演进,呈现出丰富多样的形态特征。

鉴于时代之需,我们需要从美学与艺术学理论层面,提供更具创新性的解释。对于如何理解正在发生的公共艺术与日常生活审美化的转变,杜威的经验主义美学显然提供了恰当的解读方法。当代实用主义美学家理查德·舒斯特曼坦言,杜威的美学观念对其哲学思想产生了深远影响。他说:"重新思考艺术即经验,可以有助于像摇滚音乐之类的形式——它为来自如此多的民族、文化和阶级的如此多的人们,提供如此经常的和强烈的令人满足的审美经验——获得艺术的合法性。"[①]这无疑是对杜威美学当代影响力的最好注释。杜威美学大幅度扩大了艺术的范围,消弭了艺术同日常生活之间的界线,突出了艺术与生活的紧密联系,拉近了艺术与大众的距离。借力杜威的审美经验观,对于推动公共艺术实践和社会进步具有深远影响,为当前城市公共艺术实践所面临的诸多问题提供值得借鉴的美学理论。尽管我们正受到浮躁的功利化审美的冲击,但仍应从公共艺术的正向效应入手,对公共艺术的创作进行多角度探讨和实践,鼓励公众参与其中。公共艺术设计实践不但要根植于大众实际生活,将艺术作品融入城市微更新环境,且应嵌入公共艺术设计的审美价值,以提升公共艺术的审美经验,提高人们的生活品味,塑造日常生活的审美,并推动城市文化活化与再生。

【本文为2018年度国家社科基金重大研究专项"新时代中国特色美学基本理论问题研究"(18VXK010)、2023年度山东省社科规划研究专项"美好生活视域下山东传统居住文化'两创'研究"(23CLCJ13)(山东省习近平新时代中国特色社会主义思想研究中心)的阶段性成果】

(作者单位:山东交通学院艺术与设计学院)
学术编辑:李永胜

---

① 理查德·舒斯特曼:《实用主义美学:生活之美,艺术之思》,彭锋译,商务印书馆2002年版,第87页。

# 跨文化语境下默斯·坎宁汉先锋艺术的禅思向度

张仁伟　刘桂荣

**内容提要**　默斯·坎宁汉先锋艺术的实验和创构得益于东方禅思的影响,他的作品中的不同禅思向度都体现出"先锋"的"震惊"和"颠覆"。坎宁汉瓦解了传统的创作关系,将作曲家与舞蹈家之间的关系由"合作"转变为彼此间的相互"独立",令音乐和舞蹈的媒介同步,让动作"本自具足",体现着禅宗"不二"之思。坎宁汉在艺术创作中对合作者意图的接纳,对艺术"边界"的拓展,对艺术和生活界限的消弭,彰显着禅之"平常心"。在表演者层面,坎宁汉颠覆了传统表演理论对人的遮蔽,让表演者从角色、作者等"他者"中唤出"自我",解构了独舞者占中心地位的作品机制,这得益于对禅宗"自心自性"之自我本真的觉悟。坎宁汉的先锋观念彰显着东方哲思强大的生命力,对当代艺术创作和中国传统文化的再生具有重要启示意义。

**关键词**　默斯·坎宁汉　先锋　禅思　不二

默斯·坎宁汉(Merce Cunningham, 1919—2009)是20世纪美国最重要的先锋艺术家之一,其思想观念和艺术创作得益于东方禅宗思想的影响。坎宁汉曾在与约翰·凯奇(John Cage)长期的交往与合作中深受"凯奇禅"(Zen Cage)的影响。1950年,他结识了铃木大拙,通过聆听、交流、阅读等方式深度理解禅意,并在铃木大拙的推荐下阅读了唐代高僧黄檗希运禅师的《传心法要》。[①] 坎宁汉根据来自中国和日

---

① 目前,学界关于坎宁汉前往哥伦比亚大学听铃木大拙讲座的时间存在一定争议。根据《铃木大拙禅学入门》的记录,铃木大拙在哥伦比亚大学讲座的时间为1950年,《默斯·坎宁汉:五十年》(*Merce Cunningham: Fifty Years*)一书中所记载的时间也为1950年。因此,本文以1950年作为坎宁汉前往哥伦比亚大学参加禅宗讲座的时间。参见铃木大拙:《铃木大拙禅学入门》,林宏涛译,海南出版社2012年版,第173页;David Vaughan, *Merce Cunningham: Fifty Years*, edited by Melissa Harris, New York: Aperture Foundation, 2005, pp.56–57.

本的种种禅艺禅思,生成了自己的先锋艺术观念,融会并支撑其艺术创作,在当时的先锋艺术界产生了巨大回响,其作品作为东方禅思介入美国先锋艺术的重要媒介,推动了美国现代艺术在 20 世纪五六十年代的重要变革。

这一时期美国先锋艺术家对东方禅宗思想的接受,并未停留在东方宗教层面,也没完全脱离本己文化的土壤。在东西方文化的交互境域中,在艺术自身发展的视域下,东方禅思体现出了"惊醒"的力量,这种力量直指艺术家的内在心灵和艺术的本真性。坎宁汉的先锋艺术也是如此,其作品中的不同禅思向度都体现出了"先锋"的"震惊"和"颠覆"。

## 一、"先锋"实践中的"不二"禅思

禅宗之"不二"源自印度佛教之"中道"(Madhyamika)思想,是禅宗教化学人摆脱烦恼痛苦的根本旨趣。所谓"不二"即告诫学人要远离有无、来去、黑白、是非、生死等"分别"的诸边,秉持"中道"之旨。一如龙树在《中论》中所言:"不生亦不灭,不常亦不断,不一亦不异,不来亦不出"①,摒弃二元对立的分别之心,怀以是之所是、如其所如的本然之心面向世间一切。此"中道"在铃木大拙看来,"即无中间无两边"②,从而妙悟万物之本源,了然世界之真相。在坎宁汉的艺术中,禅的这种无分别之心体现在对"舞蹈即舞蹈本身"(the subject of dance is dancing itself)、"事物即事物本身"(a thing is just that thing)的强调。在他看来,"舞蹈不需要指向别的东西,它就是它自身"。③ 立基于此,坎宁汉切断了舞蹈与"他者"间的意义关联,将舞蹈由外部的缠绕转向内在的自我指涉。

其一,坎宁汉瓦解了传统创作关系。在具体的创作过程中,坎宁汉一改作曲家与舞蹈家之间的"合作"关系,令双方相互"独立"。这种

---

① 王孺童:《中论讲记》,中华书局 2019 年版,第 1 页。
② 铃木大拙:《通向禅学之路》,葛兆光译,上海古籍出版社 1989 年版,第 23 页。
③ *Merce Cunningham: Creative Elements*, ed. by David Vaughan, New York: Routledge, 2013, p.80.

转变展露出了坎宁汉对禅思之体悟的重要面向。在他看来,双方合作的基础并非来自动作与声音之间的相互指涉,而在于这二者共享着一个相同的时间结构(time structure)。在此时间结构中,声音与动作在分有作品的同时,亦保持着各自独立的状态,从而使作曲家与舞蹈家之间无须再考量彼此的意图,仅须在相同时间内展现各自的想法。因此,凯奇为坎宁汉的作品创作音乐,其实质并非是引导或支撑动作,而是在商定的时间框架内呈露与肯定"自我"。

对合作双方"自我"的肯定是禅之"不二"思想的体现。① 黄檗希运禅师曾云:"汝心是佛,佛即是心,心佛不异。故云,即心即佛。若离于心别更无佛。"②所谓"心佛不异""即心即佛",消解了"我"与"佛"之间的分别之心,实现了"不二"。在禅宗看来,世上之人本具有佛性,只因被世间烦恼所缚,无法洞悉自(佛)之本性。因而,对自身采取肯定的态度,"无求无著"③,方乃"自我"之真如本性。坎宁汉出于对《传心法要》的谙熟,将此"即心即佛"思想转化为对合作双方"自我"的肯定。在这个意义上,坎宁汉与凯奇在合作中接纳彼此"独立"的创作行为,便是禅宗所强调的"不二"。而传统创作中的合作关系在他们看来好似黄檗禅师对修行者"心上生心"的批判,不得要领。黄檗禅师认为:"如今学道人不悟此心体,便于心上生心,向外求佛,著相修行,皆是恶法,非菩提道。"④所谓"心上生心,向外求佛"是对"自我"的否定,忘却了自心自性乃佛心佛性。此即俗语中所谓的"捧着金饭碗要饭",在对"他者"的追寻中遗失了自己。因此,坎宁汉与凯奇将传统的合作关系看作是主体迷失"自我",客体(动作、声音等元素)被遮蔽的重要原因。这种"独立"的合作理念不仅是禅之"不二"思想的外在显露,还是其艺术之先锋性的重要源泉。

其二,坎宁汉采取了同步创作(simultaneous composition)的合作策略。所谓同步,一指时间上的同时性,二指思想上的独立性。由于坎宁汉将音乐与舞蹈的关系建立在相同的"时间结构"之上,因而传统创作理念中音乐与舞蹈相互支撑的理念不再有效,在这里只须确保彼

---

① 所谓合作的双方,在这里既包括合作者,也包括声音与动作等艺术元素。
② John Blofeld, *The Zen Teaching of Huang Po*, New York: Grove Press, 1959, p.78.
③ John Blofeld, *The Zen Teaching of Huang Po*, p.40.
④ Ibid., p.31.

此间拥有相同的时间长度即可。此合作方式一方面瓦解了来自他人思想的干扰,另一方面又促使元素能够以"本真"的形态出场。在这个意义上,舞蹈与音乐在创作时间上的同步性不仅颠覆了传统的"合作"关系,亦完成了对彼此依附状态的解构,实现了禅所强调的"不二"。而对于音乐与舞蹈创作之所以能够同步的原因,凯奇曾在1939年发表的《目标:新音乐,新舞蹈》(Goal: New Music, New Dance)中做了详尽的阐述:

> 取消这些禁令之后,编舞者很快就会意识到现代舞所具有的极大优势:音乐和舞蹈可以进行同步创作。舞蹈的素材中已经包括了节奏,只需要加入声音,就可以成为丰富而完整的语汇表。舞者应该比音乐家更善于利用这些词汇,因为他已经掌握了更多的素材……无论用何种方法创作舞蹈素材,都可以延伸至音乐素材的编排中。音乐-舞蹈作品的形式应该是所使用的全部素材的必要集合。这样,音乐就不仅仅是一种伴奏;它将成为舞蹈不可或缺的一部分。①

凯奇在这里所谈及的"禁令",是指西方传统音乐中的音乐结构,如调式、曲式、和声、复调等。按照庄禅的思想来看②,音乐结构乃人心营造之物,与"自然""天然""无分别"之物相去甚远。因而在凯奇看来,传统音乐中的种种规则束缚了创作者对多元世界的探索,他主张回归自然,回归世界本身,从而消解主体的偏好。他曾在《一个演讲者的45分钟》(45′ for a Speaker)里谈道:"时间结构只是允许一切事情在其间发生。"③而坎宁汉亦认为,在此时间结构中,音乐与舞蹈"这两种艺术可以在相同的时间内共存,双方都以自己的方式存在,一者作用于视觉和动觉,另一者作用于听觉"④。"以自己的方式存在"瓦解了

---

① John Cage, *Silence*, Middletown: Wesleyan University Press, 1961, p.88.
② 坎宁汉与凯奇亦曾受到庄子思想的影响。在《沉默》一书中,凯奇引用了《庄子·外篇·在宥》中鸿蒙与云将的故事,表明其对庄子思想的接受。约翰·凯奇:《沉默》,李静滢译,漓江出版社2013年版,第73—75页。
③ John Cage, *Silence*, p.159.
④ Jacqueline Lesschaeve, Merce Cunningham, *The Dancer and The Dance: Merce Cunningham in Conversation with Jacqueline Lesschaeve*, London and New York: Marion Boyars Publishers, 1991, p.141.

来自声音、动作之外的"他者"干扰,流露出其对禅宗"本自具足"之后"不二"理念的谙熟。

其三,坎宁汉让动作"本自具足"。基于对传统合作理念的解构,音乐、舞蹈、背景等元素在坎宁汉的作品中实现了彼此间的独立,动作也因此获得了自身在场的机会。所谓动作自身的在场,首先意味着动作与他者赋予的情感、思想等保持距离,从而实现动作的自我指涉。例如在舞蹈《怎样过场、踢腿、倒地和奔跑》(*How to Pass, Kick, Fall and Run*, 1965)中,坎宁汉舍去了音乐伴奏,仅邀请凯奇按照特定的时间计划朗读《沉默》(*Silence*, 1961)中的故事片段,从而切断了音乐与舞蹈间的内在联系。这一做法实际上是坎宁汉对禅宗"本自具足"思想的理解与强调。按照禅的理念,动作本身就是一个完整的意义体,一旦指向"他者"便是有所"分别",会使自身陷入二元的关系之中。《怎样过场、踢腿、倒地和奔跑》通过借助非常规、无节奏的伴奏形式,使外来的意义给予从动作中分离,从而使作品意义的生成指向动作本身,并以身体自身出场的方式构成了对动作"本来面目"的发现,实现了动作由"他者"向"自我"的"不二"转化。

## 二、"先锋"中的"平常心"

"平常心"一语出自洪州禅师马祖道一对禅道的理解。他在教导弟子时说:"道不用修,但莫污染。何为污染?但有生死心,造作趣向,皆是污染。若欲直会其道,平常心是道。谓平常心无造作,无是非,无取舍,无断常,无凡无圣。经云:非凡夫行,非贤圣行,是菩萨行。只如今行住坐卧,应机接物,尽是道。"[①]马祖这里所说的"平常心"并非一般意义上的普通、平凡,而是舍去对世间诸事的"分别"之心,如庄子之"胜物而不伤"[②]那般,不会因世间尘染而心生挂碍。因此,"平常心"蕴藏着修习者内心的澄明之境。坎宁汉与凯奇深得此心,并依此进行艺术的鉴赏和创作。

首先,坎宁汉先锋艺术中的"平常心"体现在他接纳合作者的意

---

[①] 马祖道一:《马祖语录》,邢东风辑校,中州古籍出版社2008年版,第93页。
[②] 陈鼓应:《庄子今注今译》,中华书局1983年版,第248页。

图。在坎宁汉看来,一旦决定与某位艺术家合作,那么该艺术家的想法无论看上去是多么不切实际,只要不妨害演出的进行,不伤害舞者的健康,就都是可以接受的。坎宁汉曾在一篇没有公开发表的文章中谈到自己关于合作的看法:"在我的作品中,我希望保持这种特性,以我能够想到的尽可能多的方式将其放大,与此同时,允许其他形式的能量(视觉和声音)与之并存,它们之间既非彼此竞争,也不是为了增强谁的效果,而是作为伙伴分享我所认为的一系列冒险。"[1]按照这一理念,坎宁汉作品中声音和舞台美术作为"伙伴"与舞蹈并存,合作本身不需要也不应该出现一个"统治者",合作者之间的想法理应得到彼此的尊重。传统"主—次"对话式的合作关系在坎宁汉看来是一种虚妄,因为现实是无差别的(undifferentiated),人们为了强调或突出所谓的"中心""主体"便削弱他者的意义,这种做法与现实本身背道而驰。这正如凯奇受到禅宗影响后"无我之我"的"意图空却"。[2]

这种观念体现在坎宁汉与劳申伯格(Robert Rauschenberg)的合作中。1958年,坎宁汉在创作《怪诞运动会》(*Antic Meet*)时,与舞团在康涅狄格舞蹈学校(Connecticut College School of the Dance)驻团授课演出,当时负责这部作品服装设计的劳申伯格人在纽约。因此,坎宁汉致信劳申伯格,"试图让他明白我在做什么,虽然情况在不断地发生改变……但也不是告诉他必须要怎么做"[3]。在劳申伯格完成创作后,坎宁汉与贾斯培·琼斯(Jasper Johns)一同前往纽约观看劳申伯格为作品设计的一系列降落伞似的服装(parachute dress)。据坎宁汉回忆:"那时,劳申伯格问我,如果你在舞蹈中有一把椅子,我是否可以添一扇门?我说,当然。他问我是否需要一件毛皮大衣,当时劳申伯格在外面购物时看到了这件毛皮大衣。我说,哦,必须可以,我会想办法使用它。一切都那么不可思议。"[4]随后,劳申伯格又拿出了黑色墨镜、魔术师用的纸花等一系列出人意料的东西,并问坎宁汉是否可以使用,坎宁汉的回答依旧是:必须的。在合作中,坎宁汉只是向劳申

---

[1] Merce Cunningham, "Collaborating with Visual Artists", accessed July 15, 2023, https://www.mercecunningham.org/the-work/writings/collaborating-with-visual-artists.
[2] 刘桂荣:《东方哲思与约翰·凯奇的艺术哲学》,《外国美学》2017年第1期。
[3] David Vaughan, *Merce Cunningham: Fifty Years*, ed. by Melissa Harris, p.106.
[4] Ibid., p.106.

伯格表达想法,从来无意干涉劳申伯格的设计工作,即将决定权交给劳申伯格,任由其根据自己的理解和想法进行创作。因此,坎宁汉将团体的创作权归于每一位合作者的"自我",割断了合作者之间的相互牵扯和羁绊,从而使整个艺术作品的创作及其呈现"无心而自在",此亦是禅宗所强调的"平常心"。

禅宗美学之"平常心"消解了是非判断,体现为一种平怀。这种平怀是"去有无""泯能所""弃判断"的"任圆成"之"水流花开之境"。[1] 大珠慧海禅师的公案可谓是对"平常心"的极好诠释。

> 源律师问:"和尚修道,还用功否?"
> 师曰:"用功。"
> 问:"如何用功?"
> 师曰:"饥来吃饭,困来即眠。"
> 问:"一切人都如是,同师用功否?"
> 师曰:"不同。"
> 问:"何故不同?"
> 师曰:"他吃饭时不肯吃饭,百种须索;睡时不肯睡,千般计较。所以不同也。"
> 律师杜口。[2]

因此,禅宗之"平常心"即一种无分别、无计较之心,以"无心"观照世界、面对他人,荡涤种种"映射""偏好",让世界自在兴现。正所谓任心自运、处处莲花,凯奇和坎宁汉在创作中的这种"无意图"探究不仅给作者以新的生命,更使作品超越文化时空之障壁,面向人之自身。

其次,"平常心"也体现在坎宁汉对艺术"边界"的拓展上。在禅的理念中,"心"[3]之分别造就了人类的认知活动,而艺术与生活之间的种种差别亦是此"心"之造作的产物。坎宁汉深谙此理,将生活与艺术间

---

[1] 参见朱良志:《中国美学十五讲》,北京大学出版社2006年版,第31—51页。
[2] 普济:《五灯会元》,苏渊雷点校,中华书局1984年版,第157页。
[3] 日本学者铃木大拙认为,大多佛教典籍赋予"心"双重语义:其一,一般意义上的心,即人的意识;其二,某种宇宙之心,全灵、浩瀚纷纭的宇宙所发出的最高原理。佛教徒理解阐述的"心"属于后者,与佛性是相同意思。"心"与"性"可以互换。参见铃木大拙:《禅生活》,刘建译,海南出版社2014年版,第150页。

的界限视为人心营造之结果。他曾说道:"我们的注意力通常是经过高度选择和编辑过的。但试着以另一种方式看待事物和整个世界的外观,整个客观世界实际上就好像被电流电了一下。"①他所谓的"高度选择和编辑过的"正体现了佛禅所谓的"分别"之心,而"以另一种方式看待事物和整个世界的外观"恰恰体现了他对"分别"的超越。1978年,坎宁汉在与视像艺术家白南准(Nam June Paik)合作的《白南准的默斯的默斯》(Merce by Merce by Paik, 1978)中,一反传统舞蹈的界定,将婴儿的爬行、移动的汽车、中国功夫电影中的武打场景等视为舞蹈活动,这不仅颠覆了对"什么是舞蹈"的理解与回答,还延展了"舞蹈"的美学疆域,填平了横亘在生活与艺术之间的鸿沟,从而实现了生活即艺术、艺术即生活的观念变革。同时,坎宁汉在创作中使用的"偶发程序"(Chance Procedure)所体现出的偶发特性,以及"事件"(Events)所呈现的生活与艺术之间的融合现象,均体现着禅家所强调的"无分别"的"平常心",瓦解着人们自我设定的种种知性限制。

在具体作品中,坎宁汉与约翰·凯奇、白南准以及导演斯坦·范德比克(Stan Van Der Beek)合作的影像作品《变奏五》(Variations V, 1965),将生活中的插花、骑自行车、瑜伽训练等融入其中,从而构成了生活对艺术的介入。而在"事件"艺术中,坎宁汉则将真实的场域与日常生活融入艺术之中,试图打通二者间的壁垒,形成"生活就像剧场,剧场就像生活"②般真实的事件。此种观念和创作可谓"平常心即道"的显现。赵州从谂禅师在教化学人时,以"庭前柏树子"③"吃茶去"④"洗钵盂去"⑤等日常生活中的事物、行为引导弟子获得开悟,而铃木大拙亦强调禅的观念是在生命的生灭流转中把握生命,"我举手,我从桌子那一端拿起一本书,我听见窗外男孩们在玩球,我看到云飘过附近的林子——在这一切当中,我都在习禅,过着禅的生活"⑥。可见,禅并非指向某种神秘主义的存在,而恰恰就存在于人们的日常生活之中。

① David Vaughan, *Merce Cunningham: Fifty Years*, ed. by Melissa Harris, p.87.
② Jacqueline Lesschaeve, Merce Cunningham, *The Dancer and The Dance: Merce Cunningham in Conversation with Jacqueline Lesschaeve*, p.176.
③ 普济:《五灯会元》,苏渊雷点校,第202页。
④ 同上,第204页。
⑤ 同上,第203页。
⑥ 铃木大拙:《铃木大拙禅学入门》,林宏涛译,第66页。

因此,在这个角度上,坎宁汉在影像作品和"事件"中所展现出来的生活面向,与禅在日常生活中洞悉佛性"本自具足"的理念具有相似性,旨在平凡的日常生活中发见生命与世界的"本来面目"。

"平常心"在艺术"边界"问题中所显露出的另一面向是坎宁汉在创作中所使用的"时间结构"。如前所述,坎宁汉与凯奇将合作的基础由"音乐结构"转向了"时间结构"。时间结构是对生活中真实时间(actual time)的强调。因此,时间结构本身即弃绝人心之营造、让世界自在兴现的一种体现,对应着禅宗所谓的"自在圆成",同时,它也是禅宗"平常"之心的显化。然而,时间结构所展现出来的意涵还不止于此。时间与空间本就是同一问题的不同面向,只有当时间不是时间本身的时候,时间才是时间,同理,只有当空间不是空间本身的时候,空间才是空间。立基于此,时间与空间的相互依存构成了世界得以存在的前提。坎宁汉借助时间结构,对身体的空间问题进行了时间化的处理,一改传统舞蹈创作对虚拟时空的艺术建构,借助真实的时间完成了对舞蹈与生活的融合。在他看来,"时间不再需要用韵律来衡量,却可以用分、秒来计算。音乐与舞蹈的基础是时间……舞者参与到音乐之中,不是以节拍而是以真实的时间来衡量"[①]。如果说"节拍"生成的是舞台的虚拟空间,那么"真实的时间"所对应的则是生活的现实空间。在这个角度上,坎宁汉在舞蹈中所使用的"时间结构",其意义就不仅仅局限在作品创作这单一向度上,而是上升到了艺术与生活的关系问题上,消解了艺术与生活间的差异。这既展露出坎宁汉的艺术先锋性,又折射出其对禅之"平常心"的深刻体悟。

在这里,我们如果进一步审视坎宁汉所使用的"时间结构",就可以看到其显露出的禅意与现代西方美学中的"荒诞"所展露出的"自由"具有相似的面向。在阿尔贝·加缪看来,歌德的一句"我的能力范围就是时间"道破了荒诞的本质。在荒诞人面前,"虽然确信他的自由已到尽头,他的反抗没有前途,他的意识可能消亡,但他在自己生命的时间内继续冒险。这就是他的能力范围,就是他的行动,他审视自己的行动,而排除一切评判。对他而言,一种更加伟大的生活不能意味

---

① Jacqueline Lesschaeve, Merce Cunningham, *The Dancer and The Dance: Merce Cunningham in Conversation with Jacqueline Lesschaeve*, pp.140 - 141.

着另一种生活。否则就会不诚实了"①。正如希腊神话中的西西弗一样,人类在实践中所做的一切是"热恋此岸乡土必须付出的代价"②,在此永久无望又无用的生活中,"他知道他是自己岁月的主人"③。他的努力在空间上没有顶,在时间上没有底,久而久之,目的虽然达到了,但眼睁睁望着石头在瞬间滚到山下,又得重新推上山巅。于是他再次下到平原。④ 荒诞,便如西西弗所做的那样,是人在此时间长河中的不断反复,"时间养活时间,生活服务生活"⑤,"把行为的等值回归成行为的结果"⑥。然而,在这种"疯狂"的行为中,"世人终将找到荒诞的醇酒和冷漠的面包来滋养自身的伟大"⑦。而这,恰恰是荒诞所给予人类的自由。

坎宁汉在艺术中使用的时间结构所显露的人生意义恰如加缪对荒诞的阐释。时间就在那里,时间就在每一个当下的瞬间,无所从来,亦无所去,它正伴随着我们每一个人的生命向着远方流淌。时间看似给予了我们在这个世界上一切活动的自由,但在生命终极的那个点上,它却又突然将人类所做的一切消灭殆尽。在这个意义上,人在时间面前所做的一切,都是荒诞的,好似西西弗穷其一生所做的那样,最终都会因生命的消散而回到最初的原点。但这就是时间,这就是生命,这就是人类活着的意义。时间结构所呈现的就是时间/世界本身的无意义,而这又恰恰是每一个生命在此世界中无法逃避的现实。因而,在加缪看来,人们在接受荒诞的同时,便"使荒诞带来的巨大希望涌现出来"⑧,荒诞自由也因此而生。

时间结构对时间"真实性"的强调,透露出如加缪般对荒诞的感悟,这让我们再一次嗅到了其与禅宗思想的相似性。在加缪看来,接受荒诞的那一刻便是获得自由的开始,这恰恰就是禅宗所谓的"平常心",是对"饥来吃饭,困来即眠"的日常生活的强调,和对在平凡中发现世界真谛的重视。然而,荒诞人与禅师眼中的世界与世人如同朝露

---

① 阿尔贝·加缪:《西西弗神话》,沈志明译,上海译文出版社 2013 年版,第 69 页。
② 同上,第 128 页。
③ 同上,第 131 页。
④ 参见阿尔贝·加缪:《西西弗神话》,沈志明译,第 129 页。
⑤ 阿尔贝·加缪:《西西弗神话》,沈志明译,第 70 页。
⑥ 同上。
⑦ 同上,第 53 页。
⑧ 同上,第 35 页。

般生来死去之地绝非异处,他们同样踏足在此尘世之中,只不过在荒诞人与禅师看来,由于"理会了其中的妙谛而使其富有非凡之意"①。此"非凡之意",是发现世界和生命的本来面目;是洞见《金刚经》中的"一切有为法,如梦幻泡影,如露亦如电,应作如是观"②;是西西弗在徒劳中流露出对自身命运的肯定。"非凡之意"是加缪口中荒诞人的"自由",也是禅师探得的"佛性"本身。

因此,禅宗之"平常心"对于坎宁汉而言,其意义并不囿于"艺术"向度,而是还体现出坎宁汉对世界与生命的理解与思考。在此背景下,艺术中的主体问题同样是禅宗影响坎宁汉的重要向度。

## 三、表演者"自我"的创构

坎宁汉先锋艺术中的禅思也体现在表演者层面。在此基础上生成的艺术观念颠覆了传统的表演理论,如斯坦尼斯拉夫斯基强调的"体验角色",布莱希特强调的"间离效果"等。斯坦尼的表演理论对俄国及美国舞蹈艺术的发展产生了深远的影响。在20世纪20年代,苏联舞蹈界便借助斯坦尼的表演理论兴起了"戏剧芭蕾"(хореодрама)的创作热潮。莫斯科艺术剧院(Moscow Art Theater)的亚历山大·柯里安斯基(Alexander Koriansky)移民美国后,将斯坦尼的体系带入美国,并与波列斯拉夫斯基(Boleslavsky)一道,于1923年在纽约普莱森特维尔(Pleasantville)共同创办了美国第一家斯坦尼斯拉夫斯基工作坊,对美国表演艺术的发展产生了一定的影响。坎宁汉在康沃尔学校(Cornish School)时便接受过柯里安斯基教授的斯坦尼表演理论。

在斯坦尼看来,演员在表演时应该"把自己放在虚构情境的中心……处在想象生活的深处,处在想象事物的世界里,开始以自己的名义,诚心诚意、勤勤恳恳地动作起来"③。在角色的世界中,演员"不是在表演,而是真实的人的生活。你是真实地生活在你自己所想象的

---

① 铃木大拙:《禅生活》,刘建译,第37页。
② 《金刚经·心经》,陈秋平译注,中华书局2010年版,第112页。
③ 康·斯坦尼斯拉夫斯基:《斯坦尼斯拉夫斯基体系精华》,玛·阿·弗烈齐阿诺娃编,郑雪来等译,中国电影出版社2008年版,第147页。

家庭里……这意味着:我存在着,我生活着,我和角色同样地在感觉和思想"①。斯坦尼要求将作为人的演员与作为角色的人物合为一体,从而达到演员即角色,角色即演员的状态。这种角色与演员的融合可以说是叙事性作品中常见的创作手法。当然,以斯坦尼体系的表演原则塑造角色,同样还是离不开演员自身的生活体验,但从根本上来讲,斯坦尼所强调的内容最终是落实到角色上的。坎宁汉在这一点上与斯坦尼的理念完全相反。

  深受禅宗思想影响的坎宁汉认为,传统表演理论遮蔽了人本身,让人离开自己的生活去过他人的生活,用角色的特性覆盖了人的真实本性。而在坎宁汉的先锋艺术中,表演者首先是一个"人",而非作品中的人物、角色。在坎宁汉看来,表演者个人的气质、性格等对于作品的生成而言具有重要意义,他希望演员"活"在自身而非角色之中。坎宁汉的艺术体现了与传统舞台艺术截然不同的面向,他强调的是作为表演者的"人"本身,而非对自身之外的"他者"的模仿,是"自我"在舞台上的绽放,而非"他者"生命的现身。坎宁汉曾这样说:"我想看到的是在不同人身上动作的外形是怎样的。你必须在舞者的身上看到它。在芭蕾中,有一些你必须模仿或努力实现的典范。我刚开始学习现代舞的时候也是如此。在那里有一种每个人都应该看起来像某个人,或者成为那个应该像的人的想法。"②坎宁汉对"他者"的泯除和对"自我"的唤出,将传统表演中"演员—角色"的关系转变为了"演员—演员本身"的关系。

  "角色"是表演者的"他者",表演者与表演者,以及表演者和编导者,也是彼此的"他者",独舞者占中心地位的作品机制更是集中和放大了"他者",显示出传统表演艺术中表演者的身份等级。与此不同,坎宁汉"允许不同的思想和不同的舞者进入作品之中"③,认为人人都是"自我"心性的产物,舞蹈艺术中并不存在独舞演员与伴舞演员间的分别。他使每个人都成为舞台上的"中心",没有谁对谁的依附,形成了一种类似于"星座"的并置关系。舞者就是舞者自身,是独立的个

---

 ① 康·斯坦尼斯拉夫斯基:《斯坦尼斯拉夫斯基体系精华》,玛·阿·弗烈齐阿诺娃编,郑雪来等译,第147页。
 ② Jacqueline Lesschaeve, Merce Cunningham, *The Dancer and The Dance: Merce Cunningham in Conversation with Jacqueline Lesschaeve*, p.65.
 ③ Ibid., p.153.

体,是独立的"人"。舞者不是实现编导意图的工具,舞者之间的合作也不是将自身交付给处于"中心"地位的人。每位舞者都与其他舞者、编导者共同体验着每一个舞动的瞬间,感受着每一个当下带来的生命的欢愉。

坎宁汉对"自我"的召唤和唤醒还在于其对传统舞台空间"中心"的解构。自文艺复兴以来,西方舞台艺术便以舞台(proscenium stage)中的"灭点"(vanishing point)作为展现作品中主要人物的中心位置,形成了以"中心—边缘"为主的人物等差关系。然而,在坎宁汉看来,世界本没有所谓的"中心",每个舞者都是独舞者,在作品中都具有同等的重要性。为此,坎宁汉在构图上有时会有意识地避开舞台的中心位置,如在《夏日空间》(Summerspace,1958)中,服装、背景由劳申伯格采用乔治·修拉(Georges Seurat)的点描法设计而成,形成了一种朦胧而氤氲的舞台氛围,灯光系统"一点也不像是舞台灯光,而是'总的'(overall)灯光,但它在不断变化,并没有指向舞蹈,就像阳光在变化一样,就像坐在这里,而光在变"[①],灯光配合着坎宁汉舞蹈编排的调度、舞姿等,构成了对观者视觉"中心"的解构,从而"让每个人都成为独舞者"[②]。

坎宁汉的这种艺术创作具有独有的艺术效果,体现出相较于现代艺术的先锋性:一是表演者艺术地位和身份的创构。在坎宁汉的作品中,表演者不但自身特性得到了挖掘与强化,而且也不再单纯作为艺术元素而存在,而是"活"出了"自我"。"自我"在自身的沉浸、体验、行动之中存在与生成。此时,表演者的表演在亦非在,表演者是"我"亦非"我"。在这个意义上,坎宁汉作品中的身体不再隐匿作者的身份,而是将自身"见出",超越舞台空间之中心的限制,以一种动态的、开放的、真实的身体绽出"自我"。这是坎宁汉对传统剧场艺术中"自我"被遮蔽的现象的颠覆。这种"先锋"可链接到西方现象学、存在主义哲学对本真的开启与澄明,但考究当时的语境,东方禅思之"惊醒"更朗彻心性。

二是变革了艺术作品的性状和结构性存在。表演者是在作品进

---

① Jacqueline Lesschaeve, Merce Cunningham, *The Dancer and The Dance: Merce Cunningham in Conversation with Jacqueline Lesschaeve*, p.97.

② Ibid., p.154.

行中存在的,其身体舞动或行动的即时性、随机性体现为自然生成性,因而整个作品也会随之变化生成,这样一来,作品就具有了动态随机性、生成性、敞开性,作品意义的生成也因此多元和无限持续。这直接影响了当时的艺术探索,推动了先锋浪潮的前行。1960 年,生活剧院(Living Theatre)上演了以"无目的戏剧"(non-objective theatre)为创作理念的"偶发剧"(the theatre of chance),包括杰克逊·马克·洛的《归妹》(*The Marrying Maiden*)和庞德根据索福克勒斯作品改编的《特拉基斯妇女》(*The Women of Trachis*)①。其中,马克·洛将凯奇与坎宁汉所使用的"偶发程序"直接挪用至戏剧的创作中,令作品在诞生的同时也具有自然生成性,从而令意义的生产也具有了无限可能。

三是主体和意图的让渡和再生。基于上述表演者的艺术存在和艺术建构,表演者可谓是无主体的主体、无意图的意图,作为作者的坎宁汉同时显现出并进一步生成为无主体的主体,也就是说,作者通过"让渡意图"或自己的"意图归零"而成就主体自身。这种观念的探索在当时的先锋艺术家之中成为"显学",在凯奇的先锋音乐和行动绘画中,在劳申伯格、莱因哈特(Ad Reinhardt)、白南准的艺术实验中,以及在先锋戏剧等诸多领域中,均有所体现。

穷究坎宁汉的这种先锋观念,他对于东方的哲思特别是禅宗思想的融会是显而易见的,他的艺术是通过禅思向"人"和世界发问,意在剥离"外在"的束缚,表达"人""物"本身最为本己的所在,即呈现世界之"本来面目"。因此,坎宁汉的艺术创作就是让舞者(即表演者)"识得"并"呈现"自家之"家风",舞者之舞即自我生命之"本来面目"的"见在"。坎宁汉曾在晚年的一次对话中谈及他的这种观念:

> 舞者一直并将持续是我作品的生命……我希望他们能够一致同意,尽管我们对作品并不熟悉,但我们一直在努力保持一种标准,对我来说,这种标准就是钢索的平衡。一方面,要有清晰、有力、精湛的动作以及对身体的要求,就像灵活的钢铁。另一方面是放弃(abandon),如果我可以用这个词,这让你成为一个人,

---

① Arnold Aroson, *American Avant-garde Theatre: A History*, London and New York: Routledge, 2000, p.62.

这是一部精彩的表演公案(koan)。①

从坎宁汉以"公案"②来形容自己的作品来看,首先,禅对于坎宁汉而言早已融至其生命之中,成为他生活与艺术中不可或缺的重要部分;其次,"钢索的平衡"体现出他对禅之"不二"思想的深刻洞见,即超越了有无、来去等二元对立关系的一种新的状态,这超出了人的知性范畴,亦是禅宗公案以种种非逻辑性的言说力求实现的终极目标:抛开语词,回到事实本身,以"直心""单纯且绝对地反映一切现前的东西"③。因此,坎宁汉的先锋创作就是回到世界之中,回归自我之"本来面目";最后,也是最能够体现坎宁汉对禅之领悟程度的,是他在谈及关于"无"的"放弃"时所特意补充的那句话——"如果我可以用这个词"(If I may use the word),这看似无关紧要,却反映出他对禅宗"空"(sunyata)的理解,犹如唐代青原惟信的参禅体悟:

> 吉州青原惟信禅师,上堂:"老僧三十年前未参禅时,见山是山,见水是水。及至后来,亲见知识,有个入处。见山不是山,见水不是水。而今得个休歇处,依前见山只是山,见水只是水。大众,这三般见解,是同是别?有人缁素得出,许汝亲见老僧。④

"如果我可以用这个词"一语在不经意间道出,流露出坎宁汉对此禅宗奥义的理解。他并没有因"放弃"而偏堕至"见山不是山,见水不是水"之"无",而是达到了"见山只是山,见水只是水"的无分别之境。坎宁汉透过对禅的体悟,不仅实践着其艺术上的构想,还发挥着如禅宗公案般对主体生命的涵养,依此使主体在纷繁迷乱的世界中拨开"符号"身份,找寻并唤出自我之本性。表演者亦可因之而徜徉于"自我"的生命之海,实现与世界本源的同一。坎宁汉的作品也因禅宗之

---

① David Vaughan, *Merce Cunningham: Fifty Years*, ed. by Melissa Harris, p.285.
② "公案"乃禅宗在教化学人时的一种手段,原指官府的判例、公府的案牍,在唐代以后开始流行。现指古德的逸闻,或是师父和弟子们的对话,或是师父上堂开示或提问,其目的是接引学人明心见性,洞见"自我"的真如本性。参见铃木大拙:《铃木大拙禅学入门》,林宏涛译,第102页。
③ 铃木大拙:《铃木大拙禅学入门》,林宏涛译,第45页。
④ 普济:《五灯会元》,苏渊雷点校,第1135页。

影响而得到了升华：作品不再是作品本身，而是如禅之"指月之指"，实践着对自我生命的探寻。

坎宁汉先锋艺术中对于"自我"精神的呈露，显示出其对跨越东西方文化的自觉意识。他曾在与莱斯查夫（Jacqueline Lesschaeve）讨论东西方思想间的差异时，论及表演者问题。在他看来，西方传统的因果律主要与"自我（ego）被推向某个地方，或推动本身（pushing itself）的想法有关。如果你能从自身（yourself）中跳脱出来，哪怕只有一次……不过这对于舞者而言是很难做到的，因为他们太过于关注自己了。但他们必须要这样做"①。坎宁汉所谓的"他们太过于关注自己了"，批评的是主体对世界、对"我"的一种执著，而"如果你能从自身中跳脱出来"，则是希望舞者能够摆脱传统的惯性思维以及对过去、自我的执著。而他在创作中使用的"偶发程序"也是希望舞者能够摆脱自己身上的"符号"外衣，如同禅宗之斩断葛藤露布，从而呈露本真之我。在这个意义上，坎宁汉的艺术就如同东方的"禅师"为"弟子"摆脱烦恼而发明本心、识得自性的自度度他，具有一种"觉醒"的力量。如果说其艺术是"一部精彩的表演公案"的话，那么，此"公案"之于坎宁汉、表演者和艺术作品都具有一种再生的意义。东方的禅宗助推了西方艺术在这一时期的再生，以跨文化的视角来看，东方的禅宗在当下仍然具有再生和生生的作用。

## 结语

默斯·坎宁汉作为20世纪美国先锋艺术界的领军人物，其艺术实践因东方禅思的介入而在美国现代艺术转型期显现出"惊醒"之力，影响了五六十年代诸多领域的艺术变革。其中，偶发艺术（Happenings Art）、"事件"、表演艺术（Performance Art）的诞生，均与坎宁汉所接纳的禅思之间存在着某种内在联系。在此背景下，坎宁汉与同时期的诸多艺术家一道共同引发了一场关于"什么是艺术"的思想革命，成为现代艺术走向后现代艺术的重要推手。立基于此，站在跨文化语境下讨

---

① Jacqueline Lesschaeve, Merce Cunningham, *The Dancer and The Dance: Merce Cunningham in Conversation with Jacqueline Lesschaeve*, p.165.

论坎宁汉先锋艺术中的禅思想,不仅是对美国学者亚历山大·门罗(Alexandra Munroe)所谓的"第三种思想"(The Third Mind)的一种具身性探索,亦是在当代全球化的视野下对20世纪所发生的"文化旅行"现象的一次反思与重溯。这一研究对于深入挖掘东方禅宗文化在英语世界中的传播、接纳、转译、挪用与误读等现象具有重要价值。同时,反观20世纪以来中国对西方文化的效仿,坎宁汉的成功值得我们进一步思索中国传统文化之于中国式审美现代性的当代意义。

**【本文系河北省研究生创新资助项目"默斯·坎宁汉艺术思想研究"(CXZZBS2023015)的阶段性成果】**

(作者单位:河北大学艺术学院、中国艺术研究院艺术学研究所)

学术编辑:朱俐俐

## 美学与艺术关键词

# 剧场性

张晓剑

剧场性(theatricality)可能是当代剧场艺术研究、表演艺术研究中最受瞩目的关键词之一,而且在更广阔的艺术史、社会学等领域中也广受讨论。一般而言,剧场性本身是 19 世纪后期以降现代主义媒介意识不断强化的产物,首先用以指剧场艺术(theatre)区别于其他艺术而独有的性质,即用来形容剧场之为媒介的特性;20 世纪中后期随着新先锋艺术的发展,剧场性超出剧场艺术被广泛用于描述包括行为艺术、偶发艺术等在内的艺术现象,尤其是其现场性、身体性方面的特点。从较广的意义上说,剧场性指"附属于剧场的任何东西(从道具到剧本)"①,依此而言,我们可以认为古希腊至今的剧场艺术都具有剧场性,只是不同历史阶段拥有不同的表现形式。当代有些研究者把剧场性的意义推到更广的范围,认为日常生活中,尤其各种表演、典礼、仪式等也都有剧场性的一面,甚至"剧场的本质就是观看",人们只要采取一种"观剧"的态度,则日常生活中的一切都可视为"剧场"。②

正如研究者指出,不同时代、不同研究者对其有不同的使用,有些甚至相互矛盾,因而对"剧场性"做出定义是困难的甚至是不可能的。③本文将从剧场性的中文译名开始,回溯词源及词义演变,尤其提醒西

---

① Caroline van Eck and Stijn Bussels, "The Visual Arts and the Theatre in Early Modern Europe", in Caroline van Eck and Stijn Bussels eds., *Theatricality in Early Modern Art and Architecture*, Oxford: Wiley-Blackwell, 2011, p.12.

② 参见李亦男:《当代西方剧场艺术》,广西师范大学出版社 2017 年版,第 2 页。

③ Thomas Postlewait and Tracy C. Davis, "Theatricality: an introduction", in Thomas Postlewait and Tracy C. Davis eds., *Theatricality*, Cambridge: Cambridge University Press, 2003, pp.1-2. 中译文参见托马斯·波斯特威特、特蕾西·C. 戴维斯:《"Theatricality"的历史维度和当代用法》,吴冠达、王慧敏译,《戏剧艺术》(上海戏剧学院学报)2022 年第 2 期。该译文略有删节,本文写作中对其有所参考。

方思想史中长久存在的反剧场的倾向。接着从狭义和广义两个角度探讨对剧场性的使用：以媒介特殊性话语为背景，分析剧场性问题如何在剧场艺术领域成为一个正面议题不断凸显；以跨学科研究为视域，同时结合新先锋派各种跨界实践，讨论剧场性问题如何被进一步扩展到更广阔的文化领域乃至生活实践领域。

## 一、词源与译名

如何翻译 theatricality，国内学术界多有争论。[1] 有一种常见译法为"戏剧性"，应该说这种译法在一些语境中是说得通的，容易为国内读者所理解。但如果考虑西方 20 世纪下半叶以来戏剧理论乃至艺术批评，尤其是面对"后戏剧剧场"等现象，同时也为避免与文学意义上的 dramatic 或者 dramatism（戏剧性）相混淆，我们认为，在大多数情况下将 theatricality 译为"剧场性"更合适。这首先因为西方现代艺术语境中的 theatre 与 drama 存在区分，而且强化这种区分几乎成为 20 世纪西方剧场艺术发展的重要动力。

从词源上说，theatre 源自古希腊语 θέατρον，该词词根 θέα 表示"观看"之意，因此最初意义上的 θέατρον 是指"观看之所"（place for viewing），也就是我们通常所说的剧场。后来的 theatre 具有两个基本意思：或表示观看表演的空间（剧场），或表示这类空间内演出的艺术形式（可泛称为剧场艺术）。传统上，人们通常将第二个义项直接理解为"戏剧"（drama）。在西方的日常语言中，theatre 作为一种艺术形式往往也确实等同于 drama。但我们今天已经看到，可泛称为 theatre（"剧场"或"剧场艺术"）的远不止"戏剧"，还有诸如"舞蹈剧场"（dance theatre）、"后戏剧剧场"（post-drama theatre）、"环境剧场"（environmental theatre）等，因此将第二个义项限定于"戏剧"（drama）是明显的窄化，已不适合实际。而 drama 的拉丁语词根是 dráō，原意为"做"。在亚里士多德戏剧理论的持久影响下，戏剧的核心被认为是行动或情节（action），而戏剧在剧场里的上演，则是通过模仿式表演进

---

[1] 关于国内对剧场性及译名的相关讨论，石可有过一个简述，参见石可：《论剧场性》，《文艺研究》2022 年第 3 期，第 139—140 页、149 页注释 4。

行话语和行动的再现——布莱希特称这种欧洲传统剧场艺术为"戏剧剧场"。① 据此传统,叙述情节的剧本是剧场艺术的基础与核心,而舞台表演往往只被视为一种必要的附属。② 不过从19世纪后期到20世纪上半叶,不少剧场艺术家和理论家开始在drama和theatre之间强化有别于日常含混用法的区分:drama首先是一种"舞台文学形式"③;而theatre更侧重的是演出这一端,包括舞台设计、场面调度、表演等(剧本在传统上曾是其要素之一,在现代则未必)。④

由于"戏剧"(drama)在性质上倚重于行动和情节,由此而衍生的"戏剧性"一般来说首先用来形容事件的情节性。当我们日常中说"这事非常富有戏剧性"时,通常指事情发生过程中有曲折与突转,表达其剧烈变化的、出人意料的、引人注意的特点,也就是说"戏剧性"相对而言侧重于叙事的维度。而"剧场性",在语义上更倾向于舞台呈现的方面,更强调剧场现场表演的性质或特点,凸显表演所依凭的剧场空间、演员身体、舞台设计、声音灯光等"物质的"维度。⑤ 因此,为了与theatre和drama之间的区分相融贯,本文倾向于将theatricality译为

---

① 参见雷曼:《后戏剧剧场》(修订译本),李亦男译,北京大学出版社2010年版,第9页。

② Patrice Pavis, *Dictionary of The Theatre: Terms, Concepts, and Analysis*, Christine Shantz trans., Toronto and Buffalo: University of Toronto Press, 1998, p.388.

③ 斯丛狄在其《现代戏剧理论》中,就强调要研究的戏剧是指"舞台文学形式"。参见彼得·斯丛狄:《现代戏剧理论(1880—1950)》,王建译,北京大学出版社2009年版,第5页。

④ 因此有学者将theatre译为"戏剧演出"。比如王子野先生根据俄文版翻译卢梭那封著名的信时,就将题目翻译为"关于戏剧演出给达朗贝尔的信"(参见卢梭:《卢梭论戏剧》,王子野译,生活·读书·新知三联书店2007年版)。从我们现今汉语的日常表述来说,作为艺术形式的theatre更接近于我们说的"戏"(如"人生如戏""让我们来看一场大戏"),其中隐含了"演"的意思;而drama更接近于"剧"(如"今天上演什么剧")。不过,戏与剧也有语义上的重合,"剧"在古代也有游戏之义,今天中文里的(广义)戏剧,也包括了舞台呈现的方面。

⑤ 本世纪初,董健先生就极富洞见地区分了文学构成中的戏剧性(dramatism)与舞台呈现中的戏剧性(theatricality),但不同意将theatricality改译为剧场性。关于戏剧性,董先生认为它来源于戏剧的动作性和冲突性,这实际上是从相对外在的行动、情节,还有更为根源性的矛盾冲突两个方面来加以界定;董先生继而指出了戏剧性的三个特征是集中性、紧张性、曲折性,这其实首先是基于戏剧文学的情节的角度来加以概括的。当然,董先生意在由此推进,认为文学构成中的戏剧性是偏向于"精神"的、"灵"的、"内在"的,以人的"思维""语言"(文字)为载体;而舞台呈现中的戏剧性则是偏向"物质"的、"肉"的、"外在"的,以人的"身体""声音"为载体。参见董健:《戏剧性简论》,《戏剧艺术》2003年第3期;董健:《再论戏剧性——兼答张时民博士的质询》,《江海学刊》2008年第5期。近年来,国内戏剧界已经接受"剧场性"的翻译,关于文学性/剧场性之争即为例证。

"剧场性",theatrical 则为"剧场性的"或者"剧场化的"。①

不过需要注意的是,即便在西方,剧场性这个术语也只有很短的历史,一般认为直到 1837 年才首先在英语中有了 theatricality②。在此之前,作为形容词的 theatrical 有更久远的使用,而其意义则关系到西方思想家对剧场艺术的看法。我们知道,自古希腊以来剧场艺术在西方文化中一直具有独特的地位,深刻地影响着西方人对于现实和生命的理解;但是与之相伴随的,是今人难以想象的"反剧场的偏见"(antitheatrical prejudice),或者说"反剧场主义"(antitheatricalism),而且,越是剧场表演成为公共生活中至关重要的力量时,也就越激发出活跃持久的敌意。③ 从古希腊的柏拉图,到中世纪的奥古斯丁,到启蒙时代的卢梭,到 19 世纪"反柏拉图主义"的尼采,都认为剧场表演是"虚假的""造作的"因而斥之为"低贱的"。直到今天,与剧场和戏剧有关的西方词语大多还具有贬义。④

在 18 世纪的英语和法语中,theatrical 或 théâtral 一方面用来表示直接与剧场艺术相关的情境或事物,另一方面也与专属剧场艺术的夸张和矫情有关,跟自然的社会交往相对立。后一种用法根源于"反剧场偏见",往往包含了伦理的含义和政治的含义。夏夫兹博里(Third Earl of Shaftesbury)是英语中较早使用 theatrical 的。在 1711 年出版的《论人、风俗、舆论和时代的特征》中,他谈及"赫拉克勒斯的抉择"(Judgment of Hercules)题材里美德女神的姿势时提出:"不过优秀的画家一定更加接近真实,注意其动作不要显得剧场化

---

① 国内学者讨论"剧场性"译介问题的最新一篇论文,可参见方桂林:《中国话剧的"剧场性"概念辨析——从译介说起》,《戏剧》2023 年第 4 期。该文系统梳理了民国以来关于"剧场性"的翻译与接受,尤其指出"剧场性"概念经历了本土化的理论旅行,认为应该结合中文语境诠释中国话剧的剧场性。

② Thomas Postlewait and Tracy C. Davis, "Theatricality: an introduction", in: Thomas Postlewait and Tracy C. Davis (eds.), *Theatricality*, p.2.

③ Jonas Barish, *The Antitheatrical Prejudice*, Berkeley and Los Angeles: University of California Press, 1981, p.66.

④ 乔纳斯·巴里什指出,英语中从剧场艺术(theater)演变来的词语,如 theatrical、operatic、melodramatic、stagey 等,还有跟表演相关的如 acting, play acting, playing up to, putting on an act, putting on a performance 等,都带有贬义。参见 Jonas Barish, *The Antitheatrical Prejudice*, p.1.

(theatrical)或俗套,而要富于原创、浑然天成。"①这里的"剧场化",是指过于夸张做作而显得不真实,显然带有一种负面的道德意涵。在18世纪法国的戏剧家、批评家狄德罗(Denis Diderot)那里,也往往在贬义的意义上使用 théâtre 和 théâtral。狄德罗在《画论》中说,绘画里那些刻意做出来的对比,不是自然里发生的动作,"而是矫揉造作的、拘泥刻板的、在画布上扮演出来的动作",这时"画的就不是一条街、一个广场、一座神殿,而是一台戏(un théâtre)"。② 狄德罗认为,当时剧场表演中盛行的惯例(比如长台词、演员追求与观众互动)是矫揉造作的,破坏了剧情的连贯、舞台的现实感,他要求剧作家和演员摒弃那些做法,忘记观众,专注演出,以创造自然主义的舞台错觉。艺术史家弗雷德(Michael Fried)认为,狄德罗实际上已经区分使用 théâtre和 drama,前者意味着表演的陈规陋习因而受到鄙视。③

从这样的回溯中可以看到,对历史上的不少思想家和理论家而言,如果说剧场艺术具有自身的性质(剧场性),那它多半跟"人为的""假装的""矫揉造作的"那类特征相关联。重要的转变发生于19世纪后期到20世纪初,那时剧场性不仅开始受到艺术家和研究者的关注,而且被视为剧场艺术应该具备的正面性质受到持续的探索与讨论。

## 二、剧场主义的兴起

剧场性之所以在19世纪后期到20世纪上半叶作为论题凸显,我们认为跟现代主义艺术中盛行的"媒介特定性"(medium-specificity,或译"媒介特殊性")话语有关。研究者认为,19世纪下半叶以来,各艺

---

① Shaftesbury, *Characteristicks of Men, Manners, Opinions, Times*, Vol. 3, Indianapolis: Liberty Fund, Inc., 2001, pp.225-226. 此处译文由笔者译出。当前中译本将 theatrical 译为"过于夸张",参见夏夫兹博里:《论人、风俗、舆论和世代的特征》,董志刚译,上海三联书店2018年版,第563—564页。

② 狄德罗:《狄德罗美学论文选》,张冠尧、桂裕芳等译,人民文学出版社2008年版,第371页。

③ 弗雷德:《剧场性与专注性》,张晓剑译,江苏凤凰美术出版社2018年版,第110页;弗雷德关于 théâtre 和 drama 之间对立关系的说明,参见弗雷德:《导论:我的艺术批评家生涯》,弗雷德:《艺术与物性:论文与评论集》,张晓剑、沈语冰译,江苏凤凰美术出版社2013年版,第60页。

术门类相互分化或分立,每门艺术都追求其"特殊性"以奠定存在之基础,如"文学性"之于文学,"诗性"之于诗歌,"音乐性"之于音乐,"平面性"之于绘画,相应的,剧场艺术则要探索"剧场性"。① 从艺术史的具体情境来说,新媒介的崛起更强化了这种追求。比如绘画,面对摄影术再现现实能力的挑战,走上了不断排斥文学的叙事性、雕塑的三维性而日益趋于抽象的道路。剧场艺术也面临类似困境,当新出现的电影在模仿人物行动方面表现出更卓越的能力,它必须反思:相较于其他媒介形式,剧场艺术的哪些要素才是不容混淆、不可替代的?②

斯丛狄(Peter Szondi)曾在《现代戏剧理论(1880—1950)》中指出,自 1880 年以来戏剧领域中出现了"危机",导致不同的"形式实验"和各种探索。③ 斯丛狄是从文学形式的戏剧(drama)来谈论这场危机的。实际上同时伴随这场危机的,是剧场艺术家和理论家开始怀疑戏剧(drama)与剧场(theatre)两者之间的兼容性。皮兰德娄(Luigi Pirandello)就认为,剧场与戏剧不能合二为一。④ 在原先的观念中,剧场表演只是戏剧文学的附属品,以致人们从文学的角度研究剧场艺术。但到世纪之交,越来越多的人意识到,剧场艺术不等同于文学的戏剧,也不是多门艺术的简单综合,而应该要求一种新的独立方式,探讨其独有的特性就成为理论和实践的方向。

1900 年,马克斯·赫尔曼(Max Herrmann)在柏林大学最早开设了剧场艺术学(Theaterwissenschaft,旧译戏剧学)讲座课程。他在后来发表的论文中强调:"不是文学造就了剧场艺术,而是演出。演出是最重要的。"他认为剧本只是个人的语言艺术创作,而剧场艺术则是观众与演员的创作,因而剧场是"一种社会性的表演","一种所有人为所有人的表演"。因此赫尔曼明确要求脱离文学研究的范畴而确立

---

① 参见德·迪弗:《杜尚之后的康德》,沈语冰、张晓剑、陶铮译,江苏凤凰美术出版社 2014 年版,第 128 页;还可参见泽德迈耶尔:《艺术的分立》,王艳华译,周宪编:《艺术理论基本文献·西方当代卷》,生活·读书·新知三联书店 2014 年版。

② 汉斯-蒂斯·雷曼:《后戏剧剧场》(修订译本),李亦男译,北京大学出版社 2010 年版,第 51 页。

③ 参见彼得·斯丛狄:《现代戏剧理论(1880—1950)》,王建译,北京大学出版社 2009 年版。

④ 汉斯-蒂斯·雷曼:《后戏剧剧场》(修订译本),李亦男译,第 49 页。

剧场艺术的独立性。① 乔治·福克斯（Georg Fuchs）则在《戏剧的革命》(Die Revolution des Theaters, 1909)中倡导剧场艺术的再剧场化（re-theatricalization of theatre），坚持认为剧场艺术是一种特殊的艺术形式，并意在确定清楚的标准以将剧场艺术与其他艺术形式相区分。在福克斯那里，剧场性被解释为（超出戏剧文本的）剧场表演中所用的材料或符号系统的总和，包括了运动、语音、音效、音乐、灯光、色彩等。② 可以说，剧场性在 20 世纪初成为一个理论问题浮现出来。

在这个过程中，剧场实践中一个重要变化是导演地位的上升。体现导演工作的词语 mise en scène（通常译为"场面调度""舞台调度"）出现于 19 世纪初的法国，1835 年后得到较广泛使用。受此影响，德语中相对应的 Inszenierung（最初指"恰当的表现策略"）开始流行；到 19 世纪和 20 世纪之交，表示导演处理的 Inszenierung 被视为一种艺术活动受到重视。③ 英国的现代主义戏剧家克雷（Edward Gordon Craig）在 20 世纪早期就指出戏剧文本和剧场艺术作品两者的不同特性，强调舞台的导演艺术是自成一体、自食其力的。④

对剧场艺术独特性的探索与讨论，导致了所谓"剧场主义"（theatricalism）的兴起，产生了对于剧场空间、舞台设计、演员表演等方面的新认识。我们知道，狄德罗以来的现实主义戏剧观预设：镜框式舞台上所展开的情节发生于另一个现实空间里，观众与其相隔离，只是被动地做出情感反应。"剧场主义"则要求打破这种幻觉，提醒舞台与观众席同处于剧场物理空间内的事实，消除演员与观众的心理隔阂而建立直接又警觉的联系，并预期观众接受直白坦露的舞台

---

① 相关引文转自李亦男：《当代西方剧场艺术》，第 11—13 页；也可参见艾利卡·费舍尔-李希特：《行为表演美学——关于演出的理论》，余匡复译，华东师范大学出版社 2012 年版，第 39 页。

② Erika Fischer-Lichte, "Introduction: theatricality: a key concept in theatre and cultural studies", in: Theatre Research International, Summer 1995, Vol. 20, No. 2, p. 86.

③ 艾利卡·费舍尔-李希特：《行为表演美学——关于演出的理论》，余匡复译，第 260—265 页。

④ Edward Gordon Craig, On The Art of Theatre, Boston: Small Maynard, 1925, p. 144.

技巧和戏剧惯例。① 如果将现实主义-剧场主义视为二元对立,那么可以套用格林伯格(Clement Greenberg)的方式说:现实主义者试图掩盖或克服剧场性,而剧场主义者有意凸显剧场性。有研究者因此指出,在现代主义那里,剧场性这个术语在同现实主义的对立中获得了正面的定义,从而出现了重要反转。1938年,布鲁克斯·阿特金森(Brooks Atkinson)就称赞《丹东之死》(Danton's Death)的导演奥森·威尔斯(Orson Welles):"威尔斯真正的天赋在于他想象力的'剧场性'。"② 此处的剧场性就不再具有传统的贬义,而含有明确的褒扬。

在20世纪上半叶,除了被认为是剧场主义的理论总结者布莱希特(Bertolt Brecht),还有一位在剧场艺术及剧场性方面极富创见的代表安东尼·阿尔托(Antonnin Artaud)。阿尔托倡导"残酷剧场"(theatre of cruelty),强调导演和现场演出的重要性,认为舞台表演不应囿于定式,而是要表达身体的、具体的语言,感染与打动观众,赋予生命以新的意义。他说:"剧场作为一种独立、自主的艺术,要复兴、要生存,就必须清楚表现它与剧本的不同,与纯话语、文学和其他所有书写的、固定的媒介不同。"③ 在他看来,剧本中的悲剧不是剧场,"剧场是一个舞台演出,而且只有通过舞台的具体化,才有生命",并认为,舞台调度才是戏剧表演中真正具有独特的剧场性的部分。④ 因此,在他的残酷剧场宣言中,突出舞台调度、剧场空间、乐器、灯光照明、服装、道具等要素的作用。换言之,他跟世纪初的乔治·福克斯类似,"强调对

---

① 剧场主义的代表,除了前述的克雷,还有美国的罗伯特·埃德蒙·琼斯(Robert Edmond Jones)、诺曼·贝尔·格迪斯(Norman Bel Geddes)等设计师,德国的马克斯·莱因哈特(Max Reinhardt)、利奥波特·耶斯纳(Leopold Jessner),法国的雅克·科波(Jacques Copeau)、路易·乔伟(Louis Jouvet)等导演,布莱希特则被认为是最重要的总结者。对于剧场主义的解释,参见大英百科全书在线词条:https://www.britannica.com/art/theatricalism。关于20世纪新实验戏剧与剧场性的关系的更详细介绍,参见西奥多·W.哈特伦:《剧场性与新戏剧》,吴光耀译,《戏剧艺术》2005年第5期,第32—46页。

② Thomas Postlewait and Tracy C. Davis, "Theatricality: an introduction", in Thomas Postlewait and Tracy C. Davis eds., *Theatricality*, pp. 11 – 12.

③ 安东尼·阿尔托(原译翁托南·阿铎):《剧场及其复象》,刘俐译注,浙江大学出版社2010年版,第125页。

④ 同上,第126—128页。此处"剧场性"系根据英文版予以调整,参见 Antonin Artaud, *The Theatre and Its Double*, Victor Corti trans., Richmond: Alma Classics Ltd, 2013, p. 76.

于物质的剧场要素的形式安排"。①

可以看到,20世纪初以来剧场艺术的实践与研究也汇入了媒介特定性话语的大合流之中。不过,有意思的是,阿尔托有关戏剧功能、舞台呈现、观演关系诸论题的看法,人们公认不仅影响了后来的实验戏剧,也极为深刻地影响了偶发艺术、行为艺术等新先锋艺术。正是20世纪下半叶剧场艺术与其他艺术的相互跨界,乃至对于日常生活实践的渗透,导致剧场性成为一种超出剧场艺术而涵括文化和实践领域的论题得到广泛讨论。

## 三、剧场性的扩展

先锋派理论家德·迪弗(Thierry de Duve)指出一个饶有意味的现象:20世纪各种先锋艺术在把自己的领域还原到某种特殊的、不可还原的"本质"的同时,又表现出一种扩张的冲动,想要吞并世俗的、非艺术的东西。② 更明确地说,先锋派内含了一种悖谬的特征,即在追求某种艺术的独特"本质"的同时,又会把那种"本质"普遍化,表现出跨媒介的冲动。剧场艺术在这方面表现得尤其明显:人们在探究剧场之特性的同时,也渴望从剧场走向其他门类,乃至走向社会和生活。而这样的实践也造成了剧场性内涵的拓展,激发研究者以一种更宽广的概念视野去重新审视剧场艺术史、视觉艺术史乃至文化史中的问题,伯恩斯和弗雷德可视为范例。

艺术中的跨媒介实践在20世纪初的历史先锋派那里已经体现出来,在50年代美国新先锋群体中变得更加明显。有人将美国新先锋派的精神回溯到1933年开办的黑山学院。这个学院自创办之初,就具有强烈的艺术乌托邦色彩,追求民主和平等,追求艺术与生活的融合,杜威的实用主义教育思想被奉为圭臬。③ 来自包豪斯的教员约瑟

---

① Glen McGillivray, *Theatricality: A Critical Genealogy* (PhD diss., The University of Sydney, 2004), p. 93.

② 德·迪弗:《杜尚之后的康德》,沈语冰、张晓剑、陶铮译,第129—130页。

③ 有意思的是,美学界普遍认为,代表杜威美学思想之结晶的《艺术即经验》(参见杜威:《艺术即经验》,高建平译,商务印书馆2005年版)在20世纪上半叶的美学领域没有引起重视,却在黑山学院这个艺术教育的实验场获得了极大的推崇,而黑山学院对50(转下页)

夫·阿尔伯斯(Josef Albers)，还有1948年前来任教的约翰·凯奇(John Cage)等人极大地影响了其办学，造型艺术、音乐、剧场艺术都被结合在一起。凯奇说："剧场是唤起眼睛与耳朵关注的东西。我之所以做这样简单的定义，原因在于，这样，我们就可以将日常生活本身视为剧场艺术。"①人们公认，是凯奇带动了当时美国艺术的各种跨界实践。此外，阿伦·卡普罗(Allan Kaprow)、伊夫·克莱因(Yves Klein)等人的偶发艺术、行为艺术中也都吸收了剧场的特点，以致德·迪弗认为正是偶发艺术和行为艺术才让剧场性获得了超出戏剧传统的普遍化。②

20世纪60年代之后，不同门类的先锋艺术相互影响与融合，剧场艺术的实验性更强，出现了从不同角度命名的"导演剧场""环境剧场""舞蹈剧场"等。德国理论家雷曼(Hans-Thies Lehmann)根据当代剧场艺术与文学剧本的关系，将众多当代实验剧场拢在"后戏剧剧场"的名称之下。可以说，当代实验剧场探索剧场艺术新的潜能，它们对表演性、身体性、现场性的强调，对社会、政治、文化议题的介入，为人们认识剧场性提供了新的维度。③

特别需要指出的是，60年代以来剧场艺术经历了"行为表演式的转向"(performative turn)。④ 正如李希特(Erika Fischer-Lichte)所概括的，行为表演艺术"是逾越界限的艺术"，它要逾越"艺术和非艺术之间""艺术和生活之间"的界限；⑤在表演中，表演者和观者的传统关系被打破，他们都被卷入演出"事件"之中并可能经历身份的转变。⑥ 理查德·谢克纳(Richard Schechner)很早就提出覆盖范围更广的表演

---

(接上页)年代之后的美国艺术有很大影响。换言之，杜威的艺术思想、教育思想通过黑山学院的实践，其实影响到了艺术界。

① 李亦男：《西方当代剧场艺术》，第87页。
② 德·迪弗：《杜尚之后的康德》，沈语冰、张晓剑、陶铮译，第130页。
③ 国内学者关于剧场政治美学的扩展性研究，可参见王曦：《当代剧场政治美学》，上海人民出版社2022年版。
④ performative，在语言学中有"施为"(施为性)、"施行"(施行性)、"述行"(述行性)等多种译法，在当代艺术研究中，对performance多译为"行为"或"表演"，近来有译为"行为表演"，如中译本《行为表演美学——关于演出的理论》、《行为表演艺术——从未来主义至当下》(张冲、张涵露译，浙江摄影出版社2018年版)等。
⑤ 艾利卡·费舍尔-李希特：《行为表演美学——关于演出的理论》，余匡复译，华东师范大学出版社2012年版，第290页。
⑥ 同上，第24—28页。

理论的基本框架(《理论/批评方法》,1966年),其中剧场艺术只被视为广义表演的一种表现形式。①

这种不断扩展的"剧场"和"表演"观念,让人联想到历史悠久的"世界剧场"(theatrum mundi)隐喻。在西方,从古希腊古罗马到文艺复兴,直到现代,在哲学、文学、戏剧及其评论中,都有将人生比喻为戏剧,将世界比喻为剧场的做法。按照此种比喻,在尘世生活中每个人都扮演自己的角色。20世纪的社会学也经常使用该比喻,比如欧文·戈夫曼(Erving Goffman)的《日常生活中的自我呈现》就从"舞台演出艺术原理"加以引申,讨论个体在社会交往中如何表演自己,向他人呈现自己。②

与此相呼应的则是对于剧场性的文化研究的进路。早在1908年,也就是剧场性被视为剧场之独有特性而加以探索的同时,俄罗斯剧作家、导演尼古拉·叶夫列伊诺夫(Nikolai Evreinov)就在《剧场性之辩》(Apologia of Theatricality)中提出了更宽泛的剧场概念,并通过诸如社会学、人类行为学、刑事司法史、政治史、文化史以及心理学等多学科的考察,揭示剧场性在每个领域中的运作和基本功能,他堪称文化研究的先驱。③ 有研究者从20世纪初俄国先锋派的语境出发,认为叶夫列伊诺夫对于剧场性的理解实际上是重新考虑艺术与生活之间的关系,其在剧场性方面的先锋实验不仅是为了寻找一种新的艺术形式,而且同样是要"找到生活的内在的艺术结构";其剧场性的观念,旨在"更新我们对于生活的感觉,将我们与现实的关系加以审美化"(近似什克洛夫斯基[Viktor Shklovsky]的陌生化理论)。④ 可见叶夫列伊诺夫扩展剧场性的研究其实隐含了实践的意图。

---

① 德怀特·康克古德(Dwight Conquregood)认为人文社会科学发生了根本性转变,从"将世界视为文本"转向"将世界视为表演",后者强调接受、过程、在时间里的动态变化。参见克里斯托弗·巴尔姆:《剑桥剧场学导论》,李竞爽、孙晓雪译,中国文联出版社2022年版,第126—127页。

② 参见欧文·戈夫曼:《日常生活中的自我呈现》,冯钢译,北京大学出版社2008年版。

③ 对叶夫列伊诺夫的概述,参见 Erika Fischer-Lichte, "Introduction: theatricality: a key concept in theatre and cultural studies", in: *Theatre Research International*, Summer 1995, Vol.20, No.2, pp.86-87.

④ Silvija Jestrovic, "Theatricality as Estrangement of Art and Life in the Russian Avant-Garde", in: *SubStance*, Vol.31, No.2/3, Issue 98/99, pp.49-50.

20世纪下半叶,引人注目的一本著作是伊丽莎白·伯恩斯的《剧场性:剧场和社会生活中的惯例研究》(Elisabeth Burns, *Theatricality: A Study of convention in the theatre and in social life*, 1972)。伯恩斯在该书中试图探索"剧场(戏剧)与社会生活的双重关系",讨论剧场表演与社会生活是如何相互影响与相互塑造,从而说明不同程度地内在于人类行为中的"剧场性"的性质。① 她指出,"剧场性不是一种行为模式或者一种表达模式,而是属于被他人感知和解释的,并且以剧场术语加以描述的任何行为",这意味着,某种行为或表达是不是剧场性的(或做作夸张的),并非因为它遵循了某种特定的或固定的模式,而是取决于感知它、解释它的旁观者、局外人,所以"剧场性本身是被一种特定视点、一种感知模式所决定"。② 而决定和形塑感知模式的各种要素,不仅从剧场艺术的惯例发展而来,而且也跟一般文化中的惯例有关。所以李希特总结说,伯恩斯所认为的剧场艺术的历史,要被理解为是知觉及其社会和文化环境的历史。③

可以看出,像伯恩斯这样的研究者,不再像一般戏剧理论研究者那样拘泥于剧场艺术而谈剧场性,而是着眼于"剧场艺术和社会生活中表现出来的剧场性现象"④,因此是在处理一种相对广义的剧场性概念⑤。前文有关词源回溯已说明,theatrical 这个词具有两重基本含义:(表示与剧场元素相关)剧场的或戏剧性的;(表示生活中那些可以依照剧场范式加以观照与理解的现象)假装的或夸张的。伯恩斯显然是要回到这两重含义原本的相关性上来,从而把剧场问题与社会文化关联起来加以讨论。这种研究在 20 世纪 90 年代之后的学者看来显得过时,但其学术史的意义不应被低估。⑥

同样值得注意的是 20 世纪中后叶视觉艺术中对于剧场性的研究,

---

① Elisabeth Burns, *Theatricality: A Study of convention in the theatre and in social life*, London: Longman, 1972, pp.3-6.

② Ibid., p.13.

③ Erika Fischer-Lichte, "Introduction: theatricality: a key concept in theatre and cultural studies", in: *Theatre Research International*, Summer 1995, Vol.20, No.2, p.87.

④ Elisabeth Burns, *Theatricality: A Study of convention in the theatre and in social life*, p.6.

⑤ Angelos Chaniotis, "Theatricality Beyond the Theater. Staging Public Life in the Hellenistic World", in: Guen (ed.), *De la scene aux gradins*, PALLAS, 47, 1997, p.222.

⑥ Glen McGillivray, *Theatricality: A Critical Genealogy* [D], pp.119-121.

其中典型当属美国艺术批评家、艺术史家迈克尔·弗雷德（Michael Fried）。作为格林伯格的追随者,60年代的弗雷德立足形式主义审视当时日渐流行的极简艺术,警觉到它背离现代主义的危险趋势。他在《艺术与物性》(1967)中指出,极简艺术看似抽象实则是"明目张胆的拟人化",它是"对新型剧场的一种追求",强调作品与实际环境的关系,利用布展设置同观者的关系,达到"场面调度"的效果。① 弗雷德显然认为,看似造型的、视觉的极简艺术去追求其他先锋艺术那样的"剧场性",是对现代主义媒介特定性的背弃,是艺术的败坏。② 70年代之后,弗雷德用三部著作叙述了18世纪50年代至19世纪60年代马奈时期的"现代主义前史",将克服剧场性视为推动法国绘画发展的内在动力。③ 弗雷德通过细读狄德罗的剧论和画论指出,狄德罗那里的剧场性(le théâtral)暗示了被观看的意识,它是虚伪的同义词。④ 换言之,那种意识到自己被观看而摆出姿势、迎合观者的,都可称为剧场性,它不仅可形容当时法国剧场中那些表演陋习的招徕观众的效果,也可引申用于绘画或者生活中那些(意识到被人观看而导致的)假装、造作、夸张的现象。弗雷德认为,法国绘画为了达成令人信服的真实感,用不同手段克服这种剧场性或剧场感,比如采用人物沉浸于所思所为的专注性题材,营造画外观众不存在的虚构,这种情况一直延续到马奈时期才发生转变。⑤

我们看到,弗雷德在广义上使用"剧场性",并且认为判断是否具

---

① 参见迈克尔·弗雷德:《艺术与物性:论文与评论集》,张晓剑、沈语冰译,江苏凤凰美术出版社2013年版,第164—165、161、52页。

② 关于弗雷德对极简主义的具体批判,参见张晓剑、沈语冰:《物性的诱惑——弗雷德的现代主义立场及其对极简艺术的批判》,《学术研究》2011年第10期。需要指出的是,在《艺术与物性》(1967)一文中,弗雷德认为布莱希特和阿尔托试图建立与观众的一种新关系从而战胜剧场或剧场性,这看起来是弗雷德对布莱希特、阿尔托戏剧理论的误解。关于此中曲折的辨析,留待将来专文讨论。

③ 迈克尔·弗雷德的"现代主义前史三部曲"包括《专注性与剧场性:狄德罗时代的绘画与观众》(*Absorption and Theatricality: Painting and Beholder in the Age of Diderot*, 1980)、《库尔贝的现实主义》(*Courbet's Realism*, 1990)、《马奈的现代主义》(*Manet's Modernism, or, The Face of Painting in the 1860s*, 1996)。

④ 迈克尔·弗雷德:《专注性与剧场性:狄德罗时代的绘画与观众》,张晓剑译,江苏凤凰美术出版社2019年版,第110—111页。

⑤ 关于弗雷德艺术史的更具体的论述,参见张晓剑:《现代主义起源新解:论弗雷德的马奈研究》,《新美术》2016年第2期。笔者在文中还认为,弗雷德试图通过"反剧场化"传统的重构,来为现代主义的诞生寻找一种新的、不同于格林伯格的动力机制。

有剧场性没有固定或绝对的标准,这样一种反本质主义的立场同伯恩斯构成了某种呼应。只不过,弗雷德对剧场性持批判立场,堪称传统"反剧场偏见"的当代回响。

## 结语

伴随着当代艺术的跨媒介实践,以及全球性学术视野的不断开放,20世纪下半叶的剧场研究几乎变成了跨学科探索的最佳领域,哲学、社会学、人类学、民族学、民俗学、语言学、符号学、历史学、文化研究等均施展其中,有关剧场性的专门论述也层出不穷。本文无意追索所有这些研究,而是回到剧场艺术史和视觉艺术史的领地,着眼于剧场性在剧场艺术中的凸显、在其他领域中的扩展这样两条线索,来梳理剧场性研究的主要脉络。可以说,剧场性论题特别典型地体现了审美现代性的辩证法:19世纪晚期以来的艺术一方面强调艺术门类的特性(走向自律论),另一方面又希图将某种艺术特性加以普遍化乃至拓展到实践领域。正是这样一种辩证运动,推动(先锋)艺术不断发展,也激发出连绵不绝的理论阐释。[1]

【本文系国家社科基金一般项目"审美现代性视域中的前卫理论研究"(21BZX124)、国家社科基金重大项目"美学与艺术学关键词研究"(17ZDA017)的阶段性研究成果。】

(作者单位:温州大学美术与设计学院)
学术编辑:张　强

---

[1] 本文写作之初,在文献资料方面得到王音洁的启发,在此致谢。

# 日常生活审美化

苏静腈

"日常生活审美化"是近些年来的一个热门关键词,舶自欧美。最初抵达中国时,周宪曾将其译为"日常生活'美学化'"[①],《消费文化与后现代主义》的译者刘精明将其译为"日常生活审美呈现",但最终"日常生活审美化"成为学界通用的一种译法。这一译法最早是陶东风于2000年在扬州的一次会议中提出,可见文献是他发表于《浙江社会科学》2002年第1期的一篇名为《日常生活的审美化与文化研究的兴起——兼论文艺学的学科反思》的文章。

就具体内涵而言,日常生活审美化指向了当下消费社会中正在发生的现实,即日常生活向审美和艺术靠拢,艺术逐渐走入生活中,如美轮美奂的商品、艺术化的家居、美丽的乡村、宜居的城市等,它同时也是一个理论命题,是对现代美学体系的基本理论预设——艺术与生活二分的反驳,强调二者之间的连续性,试图消弭二者的界限。这一话题在新世纪以来的中国知识界引起了广泛的兴趣,对中国美学的当代形态产生了重要影响。

## 一、日常生活审美化的西方理论资源

作为20世纪热门的反康德主义命题,"日常生活审美化"受到以下理论的影响。英国美学家迈克·费瑟斯通和德国美学家沃尔夫冈·韦尔施的相关观点为"日常生活审美化"被系统地认识起到了推动作用,并成为国内众多学者研究"日常生活审美化"的理论来源。除

---

[①] 周宪:《日常生活的"美学化"——文化"视觉转向"的一种解读》,《哲学研究》2001年第10期。

此之外,杜威的实用主义美学经高建平等学者的推介和当代诠释,也成为日常生活审美化重要的理论资源。

费瑟斯通在《消费文化与后现代主义》中侧重从三个方面来定义日常生活审美化的基本内涵。首先,他认为日常生活审美化是指"一战"以来产生的达达主义、先锋派和超现实主义运动等艺术类亚文化,是杜尚、安迪·沃霍尔为代表的现成品制作,是大众生活的艺术化。换句话说,生活里的每件东西都可以成为艺术,都是审美的。其次,他认为日常生活审美化同时也是生活向艺术品逆向转化。简言之,各种艺术品走入千家万户,成为街边布景。艺术所要追求的本质是一种依赖于个人情感和审美愉悦的生活观念。第三,费瑟斯通强调的日常生活审美化是指深深渗透到当代社会日常生活结构的符号和图像。① 费瑟斯通对日常生活审美化的具体指向的这三个归结中,后两个直接引起了中国学者的兴趣,成为他们思考日常生活审美化问题的理论起点。第一个指向与西方正在讨论的艺术的终结话题之间有语义上的重叠,这意味着,日常生活审美化本身也可以从艺术的终结的角度获得解释。一些中国当代美学家,如高建平等,也曾从这一角度反思过这一话题的价值和意义。除此之外,费瑟斯通还谈到,商品的抽象价值尤其是虚假的使用价值激增而实用价值逐渐降低,符合波德里亚的"符号价值"论。费瑟斯通非常重视波德里亚"拟像"与模拟的理论,认为在消费社会或后现代社会中,日常生活审美化现象在社会中盛行,所谓真实和虚假之间已经模糊了界限甚至成为彼此,犹如艺术与生活的关系。费瑟斯通的这些观点,很自然地把波德里亚的思想也带入了日常生活审美化的理论视野中来。

沃尔夫冈·韦尔施1997年出版其美学著作《重构美学》(*Undoing Aesthetics*)。序言中韦尔施指出要用新的方式思考审美,让审美成为一个普遍性的媒介,以丰富美学的内涵,"将'美学'的方方面面全部囊括进来,诸如日常生活、科学、政治、艺术、伦理学等等"②。韦尔施认为,审美化应分为浅表审美化和深层次的审美化。浅表审美化涉及现实的审美装饰、享乐和经济利益。高楼大厦、购物中心、街心公园等成

---

① 迈克·费瑟斯通:《消费文化与后现代主义》,刘精明译,译林出版社2000年版,第95—98页。
② 沃尔夫冈·韦尔施:《重构美学》,陆扬、张岩冰译,上海译文出版社2002年版,第1页。

为载体,现实成为被审美随意装扮的小姑娘,不计目的的快感和享受成为一种受到追捧的风尚。而这类风尚与美学联姻之后,物品所蕴含的审美价值超越实用价值成为其畅销的关键,美学赋予商品以高贵、健康、生态等一系列美好的生活品质,并进而成为卖点,审美价值成为商品的核心属性。但韦尔施却认为这样的审美化,尤其是从艺术角度而言只是最肤浅的部分,"美的整体充其量变成了漂亮,崇高降格成了滑稽"[1]。换言之,在韦尔施眼里,日常生活浅表的审美化只是一场"日常生活漂亮化"的闹剧。深层次的审美化,在韦尔施看来,"影响到现实本身的基础结构"[2],因而是更为根本的。深层次的审美化表现也包括了几个层次,其一是技术和传媒对物质现实和现实生活的审美化。技术主要涉及生产过程中的新材料技术,材料本身甚至变成了审美对象,美学从一种精神的审美化逐渐走向了物质的审美化。传媒手段的改变更是让审美具有了虚拟性。韦尔施所指的传媒主要是指当时电视的广泛应用。现如今,网络传媒的力量更是进一步实现了审美的多元可塑性。这一层级的审美化带有过渡性,它既展示了审美浅表化的一些特质,同时也具有深层审美化的特点。其二是深入我们生活实践的态度和道德方向的审美化。韦尔施强调人在审美化过程中从外形美容到"美学人"的转变,这一系列演变的深刻背景源自预先设定的审美品质,构建了新的伦理标准,这体现在目前多元的文化之中。因此,审美化从浅层次的漂亮,到技术所蕴含的虚拟性、道德和意识内涵的审美化,层层递进,进而进入更深层次的阶段,即韦尔施所探讨的认识论的审美化。所谓认识论的审美化,指的是哲学认识论的审美化和审美的认识论化的交融互渗态势。具体而言,自康德开始,哲学中就出现了把审美作为知识和真理的基础的趋势。韦尔施认为,在康德那里,不仅三大批判的最终拱顶石是以审美为核心内容的《判断力批判》,甚至早在《纯粹理性批判》中,审美就被嵌入认识的先验结构中。这是因为,根据康德的不可知论,事物本身不可知,我们知道的只是事物的现象,这是因为我们在认识事物时,首先植入的是"美学的规定:空间和时间的直觉形式"[3]。而另一方面,康德在讨论审美时,也是将

---

[1] 沃尔夫冈·韦尔施:《重构美学》,陆扬、张岩冰译,上海译文出版社2002年版,第6页。
[2] 同上,第13页。
[3] 同上,第56页。

其作为认识论来对待的。由此,韦尔施梳理了从康德、尼采一直到 20 世纪以来西方思想的审美化倾向,他指出,这种审美化趋势甚至蔓延到了 20 世纪的科学实践中,成为科学为知识、真理和现实开具的具有现代性的药方。

杜威在《艺术即经验》中指出,以往的美学都是从公认的艺术品出发,这一出发点是错误的,公认的艺术品是按照一定标准挑选出来的,如果只是从这些公认的艺术品出发,不能得到客观有效的艺术理论。由此他强调"绕道而行",从日常生活经验出发。在他看来,日常生活经验与艺术经验之间并不存在鸿沟,二者之间具有连续性,艺术经验只是生活经验的完满与延续。杜威曾经提出过"一个经验"的概念,它是指自身具有个性化性质的完满的整体的经验,它可以是生活中观察一朵花、修整一片美丽的花园带给人们的完整经验,也可以是阅读完一本文学作品或听一曲婉转的音乐带给人的经验,因此,在杜威那里,日常生活与审美之间通过"一个经验"有效地结合在了一起。

在这些西方学者的思想中,中国学界受韦尔施的思想影响最深,又由韦尔施所提供的灵感铺展开来,形成了中国知识界本土对日常生活审美化问题的思考。

## 二、中国学界对日常生活审美化的接受与本土呈现

世纪之交,"日常生活审美化"的讨论逐渐进入国内学者的视野,面对中、西不同的理论背景,"日常生活审美化"开始了在中国的异域旅行,逐渐在中国的知识和文化土壤里生长出了新的理论之花。

从 2003 年伊始,随着国内有着重要影响的学术刊物《文艺争鸣》《文艺研究》为"日常生活审美化"的讨论开设理论专栏,首都师范大学与《文艺研究》联合召开"日常生活审美化与文艺学美学学科反思"的学术研讨会,对"日常生活审美化"讨论的大幕正式拉开,由此引发学者们系统性的探讨、商榷与争鸣。而中国知识界对日常生活审美化的中国式解读也在这种争鸣中迅速凸显出来。

在中国,日常生活审美化首先是从文艺学学科边界拓展的角度被考量的。与国外对"日常生活审美化"的内涵探讨不同,国内学界最先关注和讨论的是"日常生活审美化"对文艺学学科产生的影响。20 世

纪90年代末,文艺学学科发展与日常生活逐渐发生脱节,文艺学研究逐渐被封闭在象牙塔之内,甚至在大学的课堂上,也很难调动起学生们学习文艺学和美学基础知识的兴趣。因此,学者们试图寻找到一种解决文艺学研究与教学困境的新方法,此时"日常生活审美化"成为一座桥梁,学者们想借此抵达"反思文艺学"的目的地,寻找文艺学的出路。

在对日常生活审美化与文艺学学科关系的讨论中,学者们最初的着眼点主要集中于文艺学学科的扩容、日常生活审美化能否成为扩容手段、文艺学学科边界在哪里等问题。最先开启讨论的陶东风认为,文艺学学科扩容势在必行,而日常生活审美化是其扩容的重要手段。"今天的审美活动已经超出所谓纯艺术/文学的范围,渗透到大众的日常生活中,艺术活动的场所也已经远远逸出与大众的日常生活严重隔离的高雅艺术场馆,深入到大众的日常生活空间,如城市广场、购物中心、超级市场、街心花园等与其他社会活动没有严格界限的社会空间与生活场所。在这些场所中,文化活动、审美活动、商业活动、社交活动之间不存在严格的界限。"[1]他指出,文艺学面临困境的原因之一在于文艺学与社会生活的关系逐渐脱节,导致文学研究逐渐边缘化。而此时审美文化与日常生活的紧密结合引发了文学艺术领域中有关内涵、生产、传播、消费方式的转变。这些转变正是文艺学所面临的机遇和挑战,也是使文艺学走出80年代初文艺自律,打破90年代文艺自主性局限的重要方法。文艺学若以此拓展新的研究方法和研究领域,必将赢得新的生机。由此可见,日常生活审美化被他当作了一种联通文艺学和现实社会生活的媒介,一张治疗文艺学打破学科壁垒的药方。他的观点得到了金元浦的回应。金元浦对文化研究、文学边界以及日常生活审美化的现象表示关注。在他看来,文学边界无需固定,文化转向才是文学研究的必经之路。[2] 日常生活审美化打破了文艺学曾经固守的领域,"审美似乎已不再专属于文学和艺术,审美性、文学性也不再是区别文学与非文学、艺术与非艺术的根本的或唯一的特

---

[1] 陶东风:《日常生活的审美化与文化研究的兴起——兼论文艺学的学科反思》,《浙江社会科学》2002年第1期。

[2] 金元浦:《当代文学艺术的边界移动》,《河北学刊》2004年第4期。

征"①，而是文学理论发展到今天实现多元融合共生的一种手段。

其次，中国学者将日常生活审美化视作新的美学原则，试图重建感性与理性的关系，肯定感性。这一观点的代表人物是王德胜，他在2003年《文艺争鸣》第6期一篇名为《视像与快感——我们时代日常生活的美学现实》的文章中认为，可以将日常生活的审美视为一种新的美学原则，即一种与康德所主张的纯粹美、心灵美和审美无利害截然不同的美学主张，其审美表现为一种感官享受。针对这一观点，鲁枢元和王德胜曾展开过争鸣。他们讨论主要集中在三个方面，其一，日常生活审美化过程中感性与理性的主导地位之争；其二，技术在日常生活审美化过程中的作用；其三，对消费欲望的理解。针对"感性""理性"与"审美"的关系，王德胜高扬感性对于人类审美的重要性，认为忽略感性存在和感性满足才是对"二元论"旧思维的固守，康德所要求的绝对的精神超拔已不再能够成为区别审美与人的世俗性日常生活的尺度。他认为日常生活审美化"是一种完全不同于'用心体会'之精神努力的'眼睛的美学'"。② 而正视视觉直观的快感，在快感中去消费，是时代赋予的新的美学原则。鲁枢元坚持理性主导的审美原则，认为感性的追求浮于表面，日常生活审美化依旧是康德理性主义审美的延伸，是超越性的精神追求和提升。在他看来，视像的看只是暂时的，把握精神内涵才是永恒不变的。针对技术的作用，王德胜视技术发展是日常生活审美化的重要条件，关注技术的更新带来的多元视觉盛宴。鲁枢元却认为机心必有害，人对于技术的依赖最终使自身逐渐被"操控"。③ 对于消费欲望的阐释，王德胜呼吁正视消费欲望，理解过度消费是一种带来快感的消费理念，是一种带来享乐的审美过程。鲁枢元认为过度消费就是违反法度、法理，满足实际生活的消费才是本质。他甚至从生态破坏、资源浪费的角度斥责功利性消费的危害。由此可知，鲁枢元对日常生活审美化所带来的世俗化和商业化对人类精神世界的忽视深感叹息。不可否认，日常生活审美化作为消费社会中感性

---

① 金元浦：《别了，蛋糕上的酥皮——寻找当下审美性、文学性变革问题的答案》，《文艺争鸣》2003年第6期。
② 王德胜：《视像与快感——我们时代日常生活的美学现实》，《文艺争鸣》2003年第6期。
③ 鲁枢元：《评所谓"新的美学原则"的崛起——"审美日常生活化"的价值取向析疑》，《文艺争鸣》2004年第3期。

的代名词,是人们感性需求的外在表现,具有一定的历史合理性。感性需求需要得到张扬,感官感受需要获得重视,而从现实生活来看,视觉获得的快感已经逐渐成为人们关注的重心,促进了社会的消费,消费又进一步刺激了人们对感性的重视,商品的实用性不再成为其首要属性,观赏性、收藏性等其他特质逐步取代了实用性成为人们的追逐目标。但是在这种情况下,还是应该警惕消费的合理限度,不能完全沦为感性的狂欢,这也是王德胜张扬感性常被学者诟病的地方。毛崇杰认为,感性的产生与理性(认识)不可分割,王德胜等学者视野中的感性只是"欲望""消费"的代名词而不是属于美学的感性。他还一语中的地指出,日常生活审美化给传统审美带来了审美泛化的挑战,是反本质主义的一种危机。①

  对日常生活审美化的争论中,一直存在着一个价值立场与判断的问题,这尤其体现在赵勇和陶东风之间的交锋。赵勇认为,"从价值判断的层面上看,日常生活审美化这个命题的深层含义其实就是对现实的粉饰和装饰。它隔断了人与真正的现实的联系,并让人沉浸在一种虚假而浮浅的审美幻觉当中,误以为他所接触的现实就是真正的现实"②。他以此质疑陶东风所引用的理论源于西方文化语境和西方发达国家的后现代社会,而这与当前中国的经济发展不平衡的社会语境大相径庭。不难看出,赵勇从价值判断和理论溯源的角度质疑陶东风等人的日常生活审美化的研究,并反问是否更应该研究"日常生活贫困化",有着很强的针对性。陶东风在回应中重申自己的大众立场。他强调自己阐述的"日常生活审美化"是具有历史语境的分析而并非无视现实情况的呐喊。③ 这次争鸣是对日常生活审美化论述的一次重心转移,即从事实判断走向价值判断。陶东风也从重视日常生活审美化对文艺学的作用,到论证自身的价值态度和审美立场。但显而易见的是经过此次的争鸣,日常生活审美化的价值判断成为大家最关注的问题之一,甚至为批判日常生活审美化、消费文化和大众文化提供了

---

  ① 毛崇杰:《知识论与价值论上的"日常生活审美化"——也评"新的美学原则"》,《文学评论》2005年第5期。
  ② 赵勇:《谁的"日常生活审美化"?怎样做文化研究?——与陶东风教授商榷》,《河北学刊》2004年第5期。
  ③ 陶东风:《研究大众文化与消费主义的三种范式及其西方资源——兼谈"日常生活审美化"并答赵勇博士》,《河北学刊》2004年第5期。

有力的视角。

在中国学者的争鸣中,日常生活审美化的内涵指向发生了本土转变,它不再只是一个西方舶来品,而转变成中国当代美学中重要美学现象的理论总结。中国学者的争鸣扩宽了日常生活审美化的理论适用度,使其更加立体与充盈。

## 三、美学的生活论转向

日常生活审美化还为当代中国带来了一个重要的理论成果,即新世纪以来的中国美学的生活论转向。2010年《文艺争鸣》再次开设理论专栏"新世纪中国文艺学美学范式的生活论转向"。面对新世纪以来十年社会生活和理论环境的改变,许多学者再次对文艺学美学学科范式与文化研究做了回顾与探讨,其中对日常生活审美化的研讨仍是学者关注的重点。这期专栏的讨论正是新时期以来国内学者对日常生活审美化研讨的缩影。学者们将消费文化中的日常生活审美化的讨论重心转移到日常生活审美化的生活论转向上来。这一次争鸣和讨论如同十年前一样再次将日常生活审美化的探讨推向了高潮。张未民曾总结,对日常生活审美化的讨论,其真正价值在于理论话语的转向,即新世纪中国文艺学美学的"生活论转向"[1],这种"转向"适用中国学术图景和本土美学传统。

彭锋、陆扬等学者借助探讨舒斯特曼的美学思想来考察中国的"日常生活";高建平从杜威的艺术即经验的视角出发,探寻日常生活审美化的理论渊源及其带来的艺术与生活关系的改变,并最终指向日常生活审美化向生活美学的转变。

彭锋认为,哲学思潮从分析哲学、解构主义向实用主义的转变导致了美学的生活转向。他以美国实用主义美学家理查德·舒斯特曼的思想为例,为通俗艺术正名。不仅如此,他强调学术研究与社会生活之间的连续性,积极倡导一种生活艺术的观念,为日常生活审美化

---

[1] 张未民:《回家的路 生活的心——新世纪中国文艺学美学的"生活论转向"》,《文艺争鸣》2010年第11期。

向生活美学的转变提供理论支撑。① 他还有一个观点值得关注。在他看来,日常生活变成审美对象即为一种审美变容,他将这种审美变容分为三类:态度变容、观念变容和技术变容。他强调技术变容的重要性。所谓技术变容即技术参与日常生活领域,使得审美有机会从艺术的虚拟领域中溢出而渗透到日常生活之中。② 陆扬同样强调舒斯特曼的实用主义美学对日常生活审美化现象的影响。"舒斯特曼的新实用主义美学,可以视为中国日常生活审美化论争中最为乐观的一种西方理论后援。"③他提出,实用主义美学关注的焦点即大众传媒文化的通俗艺术,而在舒斯特曼看来艺术是赋予日常生活优雅的实践方式,又提供内在愉悦价值。不仅如此,他提及舒斯特曼的伦理生活的审美,即由塑造和实现个人生活的私人领域和由个人延伸到社会公共领域的美与善,二者共同组成的审美化,这种日常生活便可称为伦理生活的审美化。这些观点为国内讨论日常生活审美化的生活论转向提供了新的理论参考和视角。

在日常生活审美化的中国讨论中,高建平一直是一位积极的倡导者,他通过对杜威思想的反思与创造性运用,梳理了日常生活审美化中所包孕的学术史意义和建设性内涵,澄清了诸多对日常生活审美化的误解,并把日常生活审美化的讨论提升到了中国当代美学复兴的新视界。他认为,从理论渊源上,日常生活审美化思想应该回到杜威那里去。杜威的"一个经验"的思想连接了艺术作品,也连接了日常生活,从而使艺术与生活不可分割。杜威美学在中国再次得到重视是美学家们把目光投向日常生活的结果。他指出,国内学者将注意力集中在消费文化中,广泛地讨论由快感替代美感。但"这种发展,是日常生活审美化的一个支流"④,部分学者将支流当成主流来推崇或者是批判,实则都是一种误解。高建平认为日常生活审美化的实质是中国当代"美学的复兴"。当代美学的任务不再是为美学塑形、独立的阶段而是走入了寻找艺术与生活的连续性、美学和生活的关系之路,"生活的

---

① 彭锋:《实用主义与生活美学——舒斯特曼美学评述》,《文艺争鸣》2010 年第 5 期。
② 彭锋:《日常生活的审美变容》,《文艺争鸣》2010 年第 5 期。
③ 陆扬:《走向一种新实用主义美学?——舒斯特曼美学与中国的"生活"热情》,《文艺争鸣》2010 年第 5 期。
④ 高建平:《美学与艺术向日常生活的回归——兼论杜威与"日常生活审美化"的理论渊源》,《文艺争鸣》2010 年第 5 期。

艺术化程度是文明的最高的尺度"①。高建平把日常生活审美化与艺术的终结联系在一起来审视。当审美进入日常生活之时,是否意味着艺术的终结?他认为所谓"艺术的终结"就是新生,这种新生是按照马克思所说的"按照美的规律来建造"。日常生活审美化是在追求社会公平正义的同时提供给老百姓有品位有尊严的生活表现。可见,艺术并不会终结,而是在生活中呈现出其他的美,完成艺术与生活的一种审美循环。但他强调日常生活审美化不是所见皆美。"艺术不是一切,而是给人以意义、价值和力量的东西。"②美学还应该延续和保存自身的批判立场,美学研究者也应该坚持人文立场,坚守批判的底线。

日常生活审美化能够在新世纪引起中国美学界强烈的兴趣,寄予了他们诸多美学期待,这与当时中国整个文化语境有着密切联系。在经历了80年代"美学热"后,80年代末90年代初,美学进入了萧条期,直接的表现就是美学越来越边缘,逐渐淡出大众的视野,成为象牙塔内专业人士的智力操练。而日常生活与美学重新建立联系,很自然地会成为试图走出象牙塔的美学学人的努力方向,借助费瑟斯通、韦尔施、鲍德里亚、杜威、舒斯特曼等舶来的思想,他们讨论着日常生活审美化的可行性、可能性、意义指向、价值立场等,以及通过这一话题,他们可以为当下的中国的社会现实和文化现实做些什么。从这一点来说,日常生活审美化在中国不是一个单纯的美学话题,而是中国美学的一次必然转型,一次自我救赎。

【本文为2017年国家社科基金重大招标项目"美学与艺术学关键词研究"(17ZDA017)阶段性成果】

(作者单位:西南大学文学院)

学术编辑:李素军

---

① 高建平:《美学与艺术向日常生活的回归——兼论杜威与"日常生活审美化"的理论渊源》,《文艺争鸣》2010年第5期。
② 高建平:《日常生活审美化与美学的复兴》,《天津师范大学学报》(社会科学版)2010年第6期。

## 论皮尔斯的符用意义论

赵星植

**内容提要** 从皮尔斯的手稿来看,他描述的实效主义是一种"符用意义论",且与同时代其他学者的实用主义差异甚远。皮尔斯的符用意义论与符号学高度结合,二者均以"廓清思维"与"明晰观念"为目标,高度重视符号使用与语境,突出关注符号使用者之观念和行为的关系。符用意义论在当今人文社科研究中具有极强的理论指导意义,因为它突破了文本和系统的限制,将符号的意义研究,从文本结构、语义哲学转向语境和语用。

**关键词** 实效主义  实用主义  符号学  符用意义论

## 一、"实用主义"与"实效主义"

皮尔斯(Charles Sanders Peirce)[①]通常被认为是实用主义哲学的开山鼻祖,但他的学说与其同时代其他学者所谓的"实用主义"有着巨大的差异。从正式出版的文字记录来看,皮尔斯的挚友、哈佛大学教授詹姆斯(William James)第一个在出版物里使用"实用主义"这一词并将该思想发扬光大。这篇文章便是《哲学概念与实际结果》(Philosophical conceptions and practical results, 1898),根据詹姆斯的一次演讲修改而成。在此文中,詹姆斯把发明这个词的贡献归功于皮尔斯。我们可以在二者的书信中找到最直接的证据。皮尔斯在一封信中问詹姆斯:"谁创造了'实用主义'这个术语,是我还是你?它在

---

① 亦译作皮尔士。

印刷品上最初出现在哪里?你如何理解它?"(1900年11月10日)①詹姆斯回信说:"你发明了'实用主义'这个词,我在一次名为《哲学概念与实际结果》的演讲中给了你充分的功劳。"(1900年11月26日)②

根据皮尔斯与詹姆斯的回忆,这是皮尔斯于1871至1876年间在二人创办的"形而上学俱乐部"(Metaphysics Club)的一次活动中提出的。所谓"形而上学俱乐部"就是二人在哈佛大学所在地、美国马萨诸塞州的剑桥市创办的非正式学术讨论会。当时,詹姆斯刚到哈佛大学任职,皮尔斯在哈佛大学天文台工作,二者的住所相隔步行五分钟左右的距离。形而上学俱乐部的学术研讨会主要是在皮尔斯或者詹姆斯的家里召开,实用主义一词也就是在二人的家中诞生的。

事实上,皮尔斯在提出这一术语之后很长一段时间内没有再宣扬,而世人也没有注意到该词的重要性。当时他只是把它当作一种理清困难概念、避免形而上学式的无谓争论的一种思考方法,因而当时并未过多在意该概念。直到19世纪末,詹姆斯首度公开使用该词而提出类似的主张,并很快引得美国本土学者的拥护,并发展成一场蔚为壮观的哲学思潮,实用主义一词才再度引起皮尔斯的关注。20世纪初,《哲学与心理学世纪词典》编者鲍德温向皮尔斯强调了"实用主义"的重要性,并请求他为"实用主义""实用主义者""实用主义的""实效主义准则"编写词条定义时,皮尔斯才意识到这个学说已在学界广泛流行起来。

皮尔斯原本意义上的"实用主义"并不复杂,只是我们"弄清困难的词和抽象概念的方法"。③ 皮尔斯关于该理论的文字论述,最早可见于他的两篇文章手稿中,即《信念的确定》(The Fixation of Belief)和《如何使我们的观念清晰》(How to Make Our Ideas Clear)。④ 两文中

---

① 引自 CP 8.253。本文遵照国际皮尔斯研究引用规则,在引用哈佛大学八卷本《皮尔斯文选》(Collected Papers of Charles Sanders Peirce)时采用此形式。CP 8.253 表示《皮尔斯文选》第八卷第253段。下同。具体文献信息为:Peirce S, Charles, *The Collected Papers of Charles Sanders Peirce* (Vols.1-6; Vols.7-8), Cambridge: Harvard University Press, 1931-1935,1958.

② CP 8.253.

③ Charles S. Peirce, *The Essential Peirce: Selected Philosophical Writings*, Vol.2, Peirce Edition Project (ed.), Bloomington and Indianapolis: Indiana University Press, 1998, p.400.

④ 下文笔者将该文简称为《清晰》。

更重要的《清晰》一文是皮尔斯于 1877 年用法语写作,并于 1878 年翻译为英文,被詹姆斯奉为现代实用主义哲学的处女作。该文中,皮尔斯提出了最知名的"实效主义准则"(pragmatic maxim):

> 考虑一下我们所持有概念的对象具有什么效果,这些效果的概念就是我们具有可设想的实践关系。然后,我们关于这些效果的概念就是我们关于这一对象的概念的全部了。①

遗憾的是,皮尔斯很快便发现他提出的准则与当时詹姆斯等人推行的"实用主义"版本存在着巨大的差异。他于 1904 年写信提醒詹姆斯说,"对于我来说,你和席勒把实用主义带得太远了。我不想夸大它,而只想把它保持在被他的证据所限制的范围内"。皮尔斯更是指责杜威在应用该理论上犯了"智力上的放荡行为"。②

随着实用主义一词的普及与推广,皮尔斯对这一术语越来越偏离他的初衷感到不安。这导致他晚年不得不为自己的学说进行辩护。皮尔斯 1905 年发表在《一元论者》上的《何谓实用主义》一文明确表示担忧,并提出用"pragmaticism"(实效主义)一词阻止实用主义的滥用之风:

> 笔者发现自己的孩子"实用主义"(pragmatism)被如此推销,于是感觉到是时候与之吻别并将其交与命运之神了;而正是为了达到其原有定义的目的,他开始宣告"pragmaticism"(实效主义)一词的诞生,这一词语相当丑陋,可以不必提防被诱拐。③

在此文中皮尔斯继续指出,"实效主义"一词的提出,不是要修正他自己的观点,而更多的是提醒读者回到实用主义的原有意义上。根

---

① Charles S. Peirce, *The Essential Peirce: Selected Philosophical Writings*, Vol.1, Nathan Houser and Christian J. W. Klosel(eds.), Bloomington and Indianapolis: Indiana University Press, 1992, p.132.
② CP 8.258.
③ Charles S. Peirce, *The Essential Peirce: Selected Philosophical Writings*, Vol.2, Peirce Edition Project (ed.), Bloomington and Indianapolis: Indiana University Press, 1998, pp.334 - 335.

据他自己的说法,"pragmaticism"这个词多出"-ci"这个音节,表示它是一种限制版本。同时,他还在晚年写了多篇论文为自己所开创的实效主义观点进行辩护。这也可以说明,为何皮尔斯有关实效主义方面的著作集中分布在两个时间段。第一个时间段主要是19世纪70年代,主要以1878年的《清晰》一文为代表。第二个时间段则出现在1900年以后,代表文章如1903年在哈佛大学发表的系列演讲,①1905年发表于《一元论者》的三篇文章:《何谓实用主义》(What Pragmatism Is)、《实效主义诸议题》(Issues of Pragmaticism)、《实效主义之辩解绪论》(Prolegomena to an Apology for Pragmaticism)以及大量的手稿。上述这些资料大多收于哈佛版《皮尔斯文选》第五卷之中。

回顾学术史可以发现,詹姆斯等人一开始就误解了皮尔斯的实效主义观点;但正是由于这种"误解",偶然地造成了该词的流行。正如皮尔斯传记学者布伦特所言,"众所周知的现代实用主义运动在很大程度上是詹姆斯对皮尔斯误解的结果"。② 一直以来,国内外学界都有关于皮尔斯与其他实用主义者异同的讨论,但很多时候依然用"实用主义"来指代皮尔斯的学说。笔者以为这样做恐怕只会把问题复杂化,建议依从皮尔斯的方案,使用"实效主义"这一名称。唯有如此,才能总体上把握皮尔斯基于符号使用而建构的这套独特的意义论体系——"符用意义论"。

## 二、皮尔斯与其他实用主义者的区别

皮尔斯的实效主义是一种意义理论,其目的是为了拒斥作为本体论的形而上学以及各种无意义的争论。与其他学者不同,皮尔斯把该学说视为一种方法,而非一种教条。根据皮尔斯的实效主义准则,我们在哲学、宗教、科学里所使用的概念,除了能指我们所能想到的或能观察到的那个概念所具有的整体效果以外,什么也不是。很容易想

---

① CP 5.14-212.
② Joseph Brent, *Charles Sanders Peirce: A life*, Bloomington: Indiana University Press, 1998, p.119.

到，皮尔斯把概念之对象所具有的效果等同于一个概念的意义这一观点，是与其科学家的身份分不开的。皮尔斯从小精通化学，并在很小的时候就拥有自己的实验室；而在实验室里，所有的东西可以被看作是可能的实验对象。因此对皮尔斯来说，一个完整的概念定义所必需的，仅仅是确定"证实或否定那个概念所隐含的所有可以想到的实验现象"。① 由此，皮尔斯在其他笔记中说到，实效主义者在确定词语或概念的意义所寻找的方法，正是科学的实验方法。②

因此，实效主义仅仅是一个断定符号或概念之意义的准则或方法，它是一种意义标准。詹姆斯等其他实用主义者正是在这一维度上误解了皮尔斯的原意。皮尔斯认为如此看待实效主义具有很大优势："你要把你最后一个美金押在一个方法上，而非学说上。因为一个生命力很强大的方法会修正自己以及学说。学说是水晶体，而方法是酶。"③

在这里需要指出容易对皮尔斯"实效主义准则"产生误解的两个问题。首先，皮尔斯所谓"概念"是指"知性概念"，类似于"符号"。他在《实用主义回顾，最后一次表述》中补充说道，"我把实用主义理解为一种弄清楚某些概念意义的方法，不是所有概念的意义，而仅仅是那些我们称之为'知性概念'的意义"。④ 因此，"知性概念"即"可以被推理者理解之概念"或"有关客观事实的论证赖以运用的概念"，从而大致排除了所谓感觉印象之类的概念。

既然是有关推理的"知性概念"，那皮尔斯又进一步指出，我们既不能把意义局限在词语里，也不能局限在句子里；任何被视为符号的东西可以有意义，因为推理命题本身就是由符号构成的；为此，皮尔斯于1905年把实效主义进一步表述为："一种弄清概念、学说、命题、词或其他符号之真实意义的方法。"⑤ 如此一来，实效主义准则已适合于任

---

① Charles S. Peirce, *The Essential Peirce: Selected Philosophical Writings*, Vol. 2, Peirce Edition Project (ed.), Bloomington and Indianapolis: Indiana University Press, 1998, p. 332.

② Charles S. Peirce, *The Essential Peirce: Selected Philosophical Writings*, Vol. 2, p. 400.

③ 科尼利斯·瓦尔：《皮尔士》，郝长墀译，北京：中华书局2003年版，第48页。

④ Charles S. Peirce, *The Philosophy of Peirce: Selected Writings*, Justus Buchler (ed.), London: Kegan Paul, Trench, Trubner & Co., 1940, p. 272.

⑤ CP 5.6.

何类型的符号,这也与其符号学紧密集合起来。后者主要反映在其后期符号学中有关符号解释项的研究之中,笔者将在下节详述。

其次,皮尔斯在实效主义准则所提及的"效果"并非是当下的实际效果,因而不能把实效主义简单用来指导人的行为。皮尔斯的"效果"是与探究目的联系在一起的,因此他主张一切意义都以目的为依据。因此,对概念效果的断定则必须与探究的目的联系在一起。皮尔斯认为探究的目的就是信念的确定,而这是探究社群经长久探究所达成的共同意见。所以,皮尔斯的实效主义着眼于一件事情的全部意义,而不仅仅是眼前意义。

既然"效果"是与目的性相联系的整体效果,那么我们就不需用这一准则来指导具体行为。皮尔斯指出,实效主义准则无疑涉及行为,但那绝非是最重要的,问题的关键在于:行为总是受目的支配,单个的行为只是某种目的的一次具体实现,因此"最终目的"(the end-all)才是最重要的。①"毫无疑问的是,实效主义使得思想仅仅适用于……所设想的行为。"②因此,真正的"实效主义者并非令至善在于行动,而是令其处于一种进化过程中,借此现有存在物将越来越多地体现那些一般性的东西……"③

皮尔斯的观点显然与当时其他实用主义者的观点极为不同,后者只注重观念和命题的意义,强调真相的效用性,推崇思维的"工具作用",只关注行动的效果,而忽视语言或符号在其中的关键中介作用。这时实用主义就脱离了语用论,变成了一种狭隘的急功近利的思维和行为方式,只追求成功的行为方法论。这种趋势体现在从詹姆斯到杜威等人的彻底经验主义和工具主义的发展历程中。

首先是詹姆斯。对于詹姆斯来说,一个概念的意义并不在于它所想达到的效果,而是在于对这个概念的应用是否能够产生不同的实际效果。他在其名文《哲学概念与实际结果》中解释道:"意义就是它所支配或激起的行为。"④这意味着一个概念的真正含义是可以通过它在

---

① CP 6.286.

② CP 5.402.

③ Charles S. Peirce, *The Essential Peirce: Selected Philosophical Writings*, Vol. 2, p.343.

④ William James, *The Writings of William James*, J. J. MacDermoot (ed.), Chicago: University of Chicago Press, 1977, p.348.

实践中所引发的行为效果来确定的。詹姆斯以有神论者和唯物主义者之间的争论为例来解释他的理论。尽管这两个观点都没有明显的实际差异，但一个人相信其中一个观点就会在他的行动和对未来的期望上产生不同的结果。然而，采取这个路线，詹姆斯就从"信念本身的结果"问题转移到了"某人具有那个信念的结果"问题。这显然是很不同的两个问题。

皮尔斯和詹姆斯在对实用主义的表述中存在基本区别：前者发展了一种严格的逻辑方法，可以帮助我们理解符号概念的含义；后者则对实用主义的实践导向方法在人类关切方面的更广泛应用感兴趣。① 从哲学上讲，二者的这种分歧在本质上是实在论和唯名论的对立，它被视为分裂了皮尔斯和詹姆斯的问题之一。皮尔斯一直抵制唯名论，认为其是哲学上最严重的罪行之一，即阻碍了探究之路。② 皮尔斯甚至开始反对他自己早期形式的实效主义，认为它们过于唯名论，并将自己描述为"一种极端经验主义实在论者"③。经院主义实在论的核心，是承认"真正的普遍概念"的存在，如普遍性、倾向、规律、习惯等。皮尔斯认为，这种观点在科学哲学、形而上学乃至实用主义都是必需的。如果普遍性是"依赖于我们所想到的"，那么科学"将与任何真实的东西都没有关系"。④

通常认为詹姆斯在真相理论方面曲解了皮尔斯的实效主义。皮尔斯与詹姆斯所谓的"真相"(truth)实际上是两个相当不同的概念。⑤ 皮尔斯是从科学探究（包含符号学与逻辑学）的角度说明何者可算作"真"的形式条件，因而真相在皮尔斯这里是一个相对的概念。皮尔斯强调人与真相具有天生的接近性，强调人具有探究真相的能力，因而他鼓励科学的探究社群去探究事物或符号背后所谓的真的含义。詹姆斯得出"有用即真理"这一真理观，把"真"的问题教条化与意识形态化，而这恰恰是皮尔斯实效主义所反对的东西。皮尔斯认为这是非常

---

① C.J Hookway, "Logical Principles and Philosophical Attitudes: Peirce's Response to James's Pragmatism", In R.A. Putnam (ed.), *The Cambridge Companion to William James*, Cambridge: Cambridge University Press, 1997, p.28.
② CP 1.170.
③ CP 5.470.
④ CP 8.18.
⑤ C.J. Hookway, *Truth, Rationality, and Pragmatism: Themes from Peirce*, Oxford: Clarendon Press, 2000, p.44.

有害的,因为它只关心事物表面,而不去探索事物之本真,而后者才是哲学家所应当努力的目标。进一步说,皮尔斯的真相是探究社群所具有之信念所产生的全部结果,詹姆斯的真相则是某人具有某个信念所导致的结果。这完全是两码事。

其次是杜威。他是皮尔斯在约翰·霍布金斯大学(Johns Hopkins University)的学生。他发展出了一套比詹姆斯更加激进的实用主义。他认为具体的东西高于抽象的,行动高于沉思,我们不仅仅是观察者,也是有能力改变事物的积极参与者。因此,杜威的实用主义强调的是实际行动与探究所得出的实际效果。对于他来说,知识就是实践,真理就等于探究。皮尔斯对杜威的工具主义论表现出相当的不满,他本人知道杜威有关"探究"逻辑为基础的实用主义是从他自己的探究理论那里借鉴过来的;但他认为杜威把"逻辑"等同于"探究",甚至仅仅是一种探究的工具,实际上混淆了逻辑的概念与边界,也等于把不同的"真相"概念混合了起来。

最后是英国实用主义者席勒(Ferdinand C. Schiller)。实用主义在美国获得蓬勃发展后,迅速影响到英国哲学的发展。时任牛津大学教授的席勒是致力于在英国传播实用主义的关键人物。相对于杜威的工具主义,席勒的真相观则倾向于人本主义(humanism)。他简单地把真相等同于我们所认为有价值的东西,这就进一步偏离了皮尔斯原本的实效主义含义。在其代表作《人本主义研究》(*Studies in Humanism*, 1907)中,席勒广泛地讨论了实用主义和人本主义的基本内容、真相的歧义性、真相的本质、真相的形成、自由以及实在等问题。他指出,一切意义都取决于目的。真相作为一种人人选定的有利于自身的价值,归根到底取决于目的。因而,真相是有歧义的。一切真相和实在,由人在行为中的努力而定,凡满足人的需要者,都是"真相",凡符合人的目的者,都是"实在"。

## 三、符号学与实效主义

皮尔斯的实效主义作为一种意义理论,与其符号学思想密不可分。这才是该学说与其他学者的实用主义思想区分开来的关键。"廓清思维"与"明晰观念"是皮尔斯思想的主线。皮尔斯延续洛克(John

Locke)观点,认为符号学即逻辑学,是因为逻辑学的根本目的就是厘清我们的思维,清除意义模糊性。只不过他认为当时存有的逻辑学不足以完成这一任务,因此有必要发展出一套可包含整个符号类型的广义符号学体系来拓展逻辑。这一目的,在其青年时发表《清晰》一文时就已经阐述得非常清楚:

> 我们有正当理由要求逻辑教给我们的第一课是:怎样把我们的观念弄明白。这是极重要的一课,它只是受到未上这一课的人的轻蔑。知道了我们的思想,把握了我们自己所指的意思,就将为伟大的、重要的思想奠定牢固的基础。①

皮尔斯对哲学逻辑学的这一基本观点早在他年轻时阅读康德哲学时便已形成。他认为这种观念的廓清,应当存在于经验的各个层面。而要完成这一艰巨的任务,不仅仅需要一套新的解释范畴,同时更需要仔细检查表达经验所使用的符号及其相互关系。前者使皮尔斯改造康德的范畴表,建构三元范畴以基础的显像学(phaneroscopy)作为符号学理论基础;而后者则使其发展出一套处理符形、符义以及符用的符号学三分支。② 同样在上述文章中皮尔斯提出了实效主义准则,其本质就是提供一种廓清思维的意义总原则。在此意义上说,皮尔斯的符号学是践行其实效主义原则的最主要领域。

皮尔斯的实效主义思想与符号学的结合,可以从其"符号生长论"(growth of symbols)学说中推演出来。这是其符用意义理论的基础。皮尔斯指出,符号是可以生长的,它们从其他符号中发展而来,特别是从像似性或同时具有像似和规约的混合符号特性中发展而来。我们只能在符号之中思考。这些思想符号是具有混合性质的,它们的规约部分被称为概念(concept)。如果一个人创造了一个新的符号,那是通过涉及概念的思想。因此,只有从符号中才能生长出新符号。正如皮尔斯的名言:"所有符号都来自其他符号"(Omne symbolum de symbolo)。③ 符号一旦形成,就会在符号使用者中传播。而在使用和

---

① Charles S. Peirce, *Writings of Charles S. Peirce. A chronological edition*, Vol. 3, p.257.
② 皮尔斯:《皮尔斯:论符号》,赵星植译,成都:四川大学出版社2014年版,第5页。
③ CP 2.302.

经验中,它的意义就会生长。① 正如下面两段手稿:

> 每个符号在非常严格的意义上都是一个生命体,这不仅仅是个比喻。符号的形式缓慢地改变,但它的意义不断增长,吸收新的元素并丢弃旧的元素。但所有人的努力应该是保持每个科学术语本质确切的稳定,尽管要做绝对确切是很难想象的。每个符号在起源时,要么是所指思想之图像,要么是与其意义相关的某个别事件、人物或事物的回忆,或者是一个隐喻。②
>
> 一个符号在本质上就是一个目的。换言之,符号是一种寻求明确表达或寻求产生比自身更明确的解释者的表现形式。因为它的整个意义在于确定解释项,所以它的实际意义来源于它的解释项。③

通过上述引文,我们可以发现,符号的生长源自许多方面:从其他符号的起源,某个符号与其他类型符号相关联;在形式方面,即型符的声音和形状,可以变得更加清晰,更容易被普遍认可或更易于语法处理;从一群讲话者向另一群讲话者的传播,等等。

皮尔斯指出,一个符号通过"使用和经验"逐渐生长出其含义。这一说法显然与其实效主义紧密相关。这表明:使用意味着目的。例如,规约符作为一种型符,它具有一般的目的,即它因为各种特定的目的而被复制。因此,规约符的副本不是规约符,而可能是这个符号本身之某个特定事物的指示符。在皮尔斯这里,这个符号的意义显然是我们对其所指示之类型的理解,这决定了我们如何解释其副本。因此,此处的重点不是建立一种参照,而是接下来要做的事情,即我们如何处理所指称的事物。经验是在特定情况下的成功或失败。而所谓成功或失败,就是我们在接受副本时采取何种合适的行为或思考。因此,经验导致了意义的修改。我们通过意外的结果,无论是好的还是坏的,都能更多地了解到可以从所指示的事物中期望或可以做些什么。正因为如此,符号的意义会"不可避免地生长,吸收新元素并抛弃

---

① Charles S. Peirce, *The Essential Peirce: Selected Philosophical Writings*, Vol.2, Bloomington and Indianapolis: Indiana University Press, 1998, p.10.
② Ibid., p.264.
③ Ibid., p.323.

旧元素"。①

皮尔斯补充道:"但所有人的努力都应该是保持每个科学术语的本质不变和确切。"②此处所谓的本质,不会是形而上学意义上的,因为它涉及的是事物而不是词语。那这种本质是什么? 皮尔斯于1861年指出:"我相信通过特定的应用来锚定我们的词语,并让它们随着我们应用它们的事物的概念进展而改变其含义。"③这种抽象,其中物理世界的现实被推测性地预设,是所有随后探究的联系线,我们在其中寻求有关指称物更具体的知识。指称不是完全脱离概念而存在的,但它至少在很大程度上独立于我们可能形成的有关指称物更具体的想法。而这些想法成为术语的含义的一部分——不是主要为了固定其指称,而是为了使符号在我们无数的实际目的和科学探究中更有用且更有意义。

在皮尔斯看来,符号本质上是一个目的,也就是一个使自身明确的再现。由于目的总是不确定的,但只能以某种确定的方式实现,因此我们可以预期,在存在目的的情况下,符号总会向着意义明确的方向发展。从皮尔斯的科学探究论来说,符号之目的更是如此。科学中符号的目的就是促进符号的生长:理论引导探究,以便在其中改进。显然,根据皮尔斯,这种增长是朝着真相的方向接近。反过来说,符号的增长,也让"真相"成为一种理想的极限。因此,增长成为符号的本质。这就是皮尔斯实效主义所强调意义之"使用"的含义。皮尔斯的实效主义表明:符号意义的可验证性和确定参照是次要的关注点,这是因为对意义的枚举验证条件是没有尽头的。与此相对,我们应当更加注重的是符号应用过程中新的发现,导致何种新的验证条件被不断地添加进来。因此,一个符号的意义在于它的潜力,等待着在使用者中被确定。

基于上述原因,他在其符号学中明确指出,符号具有使用意义,后者与"目的"有关。符号具有使用意义,这是因为说话者假如知道解释

---

① CP 2.302.

② Charles S. Peirce, *The New Elements of Mathematics*, Vol. 4, Carolyn Eisele (ed.), The Hague: Mouton, 1976, p.49.

③ Charles S. Peirce, *Writing of Charles S. Peirce: A Chronological Edition*, Vol. 1, Peirce Edition Project (ed.), Bloomington and Indianapolis: Indiana University Press, 1982, p.58.

者在习惯上如何解释一个符号,他便可以使用该符号来在解释者中产生特定的效果。而这种效果就是符号的"解释项"。皮尔斯将断言描述为在解释者中产生一种倾向的尝试;在说出命题时,"是在向解释者的思维中施加一种力量的有意行为,这种力量趋向于使其相信这个命题"。①

皮尔斯同时指出,使用或交流符号所产生的效果是多种多样的,它不仅会"直接或间接地对我们的感官产生影响",它还涉及行动或思维的后果。为此,他在理论后期提出了一个复杂的符号解释项学说,并将符用意义论主要铆定在该学说中。他区分了三种类型的解释项,即直接解释项(immediate interpretant)、动力解释项(dynamic interpretant)与最终解释项(final interpretant)或逻辑解释项(logical interpretant)。

其中,最重要的是逻辑解释项概念的引入。皮尔斯认为,逻辑解释项是一种习惯(habit)。它可以是一种解释习惯,也可以是符号解释者所产生的一种行为习惯。皮尔斯进一步指出,对于符号本身来说,最核心的功能就在于"确立一种行事的习惯或一般法则"。②虽然作为最终的逻辑解释项的习惯在其他意义上(例如,进入解释者以后或其他解释者的反思领域)仍然可以作为符号,但任何一次完整的符号活动一旦达到习惯,就无需再解释了;它是"明确无疑的",否则就不会是一种习惯。换言之,一旦达到习惯,该符号就完成了符号表意功能,接下来就只需要行动了。因此习惯的状态,也就是皮尔斯所谓信念之确定(fixation of belief)的状态,它是怀疑的消除,是"自我控制行为"(action of self-control)趋于达到的不再具有可控空间的"完美的知识"。③

然而,习惯或已经确定的任何信念状态都不会是绝对不可错的。在新的经验面前,它有可能成为新的怀疑对象,从而开启新的思想探究;在新的思想过程中,原有的"习惯"就又成为新的符号,进而要求有新的解释项;如此直至无穷;因此习惯自身是处在无限的变动的可能

---

① Charles S. Peirce, *The New Elements of Mathematics*, Vol. 4, Carolyn Eisele (ed.), The Hague: Mouton, 1976, p.249.
② CP 8.332.
③ Charles S. Peirce, *The Essential Peirce: Selected Philosophical Writings*, Vol.2, p.237.

性之中。为此,皮尔斯指出:"每个人对自身施加某种程度的控制,都是通过修改自己的习惯而成的。"①我们止于习惯,进而又从习惯重新出发。

在此意义上说,一个符号的使用意义就是解释者在接收该符号之后产生的行动(包括随后的思维行动,并以行为倾向结束),这就与皮尔斯的实效主义紧密地结合起来。因此,从学说创立起,皮尔斯就很明确地把实效主义看作是一种试图在人的行为中探究人的思想观念及其符号使用与表达的实际关系的哲学。"实效主义准则"作为"使观念明白的方法",作为一种意义理论,从确定开始便主要研究两个方面的问题:第一,我们的观念对象因我们的行为和活动所可能产生的实际关系;第二,我们观念的意义、符号同人的思想、行为的关系。前一部分重点是揭示行为、观念和外在世界的关系,这就是实效主义的经验论和工具论的部分;后一部分的核心是揭示符号及其使用者的观念和行为的关系,这就是符用意义论。

## 四、符用意义论

基于上述讨论,本文认为,皮尔斯实效主义的实质是一种"符用意义论"。唯有从意义的使用这一角度去理解皮尔斯的实效主义及其与符号学的紧密关系,才是真正把握了皮尔斯实效主义的本质。从已经开掘的手稿来看,皮尔斯所呈现的实效主义与符用论高度结合,不仅体现了实效主义和符用论对人在实际行为中之思想观念、符号和语境的相互关系的高度重视,更体现了实效主义和符用论突出地研究观念、符号和对象三要素对人获致预期效果的实际意义。因此,将其实效主义论视为符用意义论,能清楚地说明其符号学理论在当代具有极强的理论指导意义。符号的意义在其具体语境中的使用,这也就突破了结构主义文本论限制,将符号的意义研究从文本结构、语义哲学转向语境和语用。

从皮尔斯所建构的意义理论体系来看,他在晚年试图系统发展的

---

① Charles S. Peirce, *The Essential Peirce: Selected Philosophical Writings*, Vol.2, p.413.

符号学第三分支"普遍修辞学"就是其符用意义论的主要来源,是符号学与实效主义结合的一种理论实践。前文已述,皮尔斯的"普遍修辞学"关注"符号与解释项之相互关系"的问题;具体来说,就是符号如何在社群、人际关系中的具体使用,并且符号在这些具体语境中能够产生何种意义或效力。同时,皮尔斯根据"效果"不同,又把解释项分为三个程度不同的种类。特别是,他把第三性的解释项,也即"最终解释项"或"逻辑解释项"视为一种"习惯"或者惯常行为。此外,皮尔斯还在其"普遍修辞学"中特别谈到了为了使所交流符号之意义更具明确性,双方应当如何利用具体语境或间接经验,又应当遵守何种符用规范;这些内容都是"符用学"的核心领域,也即该学科就是关注符号意义的具体使用。

从学术史来看,继承皮尔斯这种符用论思想的是美国哲学家莫里斯(Charles William Morris)。他算是一位承上启下的学者,前承皮尔斯的符号学和米德的社会行为主义传统,后启符号学的行为主义传统以及系统的符号学理论学说,在符号学研究领域开辟了疆土;同时他又开拓性地把符号、行为与环境结合起来,并由此引起了语言学、传播学与符号学的共同注意。

皮尔斯的符号学"三分支"(trivium)深刻地影响了莫里斯有关符号学学科系统化的看法。莫里斯根据皮尔斯有关"思辨语法学""批判逻辑学"以及"普遍修辞学"符号学三分支的分类,提出了"符型学"(syntax)"符义学"(semantics)以及"符用学"(pragmatism)三分支,现在都还是语言学、符号学、哲学界所公认的分类法。

在莫里斯的上述三分支中,对后世影响最大就是符用学。莫里斯指出,"从符用学的术语来说,一种语言符号总是和其他符号联合在一起,而被社会集团的诸成员所使用"。① 符用学就是探究符号在具体语境,特别是社群语境中的具体使用。根据莫里斯自己的描述,"语用学"(pragmatics)是它根据皮尔斯所发明的"实效主义"一词改造而来的;② 由此可见皮尔斯思想对其符用学理论建构的影响。莫里斯认为皮尔斯的符号学思想对符号学特别是符用学的发展作出了巨大贡献;他特别指出:"他的实效主义理论为现代符用学(语用学)的发展铺平

---

① 莫里斯:《莫里斯文选》,涂继亮译,社会科学文献出版社2009年版,第109页。
② 同上,第104页。

了道路。"①

除莫里斯外,受到皮尔斯符用意义论影响的还有著名哲学家哈贝马斯(Jürgen Habermas)。在其学术生涯的第二个阶段,他将其社会学理论整体转向了以人类交往,特别是以语言符号交往为中心的社会批判理论,也即"交往行为理论"。这套理论的基础是"普遍语用学"(universal pragmatics)。为此,哈贝马斯大量吸收了符号学与符用学的相关理论与基本原则,特别是皮尔斯、索绪尔、奥斯汀(J. L. Austin)、塞尔(John R. Searle)的符号学及符用学理论。从这一层面上来说,哈贝马斯开创的这一套全新的社会学批判理论范式,实际是当代哲学的语用学转向以及哲学的交流学(或传播学)转向的一个例证。更为重要的是,他在许多观点上受到了皮尔斯符用意义论的影响,并多次对皮尔斯的符号学理论进行批判性评介,由此来拓展并提升其交往行为理论。②

哈贝马斯认为语言的基本功能就是可以协调众多独立的行为人的行为及其主体间性,并为交往活动有秩序、不起冲突地展开提出可以遵循的途径。而语言之所以能这样,是因为语言的内在目标就是要达成理解并形成共识:"达成理解作为人类语言的终极目标是内在于人类的言语中的。"③既然理解是交往行为的最终目的,那么言语行为者为了达成理解,则在交往之初就必须达成相应的言语交往规范。这显然与皮尔斯的符用意义论不谋而合。

符号学家利奇(Geoffrey N. Leech)曾指出,只要对应了如下四条中的任意一条,符号学的研究就进入了符用学的研究范围:"是否考虑发送者与接受者?是否考虑发送者的意图,与接收者的解释?是否考虑使用符号而施行行为?"④这实际上说明的是,一旦涉及符号使用者,就成了符用学问题。而人或符号使用者使用符号,必然是在具体语境中使用符号,其目的就在于在具体语境中传达不同的意义。而意义一旦与语境相连接就会变得变化无穷;由此,几乎人类活动的各个领域,包括社会、文化、个体生活都是整个符用学的考虑范围。

---

① 莫里斯:《莫里斯文选》,涂继亮译,第 105 页。
② 哈贝马斯对于皮尔斯符号传播思想最直接的评价,主要来自其专著《后形而上学》中的一节即《皮尔斯与交往》(*Peirce and Communication*)。
③ 哈贝马斯:《交往与社会进化》,张博树译,重庆出版社 1989 年版,第 2 页。
④ Geoffrey N. Leech, *Semantics*, Harmondsworth: Penguin, 1974, p.2.

综上所述,皮尔斯的符用意义论不仅为当今的符用学理论奠定了基础,而且还持续地影响着当今符号学研究的最前沿。更进一步说,当今符号学新潮流能摆脱结构主义桎梏,都是在某种程度上回到了皮尔斯所开创的符用意义论,从使用符号的人、使用符号的语境而非从符号的文本与结构层面探寻符号意义。

(作者单位:四川大学外国语学院)
学术编辑:赵　靓

# 西方叙述学 Metalepsis 概念的形成及其跨媒介迁移

李 莉

**内容摘要** metalepsis 是西方叙述学的一个经典概念。自从热奈特在20世纪70年代首次将这个术语运用到叙述学以来,西方学界从定义、类型、效果等诸多方面对其进行了长久而深入的讨论。发轫于小说叙述学的 metalepsis 概念及相关理论在多种媒介和体裁文艺作品的研究中也展现出了强大的适应性,成为叙述学为文艺批评理论贡献的重要术语。metalepsis 的定义和分类因其跨媒介性而呈现出多元共生的局面,其功能和效果具有双重悖论性的后现代特征,而其悖论性本质则展现出文艺作品与人类自身思维怪圈的相互映射。

**关键词** metalepsis 叙述跨层 回旋跨层 怪圈

西方叙述学中的 metalepsis(国内学界有多种译名,如"跨层""转叙""错层""换层"等)是一个经典概念,最早由法国叙述学家热奈特(Gérard Genette)在其1972年的著作《叙述话语》(*Discours du récit*)中启用。metalepsis 是源自希腊文的修辞学术语,与换喻(métonymie)和隐喻(métaphore)这两个表示一物代一物的修辞格非常接近,[①]也与同义词(synonym)和同音异义词(homonymy)有部分重叠。[②] metalepsis 作为修辞格的被关注度并不高,但是在热奈特将其发掘出来用以描述叙述作品中他称为"作者跨层"(la métalepse de l'auteur)的现象之后,

---

① 热拉尔·热奈特:《转喻:从修辞格到虚构》,吴康茹译,漓江出版社2013年版,第2页。

② John Pier, "Metalepsis"(revised version; uploaded 13 July 2016), in: Peter Hühn, et al (eds.), *the living handbook of narratology*, Hamburg: Hamburg University. URL=http://www.lhn.uni-hamburg.de/article/metalepsis-revised-version-uploaded-13-july-2016(view date: 12 Feb 2019).

metalepsis 引起了学者们广泛的研究,产出了大量成果。

在经典叙述学、后经典叙述学以及广义叙述学的研究方式更迭中,metalepsis 更是令人惊叹地展现出强大生命力和跨媒介普适性,它的覆盖领域从小说扩展到绘画、影视、戏剧、数字艺术、虚拟现实技术等多种媒介和体裁,成为叙述学为文艺批评贡献的重要术语之一。在50 余年的研究中,metalepsis 实际上早已脱离了与修辞学的联系,它的实质即叙述层次之间的跨越是研究的重点,因此,本文采用我国学者赵毅衡所译的"跨层"①,以彰显 metalepsis 在叙述学意义上的实质。本文将从定义与类型、功能与效果、怪圈思维这三个方面总结、评析这一经典叙述学术语在跨媒介语境中的研究历程。

## 一、多元共生:"跨层"的定义与类型

热奈特将"跨层"定义为:"故事外的叙述者或受述者任何擅入故事领域的行动(故事人物任何擅入元故事领域的行动),或如科塔扎尔作品中的相反的情况。"②他分析了《追忆似水年华》《项狄传》等作品中许多这样的现象,如:"我动身去巴尔贝克之前再无时间着手描绘人情世态……""但是该去追在前面走的男爵了"。③ 在这些讲述中,叙述者从叙述层向下跨入了故事层,以一种与故事人物同处一个世界、同在一个时空的姿态来描写人物,混淆了叙述层和故事层的双重时间线。而在科塔扎尔的小说《公园续幕》里,主人公正在公园的长椅上阅读小说,小说中的男子跨出故事世界,来到现实中的公园对主人公举起了匕首。在这里,次一级故事层中的人物向上跨入现实层,与文本现实中的主人公同处一个世界。这两种形式都跨越了"两个世界之间变动不定但神圣不可侵犯的边界,一个是人们在其中讲述的世界,另一个是人们所讲述的世界"④。

如此看来,"跨层"概念应当是简单明确的。可是,沃尔夫(Werner

---

① 赵毅衡:《广义叙述学》,四川大学出版社 2013 年版,第 276—280 页。
② 热拉尔·热奈特:《叙事话语 新叙事话语》,王文融译,中国社会科学出版社 1990 年版,第 164 页。
③ 同上。
④ 同上,第 165 页。

Wolf)在 2009 年却说,"跨层(metalepsis)还没有一个被广泛接受的定义"①。陶斯(Jeff Thoss)在稍后的 2015 年也说,"我们不禁要疑惑,当谈论跨层(metalepsis)时,我们说的是不是总是同一样东西"②。之所以会出现这样的状况,首先在于叙述层次和叙述者的复杂性。热奈特的定义涉及叙述者和他们的故事,以及再次一级的叙述层,但并没有区分叙述者究竟是通过言语行为还是通过本体性的动作跨越边界,而这两种越界的方式所产生的效果有巨大差别。因此,对于"跨层"的言语性和本体性的分类是后来的学者们讨论最多的部分。其次,在跨媒介叙述研究的转向中,跨层现象在不同的媒介和体裁中必然具有不同特点,这是其定义和类型学研究无法统一的最根本原因。因而"跨层"的定义和分类呈现多元共生的局面,需要根据多种标准来进行。本文从三个角度对其分类,当然三种分类方式之间不可避免会有重叠。

### (一) 修辞性跨层和本体性跨层

赫尔曼(David Herman)提出,"跨层"是"一次或多次在叙述层次间的上下移动,这种移动违反了叙述话语所规定的层次间的等级规则"。③ 他认为,从功能上来看,metalepsis 所跨越的不仅包括本体性的(ontological)而且包括言语性的(illoucutionary)层次。瑞安(Marie-Laure Ryan)在《跨层机器》(*Metaleptic Machines*)一文中更加清晰地将"跨层"分为修辞性跨层(rhetorical metalepsis)和本体性跨层(ontological metalepsis)两大类。她认为修辞性跨层是一种语言的风格特色,属于话语层面,而本体性跨层则是人物真实地跨越边界,来到另一个他不可能存在的层次。瑞安还用"窗户"(window)和"通道"(passage)来比喻二者的区别:修辞性跨层只是"开启了一扇小窗,对各个层次匆匆一瞥,但几个语句之后就关闭窗户,这一运作以重申边界

---

① Werner Wolf, "Metareference Across Media: The Concept, Its Transmedial Potentials and Problems, Main Forms and Functions", in: Werner Wolf, et al (eds.), *Metareference Across Media: Theory and Case Studies*, Amsterdam, New York: Rodopi, 2009, pp. 50 - 51.

② Jeff Thoss, *When Storyworlds Collide: Metalepsis in Popular Fiction, Film and Comics*, Leiden: Brill/Rodopi, 2015, pp. 1 - 2.

③ David Herman, "Toward a Formal Description of Narrative Metalepsis", in: *Journal of Literary Semantics*, Vol. 26, No. 2, p. 133.

的存在而告终"①,而本体性跨层"则在层次之间打开了一个通道,使它们相互贯通,或相互污染"②。

在此基础上,弗鲁德尼克(Monika Fludernik)进一步细分出四种类型:作者跨层(authorial metalepsis)、本体跨层类型1(ontological metalepsis type 1:叙述者跨入故事中)、本体跨层类型2(ontological metalepsis type 2:受述者和角色互换位置)以及修辞性或话语性跨层(rhetorical metalepsis or discourse metalepsis)。③ 弗鲁德尼克实际上将瑞安提出的修辞性跨层又分为两种:作者跨层和话语性跨层,它们是想象中的,是隐喻跨层(metaphorical metalepsis),而本体跨层类型1和2是实际跨越了实在世界的真正跨层(real metalepsis)。

科恩(Dorrit Cohn)对"跨层"做了两个区分,第一个是话语层的跨层和故事层的跨层。她也认为话语层的跨层(discursive metalepsis)是在修辞意义上,而故事层的跨层才是更壮观、更令人震惊的。她同样举了《公园续幕》的例子,认为这才是给读者带来的不同本体层次间互相跨越的困惑。科恩为跨层做的第二个区分是外跨(exterior metalepsis)和内跨(interior metalepsis),外跨是叙述者与故事之间的跨越,常见于第三人称小说,而内跨则是故事内部的层次跨越。④ 科恩的话语跨层其实也发生在叙述者与故事之间,只不过她将之视为"非侵入的"(inoffensive),只起到话语上的修辞作用,而外跨则是叙述者真正跨入故事中,如《法国中尉的女人》中出现的那个长着小胡子的作者福尔斯。可见,她的分类仍然从修辞和本体的角度来考察。

在讨论动画片时,利莫日(Jean-Marc Limoges)指出,影视中除了常见的语言和身体跨层外,还有一种独特的视觉跨层方式,即故事中的演员通过目光交流暗示影片观众的存在。⑤ 这说明修辞性跨层不仅

---

① 玛丽-劳尔·瑞安:《故事的变身》,张新军译,译林出版社 2014 年版,第 198—199 页。

② 同上,第 199 页。

③ Monika Fludernik, "Scene Shift, Metalepsis and the Metaleptic Mode", in: *Style*, Vol.37, No.4, p.389.

④ Dorrit Cohn, "Metalepsis and Mise en Abyme", trans. by L. S. Gleich, in: *Narrative*, Vol.20, No.1, pp.105–114.

⑤ Jean-Marc Limoges, "Metalepsis in the Cartoons of Tex Avery: Expanding the Boundaries of Transgression", in: Karin Kukkonen and Sonja Klimek (eds.), *Metalepsis in Popular Culture*, Berlin: De Gruyter, 2011, p.205.

仅包括言语,也可以通过视觉等其他形式完成。此外,也有学者直接用"强跨层"(strong metalepsis)和"弱跨层"(weak metalepsis)来区分两种形式。强跨层是"大胆地跨越虚构与现实间的框架",弱跨层是"非侵入性的风格特色",①它们基本对应于本体性和修辞性的跨层。

(二) 简单跨层和复杂跨层

如果从人或物跨越层次边界的方向上来看,跨层形式又可以分为简单跨层和复杂跨层。简单跨层包括向上跨层(ascending metalepsis)(如故事人物向上进入叙述者所在的叙述层)、向下跨层(descending metalepsis)(如叙述者向下进入自己所讲述的故事中)和平行跨层(horizontal metalepsis)(不同故事之间的人物互相进入彼此的虚构世界)。对于平行跨层,西方学界也将之称为"文本间跨层(intertextual metalepsis)"或"异跨层(heterometalepsis)"。②

复杂跨层或称怪圈式跨层是一种更为缠绕的跨层形式。麦克黑尔(Brian McHale)在《后现代主义小说》(*Postmodernist Fiction*)中用美国认知科学家侯世达(Douglas Hofstadter)提出的"怪圈"(strange loop)来作类比,认为它和错视画法(trompe-l'œil)相似,故意误导读者把嵌入层和叙述层弄混。法国学者里卡杜(Jean Ricardou)则在 20 世纪 70 年代率先将几何学术语"莫比乌斯环"引入文学领域,用来指那些"故事层和故事讲述层之间悖论性的短路(short circuit)"③,沃尔夫则称之为"通过进行循环往复的上下跨层建立一种类逻辑(quasi-logical)的环状层级叙述层次"④。因此,后来的学者也习惯于使用如怪圈式跨层(strange loop metalepsis)、莫比乌斯环式跨层(Möbius strip metalepsis)、缠绕的层级(tangled heterarchy metalepsis)等术语来称呼这种复杂的跨层形式。

我国学者赵毅衡将它命名为"回旋跨层",他从叙述层次的角度对此做出过更为清晰的定义:"如果下一叙述卷入上一叙述如何设立下

---

① Tim Whitmarsh, "Radical Cognition: Metalepsis in Classical Greek Drama", in: *Greece & Rome, Second Series*, Vol.60, No.1, p.6.

② Karin Kukkonen, "Metalepsis in Popular Culture: An Introduction", in: Karin Kukkonen and Sonja Klimek (eds.), *Metalepsis in Popular Culture*, Berlin: De Gruyter, 2011, p.8.

③ Sonja Klimek, "Metalepsis in Fantasy Fiction", in: Karin Kukkonen and Sonja Klimek (eds.), *Metalepsis in Popular Culture*, Berlin: De Gruyter, 2011, p.33.

④ Ibid..

一叙述的行为,就发生了怪圈叙述,即回旋跨层:下一层叙述不仅被生成,而且回到自身生成的原点,再次生成自身。"①下级叙述层的人物或是叙述作品本身不仅跨越到上层,而且还参与自身的产生过程,仿佛叙述作品或故事中的人物沿着莫比乌斯环走到了生成自己的起点,叙述行为成为自己的叙述者,叙述层与被叙述层彻底混淆,没有上、下、平行的方向感,只有互相坍缩和循环往复的混合感。比如,艾舍尔(M. C. Escher)的画作《画廊》里,看画的人和画中的阁楼本是两个层次,但是二者随着画面的扭曲而融合进了一个世界。此外,在《蝴蝶效应》(The Butterfly Effect)这类时空穿越的文艺作品中,未来能够改变过去,未来与过去两个叙述层次也混淆在一起。

### (三) 文本内跨层和互动跨层

随着跨媒介叙述形式的迅猛发展,叙述层次的范围也不断扩大,除了在文本内部发生的跨层之外,叙述文本与经验现实世界之间的跨越也日益得到关注。比如在分析电影和漫画中的跨层现象时,陶斯利用可能世界理论将其定义为"对故事世界自主状态的违背,是对故事世界内外边界的悖论性跨越"②。他将跨层手法分为三种类型:故事世界和另一个想象中的世界之间的跨越、故事世界和现实之间的跨越、故事与话语之间的跨越(storyworld-imaginary world metalepsis, storyworld-reality metalepsis, storyworld-discourse metalepsis)。③ 不过,在这里,陶斯认为,故事世界与现实之间的跨层是假的(feigned),他以漫画中的人物对读者说话为例,指出这种跨层与戏剧中"打破第四堵墙"的交流不同,主要取决于接收者对于文本的扮假做真的理解,漫画与现实世界之间的"边界是真实的,但跨越边界是假扮的(make-believe)"④。

在表演型叙述如戏剧中,叙述与现实世界边界的跨越很多时候并不是假扮的,而是真实发生的。演员突然从故事的角色中跳出,面对

---

① 赵毅衡:《广义叙述学》,第 285 页。
② Jeff Thoss, *When Storyworlds Collide: Metalepsis in Popular Fiction, Film and Comics*, p.7.
③ Ibid..
④ Jeff Thoss, "Unnatural Narrative and Metalepsis: Grant Morrison's Animal Man", in: J. Alber and R. Heinze (eds.), *Unnatural Narratives, Unnatural Narratology*, Berlin: De Gruyter, 2011, p.200.

观众说话,形成现实世界中的交流。表演型叙述的最突出特点便是演员和观众同时在场,使得这种现实交流成为可能。因而在表演型叙述中,现实世界被看作是一个重要的叙述层次。如克里玛克(Sonja Klimek)认为,演员的身体真实在场,因此"有可能出现现实和虚构之间的跨层"①。在讨论动画制作时,利莫日也把现实世界的制作者和接收者拉入跨层讨论的范围,设计了非常全面的跨层类型图,包括真实世界(制作者和接收者)、叙述世界(叙述者和受述者)以及故事世界(故事人物)和故事内又嵌入的故事世界。②

库克南(Karin Kukkonen)提出"互动跨层"(interactional metalepsis)概念,指"文本与读者之间的真实互动"。③ 除了适用于视觉和表演媒介,"互动跨层"更多地出现在超文本小说、电子游戏、数字艺术等大量当代新兴叙述形式中。贝尔(Alice Bell)和阿尔贝(Jan Alber)通过分析网络超文本小说《胜利花园》(*Victory Garden*)发现,小说中的爆炸场景使真实读者的电脑屏幕上显示出破碎的网页,认为这是叙述层跨越到现实,向读者发出现实世界被故事叙述入侵的警告。④

贝尔在后来的研究里持续关注数字小说,他指出,在数字超文本小说的阅读过程中,读者通过鼠标、键盘或手指在接触屏上的操作与屏幕中的文本世界产生了实体跨层,屏幕上的光标、手指痕迹等就是读者在文本世界的显身,从而使经验现实世界中的读者跨入屏幕中。⑤ 恩斯林(Astrid Ensslin)和贝尔提出应当更新跨层理论,以便纳入互动跨层中的真实观众和玩家。她们为互动跨层提出的定义是:"读者利用数字技术的互动属性,通过硬件设备跨越真实世界和故事世界的边

---

① Sonja Klimek, "Metalepsis in Fantasy Fiction", in: Karin Kukkonen and Sonja Klimek (eds.), *Metalepsis in Popular Culture*, p.26.

② Jean-Marc Limoges, "Metalepsis in the Cartoons of Tex Avery: Expanding the Boundaries of Transgression", in: Karin Kukkonen and Sonja Klimek (eds.), *Metalepsis in Popular Culture*, p.202.

③ Karin Kukkonen, "Metalepsis in Popular Culture: An Introduction", in: Karin Kukkonen and Sonja Klimek (eds.), *Metalepsis in Popular Culture*, p.18.

④ Alice Bell and Jan Alber, "Ontological Metalepsis and Unnatural Narratology", in: *Journal of Narrative Theory*, Vol.42, No.2, p.180.

⑤ Alice Bell, "Interactional Metalepsis and Unnatural Narratology", in: *Narrative*, Vol.24, No.3, p.297.

界"①,并将跨层分为如下几类:导航设备型跨层、(玩家的)呼吸模式跨层、视觉型跨层(如网络摄像头)、超链接跨层、角色互动跨层、地理空间跨层。②考斯基马(Raine Koskimaa)没有从硬件角度研究数字小说中的互动现象,而是将"本体"和"跨层"拼接成了一个新词ontolepsis③,认为在数字文学中,"跨层"不再是叙述的违规,而成为一种核心叙述策略,文本现实世界、文本可能世界和文本指涉世界之间产生的互相跨越渗透是数字文学特有的现象。④

总的来看,在热奈特之后,"跨层"研究吸引了众多西方学者。在叙述转向的大潮下,新的跨层形式层出不穷,学者们对于理论的关注点也有所不同。我们不妨把这些多元繁杂的跨层类型大致列表如下,但跨层形式多样而复杂,如陶斯所说,"分类之间的边界是模糊的"⑤。

表 1 跨媒介视域下的叙述跨层分类表

| 划分依据 | 按功能分 | 按方向分 | 按范围分 |
| --- | --- | --- | --- |
| 类型名称 | 修辞性跨层 | 向上跨层 | 文本内跨层 |
| | | 向下跨层 | |
| | 本体性跨层 | 平行跨层 | 互动跨层 |
| | | 回旋跨层 | |

## 二、双重悖论:"跨层"的功能与效果

叙述行为所在层与被叙述的故事层之间存在着不可逾越的界限,而"跨层"就是要打破这个界限,讲述与被讲述、再现与被再现、虚构与

---

① Astrid Ensslin and Alice Bell, *Digital Fiction and the Unnatural*, Columbus: The Ohio State University Press, 2021, p.49.
② Astrid Ensslin and Alice Bell, *Digital Fiction and the Unnatural*, p.50.
③ 我国学者单小曦等将其译为"本体互渗"。
④ 莱恩·考斯基马:《数字文学:从文本到超文本及其超越》,单小曦、陈后亮、聂春华译,广西师范大学出版社 2011 年版,第 84—85 页。
⑤ Jeff Thoss, "Unnatural Narrative and Metalepsis: Grant Morrison's Animal Man", in: J. Alber and R. Heinze (eds.), *Unnatural Narratives, Unnatural Narratology*, p.190.

现实(文本现实)之间的天然分隔被打破,因此,"跨层"凸显的是叙述违规的悖论,是对叙述逻辑和再现逻辑的违背,如沃尔夫所说,是"(作者)有意安排的在本体或逻辑上独立的世界之间,及/或实存的或提示的层次之间的悖论性的跨越"①。悖论性(paradoxical)是"跨层"的主要特征,虚构世界模仿现实,观众/读者一般沉浸于作品营造出来的故事世界,但"跨层"打破了框架的界限,人物出现在他不可能存在的两个或多个不可能并存的框架中,这就使得观众/读者立刻认出故事的虚构性,也使故事呈现奇幻、荒谬等特殊效果。

从功能与效果的角度来看,"跨层"也呈现出悖论性特征,即它可以成为制造荒诞滑稽的手段,也可以带来困惑和焦虑;可以制造暴露虚构性的效果,也可以展示叙述文本的真实性;既可以混淆虚构与现实的边界,也可以凸显边界的存在;既可以制造幻象,也可以产生幻灭之感;可以为高雅文化所用,也更多地出现在大众文化之中……

热奈特认为"跨层"会带来"滑稽可笑或荒诞不经的奇特效果"②,但科恩认为,在情节严肃的小说中,本体性跨层的使用会令读者陷入困惑,从而产生焦虑,这种焦虑感和眩晕感(vertigo)是其他现代主义技巧如多结局、互文性、科幻性等手法所没有的。③ 贝尔和阿尔贝还总结出了本体性跨层的五大主题功能:逃避、控制、揭示虚构作品的潜在危险、互相理解、挑战创作者。④

在分析具体作品时,许多叙述学家,如瑞安、弗鲁德尼克、沃尔夫、克里玛克等认为,跨层手法的功能是多样的,可以带来滑稽、反讽、令人震惊等不同的效果,它不一定只具有制造幻象或者打破幻象的单一功能,往往在不同的作品中其功能不同甚至恰恰相反。沃尔夫以神话故事"皮格马列翁"和电影《开罗紫玫瑰》(*The Purple Rose of Cairo*)为例指出,"皮格马列翁"中的雕像复活走入雕刻家所在的现实世界,

---

① Werner Wolf, "Metalepsis as a Transgeneric and Transmedial Phenomenon: A Case Study of the Possibilities of 'Exporting' Narratological Concepts", in: J.C. Meister (ed.), *Narratology beyond Literary Criticism: Mediality, Disciplinarity*, Berlin: Walter de Gruyter, 2005, p.91.
② 热拉尔·热奈特:《叙事话语 新叙事话语》,王文融译,第164页。
③ Dorrit Cohn, "Metalepsis and Mise en Abyme", trans. by L. S. Gleich, in: *Narrative*, pp.110 - 111.
④ Alice Bell and Jan Alber, "Ontological Metalepsis and Unnatural Narratology", in: *Journal of Narrative Theory*, Vol.42, No.2, pp.166 - 192.

《开罗紫玫瑰》中荧幕上的男主人公进入现实世界和女主人公谈恋爱,二者都是从虚构世界跨层进入文本中的现实世界,但带来的效果完全不同。① 雕像复活进入现实富有一种神话色彩,观众比较容易接受,而电影与现实的跨越使得平常人,而不再是神仙等超自然力量成为跨层主角,这就不免令恐慌之感油然而生。

陶斯认为,流行文化中的跨层技巧仍主要承担娱乐功能,"虽然是审视自身以及自身在社会中的地位的强大工具,但不要忘记它首先是为娱乐服务的"。② 陶斯的观点非常符合现实情况,目前跨层手法在大众文化中之所以能够遍地开花,其动力就来自其强大的制造笑点的娱乐效果。

而瑞安从认识论上来看待"跨层"的效果,提醒人们关注其在混淆虚实上的强大功能,认为它"绝不只是后现代小说家的一个招数,它所威胁的边界还涉及除(虚构)现实与想象之外的其他领地……会造成比玩笑性颠覆叙事逻辑更令人不安的认识论后果"。③ 她还指出,虚拟现实技术发展到一定程度后,这种担忧更加迫切,"如果虚拟现实尽善尽美(某一天会是如此),如果计算机能创造物体的影像,并对我们的大脑输入同真实物体相似的感官刺激,那么,就没有办法区分这两个版本,虚拟将成为实在"。④ 不过,正如鲍德里亚所描绘的"拟象"世界,如果技术复杂到令我们将影像当作真实事物,我们其实成为"受害者","跨层将影响真实世界,但我们却浑然不觉"。⑤

跨层手法的这种双重悖论性完美契合后现代文化中的"既/又"思维方式。后现代文化中的拼贴、含混及各种互文性反讽被哈琴(Linda Hutcheon)称为"既/又"型思想方式,"后现代主义渴望既利用又破坏它所公开依据的常规——从形式主义到模仿,不一而足。后现代主义

---

① Werner Wolf, "'Unnatural' Metalepsis and Immersion: Necessarily Incompatible?" in: J. Alber, H. S. Nielsen and B. Richardson (eds.), *A Poetics of Unnatural Narrative*, Columbus: The Ohio State University Press, 2013, pp.113 - 114.

② Jeff Thoss, *When Storyworlds Collide: Metalepsis in Popular Fiction, Film and Comics*, p.6.

③ 玛丽-劳尔·瑞安:《故事的变身》,张新军译,第 202 页。

④ Marie-Laure Ryan, "Metaleptic Machines", in: *Semiotica*, Vol. 150, No. 1, p.464.

⑤ Ibid..

的思维方式是既/又,而不是非此/即彼"。① "既/又"模式意味着重复中的创新,是"在反讽式的跨语境化和倒置中的一种带有差异的重复……暗含着一种批评距离,这种距离通常以反讽为标志。但反讽既可以是幽默的也可以是贬低的,既可以是批评性的建构,也可以是解构"②。仔细考察,"跨层"概念本身甚至就是一个悖论:它自己否定了自己存在的前提。叙述与被叙述的边界是"跨层"存在的前提,要有这个边界才有跨越的可能,但"跨层"是两个边界的融合和混淆,边界都不存在了,还如何跨越呢?理查森(Brian Richardson)在讨论虚构与非虚构之间的关系时也指出了这种悖论:"非自然叙述依赖于虚构与非虚构之间深刻的不同并将之前推,但悖论的是,非自然叙述的本质又在于挑战所有常规的边界,包括虚构与非虚构的边界。"③

双重悖论性是"跨层"与生俱来的特性。讲述的世界与被讲述的世界,它们的边界,如热奈特所说,"变动不定但神圣不可侵犯"④。这是符号能指与所指的边界,是再现与现实的边界,如一张纸的两面,在现实中,在逻辑上,它们虽然联系紧密却始终无法融为一体。只有在虚构叙述的世界里,这条边界才能被侵犯乃至真正地被跨越。叙述跨层的本质就是叙述层次边界的打破,叙述再现层支配地位的倒塌,它令现实与虚构混淆不清,令时间空间错乱不堪,令叙述者的支配地位倒塌,同时,也令叙述再现的框架凸显,因而,跨层手法常常可以令人惊奇地产生截然相反的效果:有些能够制造时空崩塌的幻觉,而有些却令虚构作品营造的幻想世界彻底破灭。"沉浸于虚构世界和打破沉浸的反幻觉效果是跨层的两种功效,二者令跨层作品产生多种不同的功能。"⑤

综上,西方学界对"跨层"的功能与效果研究有两点最重要的共识:第一,它在不同类型的作品中效果不同,既可以严肃地反思虚构和现实的关系,也可以轻松有趣地为娱乐服务;第二,"跨层"既可以通过

---

① 琳达·哈琴:《后现代主义诗学:历史·理论·小说》,李杨、李锋译,南京大学出版社 2009 年版,中译本序,第 2 页。

② Linda Hutcheon, *A Theory of Parody: The Teaching of Twentieth-Century Art Forms*, Urbana and Chicago: University of Illinois Press, 2000, p.32.

③ Brian Richardson, *Unnatural Narrative: Theory, History and Practice*, Columbus: The Ohio State University Press, p.67.

④ 热拉尔·热奈特:《叙事话语 新叙事话语》,王文融译,第 165 页。

⑤ Karin Kukkonen, "Metalepsis in Popular Culture: An Introduction", in: Karin Kukkonen and Sonja Klimek (eds.), *Metalepsis in Popular Culture* (Narratologia 28), p.12.

暴露框架而颠覆作者权威,打破幻觉,也可以强调作品的真实性,增强作者的权威,从而强化艺术幻觉的沉浸感。

### 三、怪圈思维:"跨层"的跨媒介普适性

叙述跨层的悖论性在怪圈式的回旋跨层里被充分体现出来。作为跨层形式中最复杂缠绕的一种,回旋跨层的效果也更加震撼,最能够凸显人类思维深处的悖论性。如前所述,所谓"回旋",指的是一种跨层的循环,高叙述层与低叙述层互为因果,互相叙述。与"蛇吞尾"式的同级循环不同,它发生在不同的层次之间,"如果越出边界走到另一个层次,而再走下去依然回到原来的层次"①,这时就发生了回旋跨层的"怪圈"循环。在回旋跨层的叙述中,叙述层与被叙述层之间的界限完全混淆坍塌,故事的线性发展不复存在,整个故事呈现出奇幻、悬疑的色彩。如影片《环形杀手》(*Looper*)里 Joe 要回到过去杀死自己,《恐怖游轮》(*Triangle*)里 Jess 陷入不断杀死自己和同伴的循环之中。回旋跨层在当今文艺作品中出现的频率越来越高,常被观众戏称为"烧脑",如同在莫比乌斯环上的小虫不用翻越边界就可以在环的两边任意穿梭一样,叙述与被叙述的两面合二为一:人物仿佛沿着一个平面出发,走着走着就越出了原平面,进入了另一个相反的平面,再往下走却又回到了原点。

怪圈思维其实普遍存在,在逻辑学上被称作"自指悖论":若定义某集合由一切不属于自己的集合构成,那么这个集合自己是否包含在内呢?如著名的说谎者悖论、理发师悖论、图书馆书目悖论等:理发师号称给村子里所有自己不理发的人理发,那么理发师给不给自己理发呢?图书馆编一部书目词典,列出馆里所有不列出自己书名的书,这部书目词典自己包括在内吗?中国古老的自相矛盾的故事也说的是这个悖论。当然,要解决它也很简单:跳出集合系统即可,即排除它自己,将制定规则的理发师、编纂书目的词典以及自己的矛和自己的盾排除在外。英国哲学家罗素 1922 年在维特根斯坦《逻辑哲学论》的序中明确指出语言的层控观,"每种语言的结构都无法在自身内部言说,

---

① 赵毅衡:《广义叙述学》,第 283 页。

但是也许有另一种语言处理前一种语言的结构,并且自身又有一种新的结构,这种层级结构是无限的"。① 也就是说,每个系统永远无法在自身内部说到自身的结构,如果将自身包括在内,就会产生悖论。

这样,我们发现,一个系统如果包括它自己就无法自洽,想要自洽就必须排除它自己。也就是说,一个系统不能同时具有完备性和自洽性,这就是著名数学家哥德尔(Kurt Gödel)在 1931 年提出的不完备性定理。在现实世界中,这种不完备、不确定性处处存在。"哥德尔不完备定理说明,不确定性是人类认知的形式逻辑和理性思维本身固有的,即使纯粹的数学也无法彻底达到确定性",②叙述文本中的自指悖论就来源于一个叙述层次不可能指涉到自身的生成,这个任务必然需要高一个层次的系统来完成。"回旋跨层"则违反了这一定理,试图自己叙述自己,那么必然会形成怪圈悖论。

侯世达将"怪圈"定义为:

> 在一系列构成环路的不同阶段中,从一个抽象(或结构)层级向另一个层级的转移,感觉像是沿着一种等级结构在向上运动,结果这种连续不断的"向上"转移,却以某种方式形成了一个闭合的环路。也就是说,虽然感觉上是离开得越来越远,结果最终却令人惊讶地回到了出发的原点。简言之,一个怪圈就是一个悖论式的层级交叉的反馈环。③

侯世达列举了众多体现怪圈思维的艺术作品,比如艾舍尔的名画《画手》《画廊》。但他最主要的论点是关于人的认知过程,认为怪圈现象是人类思维的本质特征,发生在人类思维的深处,"我们最真的本性就这样阻止我们完全理解它最真的本性"。④ "怪圈"的源头实际上在大脑意识的深层基础。根据侯世达对人脑意识的研究,人脑就是产生"怪圈"的地方,这是由人脑的基本功能决定的。从物质层面来看,人脑进行思考的瞬间,究其根本只不过是海量的粒子在发生作用,意识

---

① Bertrand Russell, "Introduction",载于路德维希·维特根斯坦:《逻辑哲学论》,杜世洪导读、注释,上海译文出版社 2019 年版,第 17 页。
② 马兆远:《人工智能之不能》,中信出版集团 2020 年版,第 78 页。
③ 侯世达:《我是个怪圈》,修佳明译,中信出版集团 2019 年版,第 120 页。
④ 同上,第 434 页。

到底在哪个部位产生？怎样产生？意识的"黑箱"至今仍是无解的难题。但同时，人脑偏又要去思考这个思考，"我"要去思考"我"，这就引发了"怪圈"。思考触发了我们作为人类独有的符号系统，"我们可扩展的符号集合也赋予我们的大脑表征具有无限复杂性的现象之力，因而得以经由一个怪圈而扭转回头并吞食自身"。①

侯世达进一步解释说，人脑对自己的意识的思考不同于大脑观察一个视频反馈系统。观察视频反馈系统时，我们知道这些视频的最底层的构成无非是一些像素。但当人脑思考自己的意识反馈系统时就完全不同，因为人脑怪圈的构成除了具有思考的能力，还具有一个关键成分——"无能"，即无法看到甚至感知到我们思维最底层的那些微观物质。

> 这两种成分的结合——一种能力和一种无能——引发了自我的怪圈：这是一个我们所有人类都会落入的陷阱，无一例外，不问情由……人类的自我感知终将不可避免地呈现出一个对世界施以自上而下因果性的实体把这一信念不断地巩固加强，并完成对它终极的、不可动摇的、不可改变的锁定。最后的结果，常常是对于一切其他视角可能性的全盘猛烈否定。②

"怪圈"是人脑思维的深层产物，是人类与生俱来的悖论，文艺作品中的叙述跨层正是通过层次的混淆而艺术性地再现着人类自我认知中这"永恒迷人的金带"(an Eternal Golden Braid)。③而叙述则借助这个悖论，"终于能够描述产生自身的叙述行为，但这不可能的任务，只有牺牲逻辑（可能还有时间）才有可能完成"④。因此，"跨层"体现艺术作品的共通性，其跨媒介应用的洋洋大观正符合了人类对自我认知怪圈的诉说欲望，比"视错觉""镜子"等术语更加精准地揭示了认知中的层级关系。如沃尔夫所说，跨层之所以成为跨媒介的(transmedial)和跨体裁的(transgeneric)共同现象和共有术语，正是由

---

① 侯世达：《我是个怪圈》，修佳明译，第245页。
② 同上，第247页。
③ 侯世达著作的英文名称为 Gödel, Escher, Bach: an Eternal Golden Braid，首次编译出版的中文版即名为《GEB——一条永恒的金带》，乐秀成编译，四川人民出版社1984年版。
④ 赵毅衡：《广义叙述学》，第290页。

于这个术语的描述更加精确,能够作为多种学科之间进行对比和比较研究的共同基础,这不仅方便了跨学科之间的交流,也有利于对多种形式的后现代文化进行功能研究。①

## 结语

作为西方叙述学乃至文艺理论中的重要批评术语,metalepsis 展现出了强大的跨媒介、跨体裁的适应性。2002 年,以"今日跨层"为主题的国际叙述学研讨会在巴黎召开,此后,西方叙述学界将研究重心从小说转移到多种媒介叙述体裁中去,掀起了一场跨媒介的"跨层"研究热潮,跨层现象"已经成为欧洲'跨媒介叙述学'中的主要研究课题"②。研究者发现,跨层手法不仅在高雅文化、先锋文化中流行,而且被广泛运用于大众文化中。metalepsis 这个术语业已形成了一种伞状结构,研究者根据不同的媒介形式提出了自己的新分类,"跨层"理论处于不断更新中。

一个庞大的"跨层"研究体系与外界的接壤也必然繁多,元小说(metafiction)、元叙述(metanarrative)、元指(metareference)是跨层手法最常见的地方。互文、反讽、拼贴等后现代技巧也与"跨层"产生交集。metalepsis 的多面性造成了研究的复杂性。metalepsis 概念的形成和跨媒介迁移历程不仅折射出叙述学研究从经典向后经典以及广义叙述方向的转换,更重要的是,它为发生在小说、绘画、影视、戏剧、数字文艺等多种媒介和体裁叙述作品中的相同表现手法提供了一个共用的术语和共同的理论基础,并深化了我们对文艺作品与世界及人类自身思维的某种紧密联系的理解。

(作者单位:深圳大学外国语学院)
学术编辑:赵彦芳

---

① Werner Wolf, "Metalepsis as a Transgeneric and Transmedial Phenomenon: A Case Study of 'Exporting' Narratological Concepts", in: J.C. Meiste (ed.), *Narratology beyond Literary Criticism: Mediality, Disciplinarity*, pp.101 – 104.

② 热拉尔·热奈特:《转喻:从修辞格到虚构》,吴康茹译,译者序,第 10 页。

# 论"改编":一种拓扑式叙述艺术

赵禹平

**内容摘要** "底本-述本"作为叙述文本的基础结构,调节着"改编"的张力。"改编"塑造的不只是述本,还包括底本,但无论"改编"述本怎么变化,各底本之间仍保持着拓扑像似的文本间关联。这一拓扑结构既限制了创作意识的界域,又分裂为异项改编和同项改编两种不同"忠实度"的"改编"现状。作为拓扑叙述艺术,"改编"综合了创作者、解释者的意向,激发述本的不断"衍生",以及聚合系列的不断壮大,还在一定程度上消弭着底本与时代的距离。

**关键词** 改编 述本 底本 拓扑

"改编"艺术一直是人类文艺创作史上不朽的创作类型,尤其在当代,故事利用各种媒介"改编",并在不同渠道传播。实际上,对"改编"的讨论早已隐藏在各时期不同学者对艺术的讨论中。对艾略特和弗莱(Northrop Frye)而言,"所有的艺术都起源于其他艺术,戏剧、舞蹈、歌剧舞台,以及一般的文学,一直是一个真理。在这个意义上,改编融入模仿、典故、戏仿、歪曲和引用,逐渐成为从艺术中衍生艺术的流行创造性方式"[①]。哈钦(Linda Hutcheon)作为改编理论的研究专家,通过对梅茨对电影改编的理解以及贡布里希对粗画笔和细铅笔的对比分析,提出音乐剧、专栏、芭蕾、歌曲和其他叙述("改编")形式,选择了不同的侧重点进行媒介表达。每种媒介(就像每种类型)都有不同的表达方式,选择的媒介可以比其他媒介更好地瞄准某些内容。他明确指出,"当我们改编时,我们使用各种工具来创造:实现或具体化想法"[②]。

---

[①] Linda Hutcheon, "On the Art of Adaptation", in *Daedalus*, 2004, Vol. 133, No. 2, pp.108-111.

[②] Ibid..

不论媒介形式是什么,它们在"改编"的同时也在创造一个个新文本,它们既有各自不同的承载形式,也有不同的主题,倾向不同的价值观以及有限范围内的情节变化。

全媒体时代下"改编"不断促成各种媒介形式的故事传播,不少国内外研究者不断肯定着"改编"已经在叙述学研究中占据重要席位。莱恩(Marie-Laure Ryan)在《跨媒介的故事世界》中就明确指出,故事处于一个快速发展的新趋势之中,并和索恩(Jan-Noël Thon)一起呼吁要建立新的叙述理论和媒介意识叙述学。① 从戏剧、小说、影视、游戏、主题乐园,到漫画、周边产品、互动网站以及粉丝论坛等媒介转换,都促成了故事不同程度、不同层次的改编、再创作以及传播。

学者们的讨论透露着"改编"问题的研究重点:"改编"是游走在新旧文本之间,先后文本之间,形式变化之间,不同媒介、主题及形象差异之间的转换器,需要对其结构找到分析的立足点。即如何面对"改编"源自哪,又如何形成"改编"文本,"改编"各不相同以及"改编"是否忠实于原著等具体问题。本文无意颠覆经典问题的讨论,而是更进一步从经典的底本-述本的基础叙述结构开始,回应新旧/先后文本间"改编"的深层关系,探索"改编"文本在既有双层叙述结构的基础上呈现的特殊拓扑式叙述结构。

## 一、"底本-述本"作为基础结构

在叙述学中,叙述分层问题始终存在。"fabula-syuzhet"(法布拉-休热特)是最初由俄国形式主义者普罗普和什克洛夫斯基提出来描述叙述结构的术语,即 фабул 和 сюже(sjuzhet, sujet, sjužet, siuzhet or suzet)。叙述学家将 fabula 描述为"故事的原材料"或故事中包含的事件的时间顺序,将 syuzhet 描述为"故事的组织方式"或

---

① 参见 Marie-Laure Ryan, Jan-Noël Thon, *Storyworlds across Media: Toward a Media-Conscious Narratology*, Lincoln, Nebraska: University of Nebraska Press, 2014, pp.1-12.

叙述的运用。① 这一双层叙述结构传统,我们可通过不同理论家的研究成果管窥一二。里卡尔杜的"fiction-narration",巴尔特的"récit-narration",托多罗夫的"histoire-discours",热奈特所称的"histoire-récit",布鲁纳的主题与情节"fabula-sjuzet",② 恰特曼的"story-discourse",巴尔的"fabula-story",申丹沿用恰特曼的"故事—话语",谭君强沿用巴尔的"素材—故事"等叙述学讨论,③他们使得"fabula-sjuzet"两面一体成为讨论叙述结构、叙述内容呈现的基点。"两者之间的区别也使形式理论家分析从'变形'(deformation)、'感知'(perceptibility)和'陌生化'(defamiliarization)等基本话题走出诗歌语言的初始领域,并将其适用性扩展到文学叙述类型等分析之中。"④ 科恩(Dorrit Cohn)关于虚构"路标"(signposts)的讨论也要求遵循此种"双层故事/话语模型"(a bi-level story/discourse model)。⑤ 同时,双层叙述结构也将成为我们讨论"改编"的出发点。

无论如何,双层的叙述结构一直受到研究者的重视。而面对不同的各国翻译或变体,赵毅衡提出了"底本—述本","底本/述本分层是普遍的",而底本"完全不像一个故事,因为它有两个特点:它是一个供选择的材料集合(因此它比述本大得多),它是尚未被媒介再现的非文本。底本作为非文本,并不是只提供'内容',底本提供一切可以组成述本的元素"。⑥ "改编"的《奥兰多》电影述本中选择浅金色短发作为奥兰多出场的形象,其他形象也就只存在于底本的备选之列,这显然不同于弗吉妮娅·伍尔夫《奥兰多》述本里"深色的头发"的青春之美。当《丹麦女孩》电影决定不表现"几根腿毛不屈不挠地钻了出来",意味

---

① 参见 Vladimir Propp, *Morphology of the Folk Tale*, English trans. Laurence Scott. TX: University of Texas Press, 1968 (first published in Moscow in 1928); Viktor Shklovsky, "Art as Technique", in L. T. Lemon and M. Reis(eds.), *Russian Formalist Criticism*, Nebraska: University of Nebraska Press, 1965.

② Jerome Bruner, "*Life as Narrative*", in *Reflections on the Self*, Vol.54, No.1, 1987, pp.11 - 32.

③ 各种变体分析,参见赵毅衡:《广义叙述学》,四川大学出版社 2013 年版,第 119—120 页。

④ Petre Petrov, "Fabula/Sjuzhet", in M. Ryan (ed.), *The Encyclopedia of Literary and Cultural Theory*, Volume 1, Malden, Mass: Wiley-Blackwell, 2011, pp.175 - 179.

⑤ Kai Mikkonen, "Can Fiction Become Fact? The Fiction-to-Fact Transition in Recent Theories of Fiction", in *Style*, 2006, Vol.40, No.4, pp.291 - 312.

⑥ 赵毅衡:《广义叙述学》,四川大学出版社 2013 年版,第 130 页。

着其他创作者的"改编"作品也可以将如此不表现、杰克罗素梗犬种选择等作为底本的备选,当然还有更多的备选。

基于此,"改编"蕴含了聚合的过程,底本为"改编"述本提供各种元素。"聚合、选择是一个潜隐的过程。从符号叙述学的观点看,述本可以被理解为叙述的组合关系,底本可以被理解为叙述的聚合关系。"[1]"改编"的述本符合一个组合的形式,它对应于一个选择的过程即"聚合",这个潜隐的过程并不会在聚合轴的操作过程中留下痕迹,但的确是底本转化至述本的必然。每个版本不同的"改编",都意味着重组。创作者面对大量的备选元素做出选择,无论是内容还是形式等各种构造元素,选入一部分置入聚合之中组合成"改编"述本;当然,先文本如原著必然是述本选择的一部分,其他述本之中的元素必然也可以选择、可以被再现,最终被组合进新的"改编"述本之中。

底本为述本提供备选元素,而述本的读者从述本中读出非文本的底本。卡勒(Jonathan Culler)曾在《符号的追求:符号学、文学、解构》(The Pursuit of Signs: Semiotics, Literature, Deconstruction)中指出,"fabula 先于 syuzhet,它提供了许多方式来呈现故事中发生的事情",他认为:"人们也可以将 fabula 理解为 syuzhet 的产物,其中某些事件被创造出来并在故事层面上进行排序,以产生有意义的叙述。"[2] 王长才肯定"底本在逻辑上先于述本,也可能在时间上先于述本"[3]。而不同于卡勒的分析,赵毅衡认为"底本与述本互相以对方存在为前提,不存在底本为'先存'或'主导'的问题"[4]。之所以有底本出现,并非人们集齐了所有的素材呈现为文本的形式(若是如此,文本形式的叙述就已经成为述本);也并非作家创作时脑海里已经存在了不计其数的元素(若是如此,保持过去时态的虚构形式的述本并未完成,读者无法体悟到和述本相对应的底本)。无论在时间还是逻辑上,两者互为前提,"改编"的述本也就与自己相对的"改编"述本之底本互为前提。

---

[1] Roman Jakobson, The Metaphoric and Metonymic Poles, in Roman Jakobson and Morris Halle, *Fundamentals of Language*, The Hague: Mouton, 1956, pp.76–82.

[2] Jonathan Culler, *The Pursuit of Signs: Semiotics, Literature, Deconstruction*, Ithaca, NY: Cornell University Press, 1981, p.178.

[3] 王长才:《新"底本"的启示与困惑》,《文艺研究》2013 年第 11 期。

[4] 赵毅衡:《广义叙述学》,四川大学出版社 2013 年版,第 131 页。

总之，每个述本有自己的底本，底本和述本互为存在的前提，在各类媒介的符号文本中都如此。《悲惨世界》分别被贝尔纳（Raymond Bernard）、波列拉夫斯基（Richard Boleslawski）、李塞诺（Jean-Paul Le Chanos）、乔丹（Glenn Jordan）、何森（Robert Hossein）、奥古斯特（Bille August）、霍伯（Tom Hooper）在不同年代以不同形式进行"改编"。每一部作品，无论是电影、舞台剧还是音乐剧，述本所呈现的不尽然与小说述本完全相同，冉阿让的穿着、芳汀的容貌变化、沙威的复杂心态，每一个述本所表现的都是对底本选择后的结果，可能存在不同，也可能存在相同的选择。

当然，在分析"改编"叙述时，读者、观众们（受众）却不免产生这样的想法：哪一版本更尊重原著？文本应遵循原作品的叙述，因而底本不变，述本进行变化？正如有些评论家也指出的那样，"忠实于"的话语体系构建了一个"非生产性的二元结构"（unproductive binary），①杰列尼克（Glenn Jellenik）便认为其中改编的功能基本上是复制的，这种保真度批评的模式还可以用莱奇在讨论"12个谬论"（*12 Fallacies in Contemporary Adaptation Theory*）中的复制概念来解释，他虽然并不纠结于什么是原创/原著的棘手问题，却"把改编视为对原创艺术作品的不可避免的模糊的机械性复制（blurred mechanical reproductions）"②。利奇所说的"'机械复制'（mechanical reproductions），还被称为电影翻译（filmic translations）"③。似乎学界把"改编"作为翻拍的一种形式，或是将"改编"理解为和翻拍关联甚大的复制原著、翻译原作的形式，对同一文本用"衍"的方式展开创作和传播。

詹姆逊在《作为一个哲学问题的改编》（*Adaptation as a Philosophical Problem*）中便明确指出："聚焦于改编所造成的二元性'问题'。小说的电影改编产生了两个重复的文本，只有一个参考对象

---

① Glenn Jellenik, "The Task of the Adaptation Critic", in *South Atlantic Review*, 2015, Vol.80, No.3-4, Adaptation Studies, pp.254-268.

② Thomas Leitch, "12 Fallacies in Contemporary Adaptation Theory", in *Criticism*, 2003, Vol.45, No.2, pp.149-71.

③ Glenn Jellenik, "The Task of the Adaptation Critic", in *South Atlantic Review*, 2015, Vol.80, No.3-4, Adaptation Studies, pp.254-268.

(a single referent)，即来源。"①对詹姆逊来说，一个参考对象，两个重复的文本才造成了"忠诚问题"。② 观众也自然地被邀请将这两种文本联系在一起，述本肯定不可能是相同的，那么是否底本真的完全相同呢？

其实不然，任何文本的"改编"，不仅改编了述本，也改编了底本，由此改编并非在共用一个底本。每个虚构述本各有其底本，虚构的底本与述本，是叙述过程同时创造的。③ 这也是本文进行分析的基础所在。一般受众关注的"改编""忠实"问题，根本上是从"变化"中寻找"不变"，从被聚合而成的述本中看到了多少的"相似"（likeness），读者和观众由此展开各"改编"文本之间的比较。如《洛丽塔》于 1962 年被库布里克（Stanley Kubrick）改编上映，又于 1997 年被导演阿德里安·莱恩改编上映（《一树梨花压海棠》）。观众痴迷于 1997 年版本洛丽塔躺在草坪上任草坪洒水器的水打湿全身的那一抹"犹抱琵琶半遮面"似的吸引，当然也着实认真讨论书中亨伯特的自白与两个版本对此表现有何不同。如此，观众也是不自觉地将纳博科夫的小说、1962 年版电影、1997 年版电影作为不同的述本进行比较和欣赏。《时时刻刻》改编自迈克尔·康宁汉同名小说，但它也同时"引用"伍尔夫的小说《达洛维夫人》，它们既非相同的述本，也不共享同一个底本。

本雅明分析"翻译"，与"改编"有异曲同工之妙，在《译者的职责》（*The Task of the Translator*）这篇论文中他就曾提到原作和翻译作品之间有"亲缘"的关联，这个关联暗含相似，尽管他特别强调，"但凡亲缘关系并不总是通过相似性（likeness）而体现出来"④，还需要"唯有通过不同语言之间互补的表意所形成的总体方能达到"⑤。这一"亲

---

① Glenn Jellenik, "The Task of the Adaptation Critic", in *South Atlantic Review*, 2015, Vol.80, No.3-4, Adaptation Studies, pp.254-268.
② Ibid..
③ 参见赵毅衡：《广义叙述学》，四川大学出版社 2013 年版，第 136—137 页。
④ Walter Benjamin, "The task of translator", in Marcus Bullock and Michael W. Jennings (eds.), *Selected Writings*, Vol.1, 1913-1926, The Belknap Press of Havard University Press, p.256. 同时参考李茂增、苏仲乐在《写作与救赎：本雅明文选》（增订本）中的翻译。
⑤ Walter Benjamin, "The task of translator", in Marcus Bullock and Michael W. Jennings (eds.), *Selected Writings*, Vol.1, 1913-1926, p.257。同时参考李茂增、苏仲乐在《写作与救赎：本雅明文选》（增订本）中的翻译。

缘"关系就是受众看重的"忠实"的元素,但并不只是相似的"亲缘",还融入更多的意义"互补"。不同语言形成的各自不同的翻译底本,正如"改编"底本,它们具有拓扑共项,但又各自不同。

或许换个角度来解释,会更清楚底本述本都被"改编"这个问题。例如,面对原著小说 A,不同的改编者展开不同侧重面的"改编"作品(BCD),我们可以将其理解为是对 A 的元阐释;BCD 相较于原著而言,它们俨然已经具有了新的叙述元素,因此 ABCD 是不同的述本,它们分别有不同的底本 A'B'C'D'。巨著《战争与和平》便被多次改编,如 20 世纪 60 年代苏联版电影、1956 年美国版电影、1972 年版英国拍摄的电视连续剧、1991 年 BBC 拍摄的歌剧、2007 年俄罗斯、意大利、法国、英国等六国联合制作的连续剧以及 2015 年 BBC 的第二次改编,这些"改编"作品被标记上"改编自《战争与和平》",并对原著进行元解释和元叙述,最终形成各个不同的"改编"述本和"改编"底本(A→A'、B→B'、C→C'、D→D')。

## 二、底本的拓扑式像似

"改编"是一种"近似的创造"的现象或过程,"改编"型作品呈现了拓扑式像似的艺术结构。受众确认了相似的底本元素,才进而讨论"改编"作品的"变化"与"忠实"。所谓拓扑,莱布尼茨在 17 世纪设想了几何位置和分析位置(geometria situs and analysis situs),到 19 世纪才被 J. B. 利斯廷(Johann Benedict Listing)正式命名为"拓扑学"(Topology),①意在讨论几何变化下的不变性,以剖析几何图形连续改变外形时背后的规律。20 世纪以后,人们开始研究拓扑变换问题,即用拓扑学分析图形变化,"拓扑是指在连续变化中保持不变的那些几何性质,即变换下的共性"②。如果把几何空间视为点的集合,那么拓扑是赋予非空集合以边界、距离、极限、连续等属性的结构,即拓扑空

---

① 马列光:《思想的空间与原理》,中国经济出版社 2011 年版,第 64 页。
② 鲍利斯·贝尔曼:《钢琴大师教学笔记》,汤蓓华译,上海音乐学院出版社 2012 年版,第 162 页。

间是特定结构的集合。①"拓扑结构相似性约束"②,是指不同图形之间呈现几何形状相似的特征。例如,在不破坏空间结构的前提下,从连续变化的角度来看,多面体的表面可以成为曲边的球面(四边形、六边形等)或轮胎面。简单而言,可以设想这个连续变化的过程:甜甜圈与挖空的水杯,甚至与建筑(成都SKP"生机之塔"景观水柱)的拓扑形似,这源于两者几何形状即特定结构的相似。

实际上,拓扑很早就与哲学展开结合,哲学拓扑学本就更侧重于分析哲学家"思维中的构成过程","特别是通过揭示哲学思想在形成和加工过程中的内在逻辑,以解释哲学思想在特定哲学家思维中的内在延续"。③ 如同剖析几何图形的内在特征、哲学发展的内在规律,探究"改编"系列之间的内在规律,拓扑展示了其科学的光芒。赵毅衡在分析艺术的拓扑像似时,将拓扑像似分为四种情况,"变形拓扑像似,即艺术形象是事物形象的变形;艺术家与观者心中的形象整理造成心理拓扑补缺,为艺术提供了创造空间;拓扑连接,即艺术文本内部各种因素之间的呼应,构成意义整体;发生在文本之间的拓扑延续形成文本集群"④。而他更明确指出,"文本之间(而不是文本内部)的拓扑像似,也发生在派生文本中,拓扑连续性从一层文本转入另一层文本……从小说改编戏剧、从戏剧改编电影的过程中,某些元素消失,但保持了拓扑共相"⑤。其中,典型的文本集群之间就是"改编"述本与底本之间了。不论像似的程度为何,不论有多少不同或相同的项,各个述本的底本之间一定有拓扑像似的共项存在。

在人类学、民俗学、社会学等研究领域中,研究者们不断揭示灰姑娘型故事传承动力的内在文化因素,并将其作为基本的故事叙述结构,既总结不同文化背景下的灰姑娘叙述类型,也整理其程式化特征。⑥ 面对这种模式化的结构,我们并不陌生,普罗普早在《民间故事形态学》中整理出科学的故事类型结构。但正如前文所说,每个述本

---

① 任也韵:《艺术学视野下"影视音乐"创作的拓扑理论》,《艺苑》2013年第1期。
② 汪荣、贵丁凯、杨娟、薛丽霞、张清杨:《三角形约束下的词袋模型图像分类方法》,《软件学报》2017年第7期。
③ Yi Jiang, "Philosophical Topology", in *Proceedings of the XXII World Congress of Philosophy*, 2008, No.15, pp.59-74.
④ 赵毅衡:《艺术的拓扑像似性》,《文艺研究》2021年第2期。
⑤ 同上。
⑥ 参见高艳芳:《灰姑娘型故事的叙述结构探讨》,《湖北社会科学》2019年第2期。

有其不同的底本，我们在"改编"的述本阅读之中，关注到了相似的情节概括或是不同述本间存在的一些相似点，更应明确的是，带给述本相似情节提要感觉的是底本提供了相似和不相似的备选项，底本同样经历了"改编"，它们各自是完整的文本。

再如，读者、观众常将《情书》和《挪威的森林》两者加以比较。也有不少影迷、影评者提到，《情书》的小说作者、电影创作者岩井俊二在早期私人访谈纪录片中曾坦言，《情书》中人物、场景等很多设置都参考了《挪威的森林》中的人物特征、场景描写等。甚至提到他受《挪威的森林》的启发，通过"往来信件"把博子和阿树联系起来，联想人物博子的状态，并由此将自己的影片命名为《情书》（*Love Letter*）。在上海电影节，作为亚洲新人奖评委会主席的岩井俊二也在专访中表示："我在做《情书》之前看了《挪威的森林》，然后就被他的作品所吸引，对我做青春题材的电影非常有帮助。"① 然而，即使《情书》与《挪威的森林》共享了人物命运、文化记忆、部分的故事情节，观众仍不禁认为，它不失为一部优秀的作品。两者并不共享一个底本，但两底本确实共享一部分相似内容。正如赵毅衡所说：

> 各种灰姑娘故事不享有共同底本，它们只共享底本中某些部分：它们的底本之间，有一定的可选元素是相同的，那就是让民俗学家把它们都称为"灰姑娘故事"的成分。不管这种成分如何稀薄，依然存在，而且使得一千个灰姑娘民间故事不同于其他无数万个故事，因为它们的底本材料库之间（而不是述本之间）部分重叠。②

继而，人们注意到了不变的规律（类似几何图形变化下不变的连续属性），即底本之间的拓扑共项。既然底本是受众构建出来的，那么通过"改编"而来的述本，其底本天然地具有一定的相似性，而这种相似性并非完全相似或完全相同，而是具有拓扑共项。底本具有拓扑共项的特征（任何改编本，只能说与原作共享底本中许多因素，它们的底

---

① 張瑶：「時代と記憶の間——村上春樹「ノルウェイの森」、岩井俊二「ラヴレター」安妮宝貝「蓮花」を中心に」，「東京大学中国語中国文学研究室紀要」第 19 号。
② 赵毅衡：《广义叙述学》，四川大学出版社 2013 年版，第 137 页。

本材料库有重合的部分)。

笔者建议可将底本中拓扑共项较多时的"改编"称为同项改编(homo-adaptation),此类"改编"更重视"忠实";底本中拓扑共项少时的"改编"称为异项改编(differ-adaptation),此类"改编"则更注重"变化"。拓扑共项的多/少影响受众评判"忠实"的程度和接收效果,但两者之间亦不是绝对的正比例。同项改编如李少红执导的《红楼梦》将曹雪芹书中的描写语句当作电视剧旁白,用以描述情节发展,而人物语言更是不曾改动,由此宣称"完全忠实于原著",但实际却是质疑声不绝于耳。异项改编的87版《红楼梦》在语言上做了更多的辅助性说明,如剧中宝玉竟然还需要给黛玉解释"银样镴枪头",这实际是对观众的解说;而在"晴雯之死"后几集里的内容,也并未完全按照后四十回的内容进行拍摄,反倒聚集红学家进行了大刀阔斧的"改编",其中探春远嫁之前叫赵姨娘的那一声"娘"一直被评为最佳改编部分。

同样,HBO根据游戏改编的电视剧《最后生还者》(异项改编),打破游戏改编影视的口碑危机,不同于顽皮狗的另一游戏系列《神秘海域》的改编(同项改编),还原游戏中"主角搭档破解谜团、打倒敌人、寻找宝藏"的故事框架,《最后生还者》则更突出主角的成长和角色间关系的变化,①在"改编"的外衣下重诉人生经历。根据华裔作家姜特德(Ted Chiang)的科幻小说《你一生的故事》改编的电影《降临》(丹尼斯·维伦纽瓦执导),外星人在,"视镜"亦在。即使是大刀阔斧的变动,与小说对"七肢桶"描写的不同、增加的国际冲突副线等,并没有因为其较大的变形而使其黯然失色,相反在惊悚、科幻方面获得了受众"超出预期"的震撼。② 至少在对底本的聚合之中,底本的共项被选入了述本,被叙述、被表现、被阐释。原著(原创)和"改编"文本之间当然有关联,他们之间重叠部分的多少,恰恰使观众注意到像似之关联,进入观众接受和不接受的考量范围,但不是评判"改编"作品优劣的绝对条件。

"改编"的两种类型,只是在一定程度上明确了拓扑共项多少与

---

① 参见梦泽:《〈最后生还者〉改编剧的成功,是因为做对了哪些事》,https://www.ithome.com/0/674/893.htm,2023年2月21日。

② 参见高小山:《〈降临〉:不忠实原著也能拍出好电影》,《新京报》2017年1月23日。

"忠实"的关联,但绝对的同项改编并非标准的或常见的"改编"形式,创作主体或多或少会融入自身感受和体验,加入更多带有个体特征的东西。如《漫长的季节》与影视原著《凛冬之刃》仍存在较大差异,乍看"改编"遵循了较多的悬疑线索,两底本之间共享较多元素,但《漫长的季节》却更多书写导演辛爽对父亲及东北热土的记忆。异项改编较为常见,且其中又有更细致的共项多少的规模讨论,这关系到"忠实"程度的问题。本文更建议以每部"改编"述本独存艺术价值的立场来看待底本拓扑共项的变化。

不妨借鉴斯塔姆(Robert Stam)的观点,他认为没有任何资料来源是真正原创的:"改编在某种意义上体现了所有艺术作品的真实情况——它们在某种程度上都是'衍生'。"[1]另一位改编研究专家也认为:"每一个文本,无论古代和圣徒多么神圣,都是中间有无数早期文本的痕迹,没有它们,它既不能被创作也不能被理解。"[2]它们必然有其拓扑像似的部分,既保持着"衍生"的态势,又推动着共项边界之外多样的艺术形式变化,由此不断推进着文化的创新。如与《西游记》的底本仍旧共享西天取经、师徒四人同行、偶遇大魔王等共项元素的《大话西游之大圣娶亲》,大获成功的基础并不全依赖原著,而恰恰是那部分"新元素"得到好评。当然,有时可能也会备受争议。

最常见的是歌曲改编,歌曲的语言、歌词、编曲,总是被大刀阔斧地改编,尤其是在综艺舞台上的歌曲表演,每次随着对歌曲的演绎都会形成一个新的文本。20世纪七八十年代,日本歌曲在港台地区的"改编"不胜枚举,《风继续吹》《千千阙歌》《后来》等歌曲和《さよならの向こう側》《夕焼けの歌》《未来へ》的底本共享部分拓扑共项。魔幻童话题材更是典型,不仅被改编成动画电影、真人电影,甚至被导演大动干戈地改编成暗黑童话。格林童话《糖果屋》的暗黑改编版本,将善恶反转成就《是谁杀了小豆阿姨》;导演桑德斯(Rupert Sanders)在采访中也表示,《白雪公主与猎人》并不想重复童话故事中的情节,在情

---

[1] Robert Stam, "Introduction: The Theory and Practice of Adaptation", in Robert Stam and Alessandra Raengo (eds.), *Literature and Film: A Guide to the Theory and Practice of Film Adaptation*, MA: Blackwell, 2005, p.45.

[2] Thomas Leitch, "To Adapt or To Adapt To? Consequences of Approaching Film Adaptation Intransitively", in *Studia Filmoznawcze*, 2009, No.30, pp.91-103.

节、主题、人物等各方面,甚至与原故事文本大相径庭。① 同样大胆的"改编"创作还有《魔法黑森林》《潘神的迷宫》《胡桃夹子和四个王国》《佩小姐的奇幻城堡》等。暗黑式"改编"没有被拒绝或反对,恰恰表明受众的"新需要",如反派也可能是亦正亦邪,比如《沉睡魔咒》;善良有时隐埋着小恶,如《狼之一族》《贪吃树》。

### 三、意向性综合下的述本"变形"

所有"改编"述本的存在都离不开意向性综合,既包括创作主体的"变动"意向,也包括受众期待的"忠实"意向,还包括不同文化群的能动性和意向性。正在这个极限拉扯的变动与忠实、信任与打破信任的悖论之中,述本展开了各种各样的变形。本文所讨论的意向性综合既强调作为"符号文本表意中的品格"的"文本意向性",②"改编"也更注重"说者与接收者之间的一种意向性交流"。③ 而"改编"述本的"变形"则受到综合意向性的影响,即一是创作意向和展出者二度意向的合一,二是创作者意识和接受者解释判断意向的综合,最终一起作用于"变形"的述本表意。

**(一)拓扑结构下述本的有限自由**

在有限的"变形"程度内,意向性综合有效保持述本的自由,以及主体创作意识的自由。创作主体的意识是自由的,创作主体在一定兴趣的推动下进行自由的"改编",创造了不少异项改编,如毁誉参半的 Netflix 改编作品《猴王传奇》(*The New Legends of Monkey*)、《美猴王》(*Monkey King*)。萨特对作家与作品的关系做出考察时,便提到,"作者根据自己对客观世界的认识对其进行主观重塑,同时将自己的知识、意志、情绪等一并浇铸到作品中,赋予作品以生命的张力,作品

---

① 对导演的采访视频,参见 Empire Magazine, "*Rupert Sanders Interview — Snow White And The Huntsman*", accessed May 30, 2012, https://www.youtube.com/watch?v=ipvi3a8O3JY.
② 赵毅衡:《文本意向性:叙述文本的基本模式》,《文艺争鸣》2014 年第 5 期。
③ 同上。

由此获得'人的实在'",①即在作品中还融入了自己的主体性思考。
"改编"作品的创作者有意展出又一述本,既包含原初创作的意向性,
也包括"二度意向性",②使其在"改编"聚合系列之中占有一席之地,对
作品"定位"。

在进行创作的时候,创作主体的意识必然是在构建新的文本,面
对新的事物,它所要做的就是把自己面对的述本对象把握或构建为一
个整体、一个完整的故事世界。此时的意识脱离于原著述本,有点类
似萨特对意识自由(liberté)认识的意味,想象意识从自身抽离,并与外
在世界保持距离。"意识总是自由的",且是"超验性自由的"。③但这
里的脱离不是与实在世界、现实相对而言的,而是和其他先文本所呈
现的符号世界、故事世界相对而言的,重新把握一个作为整体的故事
世界。"艺术作品要把握的不只是那有限的、具体的对象,它还有更为
深远的目标,即要把握作为整体的意义世界。"④"改编"文本的创作同
各个述本创作一样,创作主体和故事叙述都保持一定的自由,在底本
提供的若干备选元素中进行筛选。

然而,拓扑像似的底本结构,表明了底本之间的相似程度可能会
影响述本与述本的距离,进而影响"改编"的述本的可靠性,"X 改编
Y"/"X adapts Y"这一格式便确保改编的边界/变形的程度在有限性
之内进行⑤,"改编"是在拓扑像似的轴线上保持近似。因此,即使作品
之间重复元素微乎其微,仍然是"改编"。

创作意向面临着述本"改编"的有限的自由。其一,改编"述本"与
其他述本(原著、其他"改编"述本)互为观照对象,底本与底本之间保
持共项结构。电影改编理论的经典讨论也总是围绕于"忠实",观众在
观看经典作品时要求更高的忠实度,例如莎士比亚戏剧的改编。在面
对经典名著时,底本之间的拓扑共项尤其成为评判参照标准,如狄更

---

① 季水河、江源:《文学主客体关系重审:马克思艺术生产论对萨特文论的影响》,《湘潭大学学报(哲学社会科学版)》2022 年第 4 期。
② 赵毅衡:《论文学艺术的"文本意向性"》,《四川大学学报(哲学社会科学版)》2020 年第 4 期。
③ 让-保罗·萨特:《想象心理学》,褚朔维译,光明日报出版社 1988 年版,第 281 页。
④ 王小林:《论萨特的存在主义艺术理论——存在主义诗学之二》,《华中理工大学学报(社会科学版)》1998 年第 2 期。
⑤ Thomas Leitch, "To Adapt or To Adapt To? Consequences of Approaching Film Adaptation Intransitively", in *Studia Filmoznawcze*, 2009, No.30, pp.91-103.

斯的众多改编作品。在备受欢迎的奇幻小说改编中,创作者也总是无所不用其极地去保证"一致度",利用新的电子技术,依赖更新的动画技术和特效,其根源便在于满足受众在阅读奇幻小说时留下的想象,在此,底本的拓扑像似结构同样在一定程度限制着"改编"。拓扑共项作为底本之间近似的内容,深刻影响着述本的相通性和互文性关联。它们构成了实际的实在世界聚合系列的重要部分,且构成了读者、观众(受众)认识原著的重要渠道。述本的有限自由即是被限定在这看似无限实则存在规范的情形之中。在这系列的同一类"改编"述本之中,每一个文本找到自身,倾向于使自身获得一定的文化地位,以争取阅读和受众认识中的认同感,这影响着述本的进步程度和可接受度。

其二,"有限"并不只受拓扑共项影响,还暗示"改编"述本需要读者情感近似的体验,吸引着人们对"改编"可靠性的关注,由此也圈定着创作时有限的自由。人们对"改编"述本的关注,一如对意象的关注,总是依赖对象(其他"改编"版本、小说等),而恰恰是读者寻找的所谓小说原著、具体对象,"却是通过了一种情感近似物"。[1] 它要求各述本之间在存在差异的基础上有像似的线索,无论线索是清晰还是模糊,而线索之下就暗藏着各底本之间应当有的拓扑共项。

"改编"文本的意图产生时,会关注到受众所注意的不只是"改编"的述本本身,还是"改编"述本之间有多少相关联的内容,受众在新的"改编"述本中是否读到了之前述本所提供的那种感觉。"改编并不一定是寄生的。相反,它是讲故事的想象力的基本运作。对于我们这些观众来说,观看改编电影的真正乐趣之一在于认识和记忆。"[2] 读者通过阅读,观者通过观看,想要再度体验与之前阅读(玩游戏/观看)等相似的体验。

当然,"改编"述本在有限的变形里,可以从底本中选择新的内容来呈现,如小说《奥兰多》的电影改编,更加突出了奥兰多不同身心阶段下的时空转换。"有些东西保留下来,有些东西则消失了,这时,保留下来的东西得到了新的价值、新的方面,不过也保持了其同一性。"[3] 附加的东西、新的内容即那些超出共项边界的变形项,大抵就是和时

---

[1] 让-保罗·萨特:《想象心理学》,褚朔维译,光明日报出版社1988年版,第183页。

[2] Linda Hutcheon, "On the Art of Adaptation", in *Daedalus*, 2004, Vol. 133, No. 2, pp. 108–111.

[3] 让-保罗·萨特:《想象心理学》,褚朔维译,光明日报出版社1988年版,第205页。

代以及现实世界息息相关的内容。

### (二) 消弭底本与时代的距离

"改编"述本的最终形成,源于一种想象性认识的叠加,是意向的综合。意向性综合,受当下文化驱使和自身理解的推动,包含如上所分析的创作主体"改动"的期待、展示者对"改编"作品的自信定位;另一部分则源于读者对原著影响力的认可和对"变形"后作品的期待。"改编"是否被认可主要依靠的即是受众的"识别"和"认可"。它们交融在一起,融入进作品之中,推动着"改编"述本的不断发生,聚合系列的不断壮大。

一方面,"改编"述本还与受众的意向性期待息息相关。受众的心理在整个叙述作品之中穿梭,并作为导航的精神"力量",在参与虚构故事时触发这些力量的叙述话语元素。对布鲁纳来说,焦点是受众的活动,而不是文本本身。① 在"改编"叙述文本这里,受众的意向性期待尤其重要,他们不仅对入侵文本的构建线索(如情节、人物、对话等各种元素)进行品评,还以"忠实"与否为由将聚合系列的各述本进行比较,比较即解读的结果便可能作为评论文本影响核文本的传播和接收效果。

在斯塔姆看来,受众的阅读推动了文本的无限生成(generation)和重组(recombination)。"改编是如阅读、重写、批评、翻译、嬗变、变形、再创造、转音、复苏、转形、实体化、转模化、意指、表演、对话、再现、化身或重新强调(Adaptation as reading, rewriting, critique, translation, transmutation, metamorphosis, recreation, transvocalization, resuscitation, transfiguration, actualization, transmodalization, signifying, performance, dialogization, cannibalization, reinvisioning, incarnation, or reaccentuation)",他指出,"以'trans'为前缀的单词强调'改编'中带来的变化,而以're'为前缀的单词强调适应的重组功能",因而断言"就像任何文本都可以产生无限的阅读一样,任何小说都可以产生任意数量的改编阅读,这些阅读不可避免地是部分的、个人的、推测的、感兴趣的"。②

---

① 叙述构建中读者的重要性,详见 Jerome Bruner, "The Narrative Construction of Reality", in *Critical Inquiry*, 1991, Vol.18, No.1, pp.1-21.

② Robert Stam, "Introduction: The Theory and Practice of Adaptation", in Robert Stam and Alessandra Raengo (eds.), *Literature and Film: A Guide to the Theory and Practice of Film Adaptation*, Malden, MA: Blackwell, 2005, p.25.

利奇(Thomas Leitch)却进一步强调,斯塔姆"没有充分考虑到所有文本的不断变化。因为即使是那些看起来最稳定、最规范的文本——《伊利亚特》《哈姆雷特》《包法利夫人》——不仅在每一次新的改编中都在变化,而且在每一次新的阅读中都在变化"。① 斯塔姆指出了受众对述本阅读时发起的新一轮的生成,而利奇又看到受众阅读时改编不可避免地每次发生变化。实际上,体验或述本已经发生改变,当前"改编"述本即使提供了"忠实"的错觉,其实是"重新发现"阅读之前述本的感觉,读者面对的是共享底本拓扑元素的新的情况、新的感觉和新的底本。

因而,另一方面,文化的意向性凸显着人们对当时所处的变化着的时代的记忆。不妨关注戴蒙德(Suzanne Diamond)在面对对历史真实事件进行改编的作品时的见解,他并没有哀叹影片失去了忠实度,而是借鉴了社会学家利维(Patricia Leavy)在《像似性事件》(*Iconic Events*, 2007)一书中的观点(通过电影而非小说):"电影并不是在讲述过去的'真相',而是呈现出一种与影片产生的时间和地点相关联的真相……(它们)作为重新描述集体记忆的一种手段。"② 的确,"改编"正是如此不断重述故事,重新构建人类记忆。甚至改编也如同历史,发生在主体间的解释之中,它作用于生活在当下时代的每一个人,又回应着书中人物、创作者所存在的每一时代。《悲惨世界》被多次改编印证了改编作品的跨时代、跨文化、跨区域、跨语言的成功,小说被改编的意义已经不止于是否"忠实"、存在多少改变,而是对当下社会给予了怎样的警钟,对此时的人给予了怎样的力量,渗入时代精神的记忆。

基于此,本文认为作者与读者对"改编"述本的期待和"变形",最终旨在消弭底本与时代的距离,以作用于当下。如同本雅明对翻译的思考,翻译作为一块试金石,检验着隐含的奥义,似乎能在一定的程度

---

① Thomas Leitch, "To Adapt or To Adapt To? Consequences of Approaching Film Adaptation Intransitively", in *Studia Filmoznawcze*, 2009, No.30, pp.91-103.

② Glenn Jellenik, "The Task of the Adaptation Critic", in *South Atlantic Review*, 2015, Vol.80, No.3-4, Adaptation Studies, pp.254-268.

上消弭奥义距离显现的距离。① 不同的艺术样式也总是相互之间保持联动，如电影电视就不停在小说、绘画、音乐、诗歌等形式之间转换，同样，"改编"也在饱含互文性的同时，总是依赖时代相关性增添新的意义。所以巴赞在绘画和美术之间的形式借用之间，提出一幅画对电影的影响给银幕带来了一种"新的美学宇宙论"(new aesthetic cosmology)②，"改编"在各个艺术样式之间穿梭，以促进文本间的联合、了解世界之变化。舍瓦利耶(Tracy Chevalier)根据维米尔(Johannes Vermeer)创作《戴珍珠耳环的少女》时的经历而写的传记小说、由韦伯(Peter Webber)执导的电影《戴珍珠耳环的少女》以及维米尔的画作《戴珍珠耳环的少女》三者之间的联动，使得每一部述本对观众而言都是一部完整的艺术作品，三者在一个聚合系列之中，用色彩、声音、语言不同的形式承载和选择了不同却相似的"戴珍珠耳环的少女"。

它们正是通过意向性综合体现的各"改编"作品之间的互文性(intertextuality)，并作为特定的艺术作品，根据"时代的感性"(sensibility of the time)改编传统的主题或形式，从而回应"那个时代的深刻需要"。③ 正如哈钦所强调的，对于观众而言，观看改编电影的部分真正乐趣在于认可和纪念。但同样真实的是，被改编所引发的受虐恐惧的一部分来自认知和记忆。这是一个让人着迷的"悖论"④，纪念、个人记忆和当下体验的交融使"改编"不息。最终，在意向性综合作用的有限自由下，"改编"保持了底本拓扑项同一性，述本增加了"变形"。

述本有限的"不同"既得益于又受制于底本的"同一"，同时两者相辅相成、相互作用。新内容、新意义等同时也作用于底本或说正是对底本中选项新的聚合、组合构成了新的表意和新的阅读，通过述本的

---

① 参见 Walter Benjamin, "The task of translater", in Marcus Bullock and Michael W. Jennings(eds.), *Selected Writings*, Volume 1, 1913 – 1926, Cambridge, MA.: The Belknap Press of Havard University Press, pp.253 – 263.

② Bazin, A Propos de Van Gogh, "L'Espace dans la peinture et le cinema", in *Arts*, 1949, EC VII, No.210, p.525. as cited in Blandine Joret, *Studying Film with André Bazin*, Amsterdam: Amsterdam University Press, 2019, pp.89 – 134.

③ Blandine Joret, *Studying Film with André Bazin*, Amsterdam: Amsterdam University Press, 2019, pp.89 – 134, p.118.

④ Linda Hutcheon, "On the Art of Adaptation", in *Daedalus*, 2004, Vol.133, No.2, pp.108 – 111.

"变形",底本更接近述本所呈现的时代,和述本一道满足解释者新的需求。

总之,"改编"作为一种拓扑式叙述艺术,是当代艺术发展中的一个重要现象。"改编"在当代艺术文化发展中俨然已经占据不可撼动的地位。"改编"的拓扑并非只是对原著(原创)的忠实、重述和改变,还是对共享底本的拓扑式相似,重复的是主要的故事情节,改变的、增加的或减少的则是拓扑之外的可弹性变化的内容。厘清"改编"叙述文本的结构,是理解"改编"艺术的重要之举。"改编"塑造的不只是不同的述本,还包括不同的底本,但无论"改编"述本怎么变化,各底本之间保持着拓扑像似的文本间关联。这一拓扑结构既限制了创作意识的自由,又分裂为异项改编和同项改编两种不同"忠实度"的"改编"现状。作为拓扑叙述艺术,"改编"综合了创作者、解释者的意向,激发了述本以新的方式不断"衍生",还在一定程度上消弭着底本与时代的距离。

从小说《哈利波特》《魔戒》《教父》《权力的游戏》《三体》等众多系列"改编"的叙述作品来看,"改编"形成了一个巨大的聚合轴系列。在这个文化场域之中,"改编"不断发生,于文化发展的象限内,逐渐扩张至各种媒介领域中。不仅是小说与小说、小说与影视、新闻与电影、画作与影视、报告文学与电视,还有游戏与影视、歌剧或戏剧与电影等之间的跨媒介改编,甚至各种各样的跨媒介新领域。动漫和玩偶、动画和游乐园、游戏与影视、动漫与联名服饰以及各类衍生的网站、论坛等等,各种各样的"改编"方式正刷新着文本的形式,丰富着人们的生活世界。在这一背景之下,对"改编"型叙述文本的艺术结构分析,显得更为必要。

【本文为教育部人文社会科学青年基金项目"当代中国真实事件改编电影的叙事学研究"(22YJCZH261)、国家社科基金重大项目"当代艺术提出的重要美学问题研究"(20&ZD049)的研究成果】

(作者单位:四川大学符号学-传媒学研究所)

学术编辑:赵 靓

## 阅读与评论

# 柳宗悦的东方美学思想

郭勇健

**内容提要** 柳宗悦在其美学上的重要贡献在于提出并创造了东方美学思想。第一，对西方近代美学的超越，主要表现有二："西方美学的第一原则是自由，东方美学的第一原则是自然"，"西方美学崇尚自力美，东方美学崇尚他力美"。第二，柳宗悦东方美学思想以佛教哲学为基础，将"直观"的方法和"不二"的思想一以贯之。第三，柳宗悦阐述了东方美的形态和特质，即"不完全之美"和"奇数美"。不完全之美相对于西方的"完全之美"，奇数美相对于西方的"偶数美"。柳宗悦可能是从佛教哲学角度考察艺术现象的第一人，也可能是在东方美学的探索上走得最远的学者。但柳宗悦的美学思想中亦有不尽如人意之处，例如他坚持将东方美学与西方美学相区别，似乎有违于他所推崇的佛教"不二"精神。

**关键词** 柳宗悦　东方美学　佛教哲学　直观　不二

柳宗悦（1889—1961）因发起民艺运动而广为人知，被誉为"民艺运动之父"，但他不仅是杰出的民艺活动家和民艺理论家，而且是不能被忽视的美学家。不过，柳宗悦所说的美学有其特定的含义。在柳宗悦之前，西方学者对美学曾有三种理解，即感性学（鲍姆加登）、审美学（康德）、艺术哲学（谢林、黑格尔）。佐佐木健一在 2004 年出版的《美学入门》（「美学への招待」）中声称："作为日语词汇，美学便是美之学，因此，美学便成了回归最自然的主题——美的学问。"[①]柳宗悦作为日本学者，按照日本惯例把美学理解为"美的学问"或"美的哲学"，这是美学的第四种理解。柳宗悦的美学贡献为何？一言以蔽之，就是提出并创造了一种东方美学思想。为此他首先将东方美学区别于西方近

---

① 佐佐木健一：《美学入门》，赵京华、王成译，四川人民出版社 2008 年版，第 99 页。

代美学,接着提议在佛教哲学的基础上建立东方美学,最后还揭示了东方美的形态和特质。本文将依此三个步骤评述柳宗悦的美学思想。

## 一、超越西方近代"美的艺术"观

把美学视为美的学问或美的哲学,往往会追溯到古希腊的柏拉图,柏拉图在《大希庇阿斯篇》中首次提出"美是什么"的问题。然而,严格说来,柏拉图的"美"只是一种理念、观念或概念,只是思考的对象,而非体验的对象。而柳宗悦关注美的体验。他强调:"在美学之前,美的体验是必需的。有的美学家论美而不观美,最终将导致致命的悲剧。"①知识基于体验,美的知识(美学)基于美的体验,这是了解柳宗悦美学思想的基本前提。柳宗悦指出:"如果东洋人觉醒,并根据在东洋的美的体验,以发展东洋思路来整理问题,相信会产生有别于西洋的另一种美学。"②而柳宗悦最重要的美的体验,应当是发现了民艺美和工艺美。

柳宗悦认为,民艺美或工艺美此前并没有被发现。因为人是观念的动物,脑中的先入之见决定了看到的事物。在美的领域,先入之见就是美学观念。而以往的美学是根据西方近代确立的"美的艺术"而建构起来的。换言之,遮蔽民艺美或工艺美的是"美术"观念。柳宗悦指出:

> 我认为美的概念虽然只有一个,通往美之都城的道路却有两条。其一被称作"美术"(Fine Art),其二被称作"工艺"(Craft)。不过,迄今为止关于美的标准,事实上只有从美术出发的论述。因此,工艺被弃置于低微的地位上,它的意义完全被忽略了。且看一下美学方面的书籍吧,它们几乎完全是建立在美术之上的美学不是吗?然而,这样的美学真的捕捉到了美吗?③

---

① 柳宗悦:《民艺论》,孙建君等译,江苏美术出版社2002年版,第24页。
② 同上,第131页。
③ 柳宗悦:《工艺之道》,陈文佳译,北京联合出版公司2019年版,第5—6页。

上面这段话指出了通往美的两条路径,即美术和工艺。柳宗悦还说:"今天被称之为美术的,都是'以人为中心'(Homo-centric)的产物。然而工艺却并非如此。……与美术相对的,工艺是'以自然为中心'(Natura-centric)的产物。"① 此外,柳宗悦对美术和工艺进行了一系列对比,美术的本质特征是:美的艺术;自由艺术;个性;天才;非凡;自由之美;"以人为中心";"自力之美"。工艺的本质特征则是:实用艺术;不自由艺术;传统;民众;寻常;秩序之美;"以自然为中心";"他力之美"。工艺和美术是"分道扬镳",甚至是"背道而驰"的。在以往从美术出发的论述中,"工艺被弃于低微的地位,它的意义完全被忽略了"。正因如此,柳宗悦意在《工艺之道》中系统解释工艺之美,弥补以往美学之不足。

三对概念需要注意:自由和自然、天才和民众、自力和他力。前者属于美术,后者属于工艺。美术"以人为中心",工艺"以自然为中心"。在西方近代哲学中,自由意味着超越自然,人之为人恰恰在于克服本能、超越自然。美术"以人为中心",亦即"以自由为中心"。以康德和黑格尔为代表的西方近代美学主张,美术是自由的艺术。在康德看来,道德行为基于自由意志,"美是道德的象征",可以理解为"美是自由的象征"②。黑格尔直接放逐了实用艺术,主张美学应当是"美的艺术的哲学"。"美的艺术"即自由的艺术,自然无自由可言,因此"自然美"在其美学体系中也是地位极低的。自由艺术高于实用艺术,艺术美高于自然美。然而柳宗悦挑战了西方近代美学的基本预设。他质问:"只有美术之美才是美吗?而且,这种美是终极之美吗?""过去甚至认为,高明的工艺必须是美术的。可这真的是对工艺的妥当的看法吗?我无法这样认为。"③既然如此,他就得将自然原则抬高到与自由原则相对等的层次。

在前期的《工艺之道》中,柳宗悦基本上停留在对"工艺美"的探讨上,中后期如《茶与美》中他试图建立有别于西方近代美学的东方美

---

① 柳宗悦:《工艺之道》,陈文佳译,第7页。

② 中国美学家高尔泰对美的定义就是"美是自由的象征"。不过高尔泰美学的哲学依据不是康德哲学,而是马克思主义哲学。这个定义是一个三段论的演绎:美是人的本质的对象化;人的本质是自由;所以美是自由的象征。《美是自由的象征》是高尔泰的代表性论文,所以他的一部美学专著便以此为名。

③ 柳宗悦:《工艺之道》,陈文佳译,第7页。

学。因此,"美术以自由为中心,工艺以自然为中心"这一命题能够被扩展为:"西方美学的第一原则是自由,东方美学的第一原则是自然。"

诚然,柳宗悦谈美时也常用"自由"一词,"自由才是生出美的母亲"①。"科学可以找寻规则,但艺术谋求的却是自由。"②但他又认为比"自由"更妥当的说法是"自在"。"自在"和"自由"是有所区别的。《茶器的品性》说:

> 一切美,都是自在之美。美失去了自在,就不再美。而茶美就是这种自在美,而非其他。或者称之为"自由美"也无不可,但自由一词在近现代被乱用的场合居多,所以,为避免引出歧义,"自在美"的说法更为妥当。自由一词,毕竟是以自我本位出发,给人以不受任何限制的印象居多。换一个角度看,只不过是标榜自由的自我囚禁罢了。而自我囚禁里,是找不到自由的。……只要不能从以自我为中心的执念里获得解放,就谈不上任何的自由。③

自由"以自我本位出发",体现了"自我中心的执念"。"自在"没有自我本位和自我中心的毛病,故较"自由"为佳。"自在"是自由自在,也是自然而然。柳宗悦的"自在"一词出于佛教,尤其是禅宗。他常常提到净土宗亲鸾上人的"自然法尔",并用"自然"来解释临济禅师的"但莫造作,只是平常"。柳宗悦还说:"当超越作为,适应自然的瞬间,也便是美所生出的瞬间。佳美的纹样总是画就于无心于自然之中的。"④因此,柳宗悦的"自在",与其说是自由,不如说是自然。

再来看天才和民众这对概念。天才是个性的极致,是创造力的化身,康德在《判断力批判》中也将艺术作品归为天才的产物。天才的对立面是常人,是平凡的普通民众。然而,普通民众未必不能创造出伟大的作品。柳宗悦在考察工艺和茶道的过程中发现,最杰出的工艺品和茶器都是"无铭"的器物。

---

① 柳宗悦:《茶与美》,欧凌译,重庆出版社2019年版,第119页。
② 同上,第7页。
③ 同上,第157页。
④ 同上,第21页。

就近世一般性的美学通论的观点来看:

(一)个人性的留铭物更为优秀。

(二)天才制作者的作品将更受尊崇,留铭之物也更受尊崇。

(三)以美学意识出发的器物,即以追求美而诞生的器物是更加高等的器物这种思考,已然根深蒂固。

然而初期的大名物等名器,没有一件是属于上述三种范畴以内的。①

柳宗悦大胆质疑西方近代美学理论,指出其在解释工艺品和茶器上的无能为力。"这样的器物才拥有真正的无上之美,这点足以颠覆整个近代的美学理论。"②西方近代美学是基于美术("美的艺术")而成立的学问。美术是美学意识的产物,天才是高度个性的代名词,意识和个性能否达到最高的美? "个性无疑也是一种美。然而,那是最终能够令人满足的美吗?"③柳宗悦对此高度怀疑。普通民众既无美学意识,亦无美学修养,何以竟能创造出诸如宋瓷、"井户"那般的"无上之美"? 柳宗悦以"他力"说做出了回答。天才走的是"自力之道",仅凭自我认识和挖掘自身潜力便能创造出伟大的作品;普通民众走的是"他力之道",只能仰仗他力的加持或恩惠才能创造出伟大的作品。例如"天下第一的茶碗"喜左卫门井户是无名氏的作品。"'井户'里所见的那些诸多'美妙处',都并非陶工自身之力所作,而是藏匿着无边的他力所成就的。'井户'是诞生的作品,而非制造的器皿。其美,是他力所赐,是自然的惠顾,是被给予的,是对自然顺从的态度所得的恩宠。"④构成"他力"的因素,有自然、时代、传统、民族风气、习惯等。例如,陶器往往具有地方性,唯有某地特有的泥土方能烧制出某种陶器,这就是自然的他力。

值得注意的是,柳宗悦将工艺美的他力性放大为东方美学的他力性。比较而言,西方美学崇尚自力美,东方美学崇尚他力美。以中国艺术为例,书法讲究"笔笔有来历,字字有出处",绘画把"师古人"与"师造化"等量齐观,诗歌主张"诗当学杜诗,词当学柳词",可见中国艺

---

① 柳宗悦:《茶与美》,欧凌译,第142页。
② 同上,第143页。
③ 柳宗悦:《工艺之道》,陈文佳译,第6页。
④ 柳宗悦:《茶与美》,欧凌译,第63页。

术极其注重传统。中国艺术是传统先于个性,他力先于自力。因此,中国文艺史"复古"论调此起彼伏,不绝如缕。反之,西方艺术出于个性、成于天才,首重创新;西方艺术史就是一部创新史;西方艺术是个性先于传统,自力先于他力。柳宗悦指出:"近代的西方美学,是专注于自力美的美学,所以在落款上尤为考究。""将来的美学需要对他力美有所阐明。而迄今为止的西方美学,是做不到的。"①想来在柳宗悦心目中,他所试图建构的东方美学,堪能代表"将来的美学",至少能为将来的东方美学指明方向。总之,柳宗悦意中的东方美学,以自然和他力两大原则超越了近代西方美学。

## 二、东方美学的哲学基础

美学和哲学都是西方的舶来品。日本本来没有美学,也没有哲学,中江兆民在《一年有半》(1900)中坦承:"我们日本从古代到现在,一直没有哲学。"②日本文化以审美或艺术见长,而不以哲学或思想出彩。然而,日本禅在世界上产生了重要影响。柳宗悦也意识到欧美哲学家对禅的兴趣日渐高涨,他指出:"明治以来已经近一个世纪,是时候抛开对西方的崇拜,甚或可以反过来让东为西用了。在我看来,有两个领域完全可以做到:一是大乘佛教的宗教思想,二是特质明显的东方艺术。两者都有很多西欧还未充分触及之处。"③而用大乘佛教思想来研究和观照东方艺术,那就是柳宗悦的东方美学了。

那么,大乘佛教哲学都为柳宗悦的东方美学思想提供了怎样的理论支撑?笔者认为有二:在方法上,佛教哲学提供了"直观";在思想上,佛教哲学提供了"不二"。

一般来说,一种新哲学或美学的提出,都会伴随着一种新的方法论,不仅如此,方法往往在理论之前,哲学或美学的创建每每源于新方法的发现。柳宗悦的东方美学思想也有其一以贯之的方法论,那就是

---

① 柳宗悦:《茶与美》,欧凌译,第168页。
② 中江兆民:《一年有半·续一年有半》,吴藻溪译,商务印书馆1997年版,第15页。
③ 柳宗悦:《茶与美》,欧凌译,第272页。

直观。"若是问我的看法有何种本质性的基础,我想应当是来自直观。"①"我可以断言,器物的问题,就是直观的问题。"②那么,究竟何谓直观?

顾名思义,直观的第一层意义就是"直接地看"。"只是一味地、直接地去看。在物与眼之间,没有任何隔阂,鲜明而无任何遮挡。他们的眼里没有阴翳,所以在判断上并无踌躇。"③"直观即如文字所示,在所见之眼与被观之物之间并无其他任何中介,是直接在看。……有色眼镜之下是看不到原本的色彩的。眼与物之间,存在着不必要的中介物。这样当然无法做到直观。"④直接地看,意味着在物与眼之间没有隔阂、遮挡、中介,因此,直观的第二层意义是"无中介地看"。雾里看花,水中观月,都是有中介地观看。但中介未必都是物质性存在,还包括观念性存在,如各种理论、知识、判断、概念等先入之见。于是,直观的第三层意义就是"无前提地看"。柳宗悦直观的第四层意义为"无我的直观"。"在直观中并没有'我的直观'这样的性质。正因为看法中没有出现'我',才能够直接地观察事物。直观是'无我之直观',是没有余暇将'我'置于其中的直观。"⑤

柳宗悦常以禅语解说直观,如"以直下见性""空手受之"等。不仅如此,直观还与宗教信仰息息相通。柳宗悦强调直观的"不容怀疑",以及直观的判断"并无踌躇",这是由于"直观里才有真正的确信"⑥。因此,"并非只有宗教家才活在信仰中,陶工的作品也是信仰的表现,其丑因于疑念"⑦,于是直观成了艺术与宗教的共同基础。茶道便是基于美的直观而将艺术与宗教统一了起来。

佛教哲学对柳宗悦美学思想的另一个启发是"不二"的思想。这里有一个顿悟式的契机。1948年8月10日,柳宗悦在翻阅净土宗《大无量寿经》时重读阿弥陀佛的四十八愿,读到第四愿:"设我得佛,国中天人,形色不同,有好丑者,不取正觉。""无有好丑"的"好"即美,也就

---

① 柳宗悦:《工艺之道》,陈文佳译,第4页。
② 柳宗悦:《茶与美》,欧凌译,第38页。
③ 同上,第65页。
④ 同上,第279页。
⑤ 柳宗悦:《工艺之道·绪言》,陈文佳译,第4页。
⑥ 柳宗悦:《茶与美》,欧凌译,第107页。
⑦ 同上,第21页。

是说,在佛国中,并无美和丑的差别。这让柳宗悦眼前一亮,当下洞见了一个崭新的世界:"既然有如此之说,便可据此创建一个美的宗派。"①他认为,"无有好丑"体现了佛教哲学的根本思想:不二。

  ……一言以蔽之,佛教正是寻求从二元中彻底获得解放的宗教。
  表示佛教理念的词汇有哪些呢?虽然有各种词语,但佛教中的任何宗派所共同倡导的训诫就是"不二"。所谓"不二",就是向人们展示非二元的境界。这里的"不二",其本质上并非"二"的否定词。而是超越了所有的否定词,故名"不二"(不是二)。佛教的根本理念之"空"的思想,就是"不二"的本源。"空"的真意,不是"有"的反义词,所以就有超越"空、有"两者的意思。因此,"空"的涵义也不外乎"不二"之意。众所周知,佛教曾大量使用否定词,其原因就在于要彻底否定所有的二元。于是出现了空、无、虚、寂、不,以及其他种种字词。并且,还将否定二元的词语重叠使用:不来不去、不增不减、不异不同等等,或是不终于空,其空亦空等等。②

《维摩诘经》中有个"入不二法门品"。在汉语中,作为成语的"不二法门"常被理解为"独一无二的门径",但在柳宗悦看来,佛教的"不二法门"其实是"进入'不二'的门径"。佛教哲学的这种"不二"思想,在道家思想中也有一种萌芽式的表述。庄子哲学的"齐物论",或"以道观之,物无贵贱"的观点,与佛教不二思想有些"家族相似"。颇受道家影响的《淮南子》则把这一思想落实到美的问题:"求美则不得美,不求美则美矣。求丑则不得丑,求不丑则有丑矣。不求美又不求丑,则无美无丑矣。是谓玄同。"(《淮南子·说山训》)这与柳宗悦"无有美丑"思想是相当一致的。美之为美,关键在于自然,在于无心,在于"无意为之"。若是一心求美,则美不可得。因为一心求美之时,亦即有意识地追求美之时,便不得不分心去抵制丑。如此势必落入美丑二元对

---

  ① 柳宗悦:《民艺四十年》,石建中、张鲁译,广西师范大学出版社 2011 年版,第 234 页。
  ② 柳宗悦:《民艺论》,孙建君等译,江苏美术出版社 2002 年版,第 154 页。

立的境地之中。美丑交战,即便美最后胜出,那也只能获得"乐烧"那样的造作之美,无法拥有"井户"那样的无心之美。"井户"那种至高无上的美,并非刻意追求到的,而是在对美丑不起分别心的境界中自然而然地出现的。恰如苏轼《论书》所说:"书初无意于佳乃佳耳!"真正的美并不是相对于丑的美,而是超出美丑差别之外的"不二美"。柳宗悦认为,惟有进入佛教的"不二"境界,方能得到至高无上的美。

柳宗悦推崇"无有好丑",中国古代艺术家则赞赏"不计工拙"。"工拙"即优劣,"不计工拙"就是不计较或不在意作品的优劣,如此创作者的心境"从二元中获得解放",轻松自在,因而"不计工拙"乃是艺术创作的最佳状态。宋代陈渊《与杨如愚四首》其一:"文章初不计工拙,言语何常识重轻。不向故人齐物我,一生怀抱为谁倾。"清代郭麟《舟中杂诗》其二:"舟中无可娱,弄笔赋长句。一日成一诗,有得辄复补。初不计工拙,亦非纪行路。归家诧亲知,破愁有此具。"传岳飞书《出师表》的跋语写道:"道士献茶毕,出纸索字,挥涕走笔,不计工拙,稍舒胸中抑郁耳。"清代篆刻家吴昌硕说,对于篆刻艺术,"余癖斯者既有年,不究派别,不计工拙,略知其趣,稍穷其变……"凡此种种"不计工拙"的自我陈述,都阐明了艺术创作的自然境界,亦即柳宗悦所说的"不二"境界。总而言之,"不二"是东方思想的基本特征,"不二美"是东方美学的最高境界。

## 三、东方美的形态与特质

美的理论基于美的体验,一种美学思想往往有其相应的审美形态。柳宗悦的东方美学思想,自然是基于"东方美"而成立的。作为东方美最高境界的"不二美"在柳宗悦的笔下还有许多不同的名称,比如"自在美"。"真正美的'自在美',应该是处于美丑二元之外的。……'自在美'是跟所有的美相关联并从纠葛中解脱出来的美。这同时也意味着已经脱离了丑。"[1]根据这种说法,"不二美"和"自在美"完全就是一回事。"不二"就是"如",因此不二美也名为"如美"。由于这种美的境界包含着难以说明的秘义,故又称"妙美"。此外还有"无事之美"

---

[1] 柳宗悦:《民艺论》,孙建君等译,第155页。

"平常之美""无心之美""空寂之美""简素之美"等,均是其名有异而其实相同的词语。以不同的词语反复表述相同的事态,加上柳宗悦好用随笔文体而非论文文体,且文章中时有重复的观点,这些都表明柳宗悦是一个直觉型而非分析型的思想家。因为分析意味着语言分析,而语言在柳宗悦看来不仅是有缺陷的,而且是二元对立的。柳宗悦察觉到语言的有限性,而且有意规避语言的二元性。这应当就是他反复用不同的词语言说"不二美"的原因。

柳宗悦反对日常语言的二元对立,赞赏佛教文献"不生不灭""不垢不净""不增不减"之类的表述。但是,较之日常语言,逻辑语言更是二元性的。因为逻辑基于"矛盾律"。矛盾是更深层次的二元性。阴阳、男女、天地、善恶、优劣、美丑,这些都是二元对立,而非矛盾。白与黑是对立,白与非白是矛盾。是与非(不是)、有与无(非有)、存在与非存在,总之,A 与非 A,这才是矛盾。逻辑判断要求遵循不矛盾律,例如,不能一边说艺术是美的,一边说艺术是不美的。理论由逻辑判断构成,因此,理论必然也是二元性的。柳宗悦指出:"理论无论怎样都无法跳出二元性的世界之外。"[1]"'二',是理论性知识;'不二',是非唯理性的直观。"[2]柳宗悦常常流露出直观高于概念甚至高于理论的倾向,这正是由于一切理论都命中注定地蕴含着二元性。

美学是理论。柳宗悦要建立东方美学,那是不能回避理论的二元性的。且不说理论本身固有的二元性,把东方美学和西方美学相对立的做法也已造成了二元对立的局面,有违佛教的"不二"精神。既然二元性难以规避,那么不妨直面。东方美的形态和特质,须在与西方美的比较中见出,也就是说须有二元性。在柳宗悦论美的文字中,较有理论二元性的"东方美"有两个:一是"不完全之美",二是"奇数美"。东方的不完全之美相对于西方的完全之美,东方的奇数美相对于西方的偶数美。如果说"不完全之美"是东方美的形态,那么"奇数美"就是东方美的特质。

冈仓天心已经在研究茶道的过程中揭示出东方美的不完全性。"所谓茶器之美,抑或称作茶美,到底是怎样一种美?是具有何种特性的美?冈仓天心《茶之书》里称其为'不完全之美'。无可否认,在茶器

---

[1] 柳宗悦:《茶与美》,欧凌译,第 151 页。
[2] 同上,第 245 页。

与茶室之中所呈现的美,的确有这种意趣。"①柳宗悦的创造性在于对冈仓天心只是点到为止的观点进行了学理的阐发,并与冈仓天心展开对话。他进一步追问两个问题:究竟何谓不完全?为什么不完全的才是美的?

关于第一个问题,他认为冈仓天心的回答是:"不完全是到达完全途中的一种,也即是认为不完全就是尚不完全。"②冈仓天心对不完全的界定与中国古代绘画理论家的观点是一致的。如唐代张彦远论画:"张、吴之妙,笔才一二,像已应焉。离披点画,时见缺落,此虽笔不周而意周也。"③这是要求绘画作品在可视性的形("笔")上不要令其"完成",因为完成即终结,完美即消亡,而应保持未完成的状态,"时见缺落",引进不可视的因素,留下想象("意")的余地。但柳宗悦又提到久松真一《茶的精神》书中的观点:"不完全,并不是达到完全途中的一种,而是对完全的否定。美的本体则存在于这种否定中。"④柳宗悦认为,比较而言,久松真一的答案更胜一筹,因为久松真一的不完全是"积极的不完全",冈仓天心的是"消极的不完全"。茶之美存在于积极的不完全之中。柳宗悦还指出,久松真一的观点可以解释"乐烧"之美,而冈仓天心则无法解释。在乐烧茶碗上见到的各种不规则之形,乃是对完全的否定——我们并非不能把茶碗做得浑圆,但乐烧茶碗有意做得扭曲,保持一点瑕疵,这是对完全的否定。问题在于,在柳宗悦的审美直观中,乐烧茶碗之美远逊于井户茶碗之美。所以久松真一的观点也是不尽如人意的。于是柳宗悦指出,井户之美是无事之美、平常之美,并不需要对完全进行否定,亦无须对完全进行斗争和征服。对完全的否定仍然是一种造作。乐烧之美,故意扭曲形态,故意做得粗糙,故意制造瑕疵,都是造作。由于审美意识的造作,乐烧追求的是"异常之美",与之相较,井户之美只是"平常之美"。平常才是最高境界。柳宗悦总结道:

这样思考下来,"对完全的否定"其实也尚不能充分地解释茶之美。那"井户茶碗"那样的美,究竟从何而来的呢?是从完全与

---

① 柳宗悦:《茶与美》,欧凌译,第118页。
② 同上,第121页。
③ 张彦远:《历代名画记》,朱和平注译,中州古籍出版社2016年版,第54页。
④ 柳宗悦:《茶与美》,欧凌译,第121页。

不完全尚未有分别之境生出的。这种未生,才是"井户茶碗"的美的基础。因此,茶之美的本质,并非存在于到达完全途中的不完全,也不存在于对完全的否定之中;而是存在于完全不完全的区别之外,存在于未生之境。①

不难看出,柳宗悦的这个解释照例从佛教哲学的"不二"思想出发。所谓"完全与不完全尚未有分别之境",也是"无有好丑"的另一种表述。"为什么不完全的才是美的?"柳宗悦用"奇数美"对不完全之美进行了界定和阐释。希腊雕刻所崇尚的"完全之美"是"偶数之美","日本之眼"所追求的"不完全之美"是"奇数之美"。② 在与西方美学的对比中,东方美学的形态和特质便清晰地呈现出来了。柳宗悦指出:"若用最为简单的语言来表述东方美与西方美的特殊,大体'奇数美'与'偶数美'是比较恰当的。所谓偶数,是完全之数,可以除尽;而奇数是不完全之数,有着不可除尽的特性。"③奇数与偶数,首先可以在数字的意义上理解,可被 2 整除的整数是偶数,不可被 2 整除的整数是奇数。例如 1 是奇数,2 是偶数。完全就是偶数之美,不完全则是奇数之美。

佛教哲学的"不二",也是不能被 2 整除的,因此"不二美"也表现为"奇数美",两者甚至可以等同视之。柳宗悦认为,"奇数美"的奇数,并不限于与偶数相对的奇数,为此他甚至对将"奇数"进行了词源学的考证,将它追溯到茶道的"数寄屋"和《禅茶录》,揭示这个词所蕴含的茶的精神——"'奇'的真意在于终极无碍"④。所以我们不能仅在能否除尽的意义上理解"奇数",毋宁说它超越于偶数与奇数的二分。"奇数之美,当其从奇偶中解放的那一刻才会显现其本来的美。"⑤这与不二美的内涵几乎完全一致。不过,奇数美和不二美毕竟有些差别。"不二"是佛教至高的精神境界,相应地,不二美显得更偏精神性一些。尽管不二美也是直观的对象,但它似乎有一种超知觉或非知觉的因素。"奇数美"则跟知觉的联系更密切一些。不二美偏于心,奇数美偏

---

① 柳宗悦:《茶与美》,欧凌译,第 129 页。
② 同上,第 273 页。
③ 同上,第 243 页。
④ 同上,第 258 页。
⑤ 同上,第 267 页。

于物。所谓物,包括美术品和工艺品。因此,柳宗悦用视觉艺术中的"变形"(deformation)来作为奇数美的例证:"变形之美,即奇数之美。"①西方美术追求变形,大体上是19世纪末20世纪初的事,但在日本茶道中,变形已存在了三四百年之久。

进一步说,美学差异的背后是文化差异,偶数美和奇数美的背后是理性和非理性、合理和不合理。"或者还可将这两者的对比称作'合理性之物'与'不合理之物'。西欧科学发达的理由,在于合理性已成为思考事物的基础。而东方选择的不是理性,而是直观,是从非合理性中感知其意味。"②西欧文化是合理性文化,日本文化是非合理性文化。西欧文化的根底是哲学,日本文化的核心是艺术。相应地,西方艺术是"合理性之物",东方艺术是"不合理之物"。

## 结语

比较而言,铃木大拙《禅与日本文化》是从禅的角度审视日本文艺的一部杰作,但它终究只是文艺评论,并非美学著作。尽管在形式上,柳宗悦的诸多论美之文也与铃木大拙的著作相似,较为松散,但它们"形散而神不散",其中有一以贯之的原则,有不断发展深化的观点。因此,柳宗悦可能是从佛教哲学角度考察艺术现象的第一人,也可能是在东方美学的探索之路上走得最远的学者。不过,建构东方美学并不是为了取代西方美学,而是补充西方美学。柳宗悦自己也有这样的想法,他说:"'无事之美'为将来的文化提供新鲜血液的美,它有着十足的力量去补充西方所缺之处。"③"想让其中一方完全消失是不大可能。双方都有着自身的优点与缺点,并且互为补充。"④以东方美学"补充西方所缺之处",并不是像今天许多东方学者那样,质疑西方美学的普遍性,而是意识到人的有限性。人的有限性是超越东西方的。西方美学家必然有其所见未到之处,东方美学家亦然。让东西方美学

---

① 柳宗悦:《茶与美》,欧凌译,第250页。
② 同上,第262页。
③ 同上,第281页。
④ 同上,第246页。

互补,也不是为了让美学成为一个(如过去西方学者所言,"真理只有一个"),而是为了让美学变得更丰富。然而,在 21 世纪的今天,我们还应当说"世界是一体的",就像麦克卢汉(Marshall McLuhan)所说的"地球村"(global village)那样。把东方和西方完全分开的做法已经不合时宜了,也不符合佛教哲学的"不二"精神。如果"世界是一体的",那么柳宗悦所说的"互为补充"就不够了。我们或许应当比柳宗悦更进一步,从"互补"走向"融合",去构想能够包容东西方经验在内的、更具思想开放性的世界美学。

(作者单位:厦门大学中文系)
学术编辑:胡　镓

# 生态语言学批评研究的广度与深度
## ——论《生态语言学与生态文学、生态文化理论研究》的创新与贡献

吴承笃

**摘要** 作为首部把生态语言学与生态文学、文化理论结合起来进行跨学科研究的论著,赵奎英教授的新作《生态语言学与生态文学、生态文化理论研究》通过揭示语言与生态的内在关系,挖掘阐发具有生态建构性的语言理论,对生态语言与生态文学、文化理论进行了系统性、创新性的研究,筑牢了生态语言学与生态语言批评的哲学根基,拓展了生态语言学与生态文学学科建设的空间,为后现代语境中的生态文学、文化研究提供了坚实的语言理论基础。

**关键词** 生态语言学 生态批评 学科建设 生态实践

生态语言学是近年来在学界备受关注的新兴学科。阐明生态语言学的语言观念和学科方法,对于生态文学、文化理论研究和生态文化、文明建设具有基础性的意义。作为首部把生态语言学与生态文学、文化理论结合起来进行跨学科研究的论著,赵奎英教授的新作《生态语言学与生态文学、生态文化理论研究》从语言与生态的关系问题、生态语言学的理论观念和批评方法、具体的生态语言批评实践等多个维度,对生态语言与生态文学、文化理论进行了系统性、创新性的探讨。本论著超越了传统意义上的语言学研究范式,从更为深层的生态语言哲学层面和更为广阔的生态语言文化视角,全面审视了当前生态语言学与生态文学、生态文化理论研究的问题,力图通过语言和语言学研究重建人与自然和谐共生的关系,并最终促进一种"宇宙生态共同体"的建立。

## 一、拓展生态语言学与生态文学学科建设的理论空间

目前生态语言学虽然在学科归属上被认为是应用语言学的分支学科，但是无论是在理论观念还是学科方法上，其所涵涉的范围早已超出了语言应用的领域，甚至也超越了传统语言学研究的领域。生态语言学逐渐突破原有格局，以更为广阔的视野关注语言和生态的关系问题。这种发展趋势，意味着生态语言学的研究空间将被极大拓展。生态和语言的关系不应限于技术层面的结合，而是要从"深层生态学"的角度，从人类生存的高度发展出整体性的生态语言观念。同时，语言在文明形态与理念的塑造中起着基础性的作用，语言的生态与否直接影响着生态文明的发展进程，生态语言文化研究对于新型的生态文明建设具有关键意义。因此把生态文学、文化理论研究与生态语言学结合起来进行跨学科研究，既有助于生态文学、文化研究的理论建构，也有利于当今中国生态文明建设。目前国内的生态语言学研究，虽然取得了快速的发展，但研究主要集中于语言学领域，且零散性的成果居多，从生态语言学角度系统地展开生态文学、文化理论研究的非常鲜见。本部著作不仅拓展了生态语言学与生态文学学科建设的空间，而且在生态理论和生态实践的探索中体现出鲜明的生态性，提升了生态理论的应用性和适用性。

创新学科发展观念，为新文科建设提供新思路。在当今的学术研究中，新文科是人文学科建设发展的主要趋势。相较于传统学科，新文科强调学科建设的交叉融合性和开放包容性，其目的在于通过打破专业壁垒和学科障碍、创新知识生产模式，从而主动回应社会现实问题。本论著正是一种典型的"新文科"成果，不仅契合当前新文科的发展趋势，而且也为新文科的发展贡献了新思路和新方法。生态语言学是在语言学与生态学、社会学、人类学等学科之间形成的交叉学科，但是作者认为，生态语言学已经超越了独立的学科性质和一般意义上的"跨学科"，而正在成为最新意义上的"超学科"。根据"超学科"的定义，它起于解决生活世界中的复杂问题，反对知识与实践的分裂，反对因学科化而导致的知识碎片化。生态语言学不仅局限于生态语言的系统研究，而且拓展为更为广泛的生态话语批评。对于生态语言学超

学科的界定,让其立足于生活世界中重要而复杂的问题,参与到具体的生态实践中,对生命世界的多样性和对问题的科学性认识进行探索,并寻求学科外的知识统一。由此看来,生态语言学高度契合超学科的界定。在超学科的视域中,生态语言学强调生态话语的实践性和参与性。在参与生态实践的过程中,涉及规范和价值多元性的目标知识是生态语言学的努力方向。作者认为,生态语言学作为一门"超学科",其"'现实目标'是与生活世界中存在的具体的'语言与生态'问题相关的,'最终目标'则是与生活世界中'人与自然的关系'这个根本问题一致的"。[①] 增加"目标知识"生产应成为未来生态语言学研究动向的重要部分。

  进行体系化的理论建构,形成了从哲学基础到学科内涵,再到文本话语批评的合理结构。生态语言学与生态文学、文化理论研究横跨不同的学科,需要整合不同性质的理论资源,但这绝非碎片化的拼贴或理论的简单相加,而是需要打破学科的壁垒,从更为宏观的视角进行理论构建。从研究思路上看,本论著体大而虑周,从学科发展的高度推进体系化、整体性的探索和研究:对语言研究与生态研究之间的内在关联进行揭示,确立起生态语言学与生态文学、文化理论研究的内在理论依据;梳理归纳了生态语言学的发展现状、研究内容和研究范式,对生态语言学的理论观念和批评方法进行深入阐发;通过比较辨析不同语言理论,说明生态语言学的批评方法对于生态文学、文化批评的方法论启示;把生态语言学的观念与方法运用到具体的文学、文化批评实践中,在理论与实践的双重层面上论述了生态语言学研究的意义和作用。通过整合理论资源、拓宽研究视野,作者从很大程度上改造和刷新了生态语言学美学理论,如从语言哲学的高度审视生态文学文化理论,通过存在于语言之中的生态文学、文化批评研究,重塑一种生态的世界观;提出生态语言学与文学的新理念与新范畴,对深层生态语言观的解读,对名词化层次的区分、对生态语言学"元批评"概念的分析,以及对绿色语法问题的阐发等,都从不同方面推进了生态语言理论的研究。

  积极回应现实诉求,提升理论的应用性和适用性。随着新兴学科

---

[①] 赵奎英:《生态语言学与生态文学、文化理论研究》,人民出版社2022年版,第55页。

不断崛起以及日益复杂的生态环境问题,生态语言学始终回应着建设和谐生命家园的学术使命,并以此为目标促进一种"宇宙生态共同体"的建立。作者以语言与环境的关系研究为基础,从不同维度探讨了建设生态文明的路径和方法。在论述生态语言产生的时代语境时提出,高度语言化、符号化的后现代语境是促成生态语言研究的重要诱因。在后现代理论中,话语具有无可匹敌的构建力量,所有文化和社会问题都可以用符号系统及其符码和话语进行分析。这一状况让我们沉溺于虚拟的符号世界之中,麻木了我们对自然的感觉,加剧了人与自然关系的疏离。为了重新唤起自然,维护非人类世界的价值和尊严,作者提出应对语言进行绿色研究,因为语言在参与拯救自然生态方面可以发挥重要作用。真正的生态语言理论要对当今的语言化现实和语言理论进行批评,对那种具有生态破坏性的语言观念或理论进行反思,对具有生态构建性的语言观念和理论进行挖掘阐发。应通过存在于语言中的生态文学、文化创造和批评、研究活动,"重塑一种生态世界观,重塑一种生态意识,以改变人们对待世界、对待环境、对待自然的非生态的态度,最终达到拯救自然,改善自然、社会和精神生态环境的目的"①。在此基础上,作者将生态语言观念与生态批评的实践结合起来,对当今的语言化现实和语言理论进行反思,通过环境话语修辞研究、生态叙事研究、具体的生态文本分析等,参与到当前社会的生态化发展进程中。

强调生态语言研究的生态精神,彰显生态理论的生长性与生成性。理论研究应该是科学的、客观的,但也存在价值倾向的问题,特别是针对语言的生态问题的研究,生态立场和生态价值显得尤为重要。生态语言学的最终目标指向促进人与自然和谐共存的生态文化,生态价值的导向性能够确保生态文化目标的实现。如果仅仅将生物生态学的观念应用于语言系统,可能在某种程度上具有生态学的方法论意义,但不意味着必然的生态的语言学研究。因此作者认为,生态语言学不仅研究生态问题,而且应该生态地进行研究,在理论探索中秉持一种生态精神和生态观念。"一种真正的生态观念,是不会同意语言具有高低优劣之分的",研究语言生态的目的在于"保护语言的多样性

---

① 赵奎英:《生态语言学与生态文学、文化理论研究》,第99页。

和物种的多样性"①,从而最终实现和谐的生态文化。作者认为,生态语言学作为一个超学科,是被生活世界中的问题驱动的研究,承担着新的知识生产的任务。生态语言理论强调语言与现实的互动,其理论形态不是凝固的、形而上的,而是应该伴随自然社会的发展不断实现知识的更新,不断丰富自身的内涵。诸如语言多样性的减少,生态系统的破坏,人类中心主义世界观、语言观等问题,都是激发生态语言学生产新知识、提出新理论的驱动力。本著作在评论迟子建的小说《额尔古纳河右岸》时探讨了自然隐喻、生态命题等问题;在分析欧美动物电影时,反思了视觉再现中的动物工具论和人类中心主义,就人兽互文的视觉隐喻进行了语言学解读;在解释《新华字典》里的动物词汇时,探讨了生态语言学批评与生态伦理学原则问题。通过具体的生态文本批评,通过自下而上的方式进行理论生产,本论著彰显出自觉而明确的生态意识。

## 二、夯实生态语言学与生态语言批评的哲学基础

当前的生态批评面临生态语言观重塑的问题,需要一种真正的生态语言理论作为基础。人们的语言观念对生态观念的影响主要体现在词与物之间的关系上。词与物是否存在联系,二者之间的联系是自然的还是人为的,这是判断一种语言观是否为生态语言观的重要标准。作者通过系统梳理西方语言发展历程发现,无论是西方传统的语言观念,还是西方现代、后现代语言理论,都无法实现语言观念生态化的重任。对于西方传统语言观念而言,其占主导地位的"词物对应论"和"自然语言观"都在强调语言的表象功能,即以工具化的方式宰制自然、以逻辑化的方式驾驭自然,潜含着人类中心主义和理性中心主义的内涵。而现代西方"语言学转向"所引发的"符号任意观"和"词物分离论"则更是加剧了语言学层面上的生态危机,从根本上阻断了人们通过语言同自然世界交流的可能。因此作者提出,生态语言学强调语言与环境之间的交互作用,将语言视为自然与文化之间的中介。这种语言观念超越了传统语言学的单向决定论和二元论思维,成为真正辩

---

① 赵奎英:《生态语言学与生态文学、文化理论研究》,第55页。

证的生态语言学理论,是生态文学、文化构建的语言哲学根基。本论著所进行的生态语言研究,主要任务就在于促进语言化、非生态化现实的生态化,批判具有生态破坏性的语言观念,挖掘阐发具有生态建构性的语言理论,从而为后现代语境中的生态文学、文化研究提供一种语言理论基础支撑。

表达深层生态哲学的诉求,提出更为彻底的"深层生态语言观"。这种深层生态语言观是对人类中心主义和理性中心主义的总体性颠覆。人类中心主义的语言观把语言视为认识和表象的工具,往往用抽象的逻辑和语法解释语言的本质,这本质上是一种认识论和工具论的逻辑语言观。依凭语言中的理性和逻辑的力量,人类会认为自身具有了凌驾于其他动物乃至整个世界的能力,从而把语言发展为剥削自然、统治自然的"实用工具"。针对人类中心主义把语言视为人类的特权,"深层生态语言观"不仅反对理性中心主义的逻辑语言观,而且也反对割裂语言与自然、世界之间联系的"分离主义"任意语言观。在深层生态哲学的视域下,作者认为,生态语言学把语言看成是所有生命现象的表现甚至是所有存在者可能有的显现,试图凸显大于人类的世界,反映语言与更大的生态系统的关系。生态语言扬弃了逻辑化、理性化的工具属性,成为彰显所有生命存在之显现的诗性语言。聚集的、显现的、自然的、诗性的,应该是这种生态语言的基本特点。而生态语言学则应秉持生态学多样性、相互性、整体性的原则,认同语言和环境、语言和世界之间的交互作用,并从根本上促进生物、语言和文化的多样性。这种对生态语言理论的探讨,体现出鲜明的生态立场,也明确了生态语言批评理论的研究目标。

指出生态语言学在语言观念上的革命性突破,阐释了生态语言对于塑造生态的世界观的作用。作者认为,生态语言强调语言与世界、语言与环境之间的双向交互作用。作为倡导与"真实世界"打交道的绿色研究,生态语言学"正是那种把语言的内部系统和外部世界,把语言的建构功能和表象功能统一起来的,在语言与世界的关系问题上持一种更加辩证态度的语言学理论"。[①] 生态语言理论并未完全否定语言对世界的表象作用,而是指出语言不仅能够表象自然和世界,也需要从自然中获取生长的力量。世界突破了传统语言形式化的樊篱,给

---

① 赵奎英:《生态语言学与生态文学、文化理论研究》,第91页。

语言以生命的力量；语言的构建作用也为促进新的生态现实，解决生态危机提供了解决的路径。而且，生态语言学把语言作为"自然"与"文化"之间的中介，语言的状况印证着自然的进程和环境的变化，语言的规则在某种程度上源自于自然的规则。这决定了语言本身是自然的，用语言文字书写的文学、文化著作都从根基上具有自然性。语言不仅具有自然性，同时也与人为的文化规约联系在一起。语言发挥着沟通自然与文化的中介作用，人类文化与自然物理世界通过语言紧密相关，生态批评也把自然与文化的关系作为自己研究的主题，因此，生态语言学不仅解决了语言的"自然性"和"约定性"的问题，并有助于从根本上解决"文本与世界"关系方面的问题。此外，语言的"环境"不仅是指"自然环境"，而且还包括"精神心理环境"。语言真正的环境是把它作为一种符码来使用的社会。自然、社会和人的精神都会在语言中打上深刻的烙印，而且语言也会通过语言观念和语言运用塑造一种生态或非生态的世界观。作者认为，通过存在于语言中的生态文学、文化创造，我们可以构建更为积极的生态世界观，唤起人们的生态意识，最终达到拯救自然、改善自然社会和精神生态的目的。

重视生态理论的动力性和生产性，推动生态语言学研究的模式创新。生态学途径被认为是一种生产性范式，生态语言研究的侧重不同，形成了生态语言研究的不同方法、内容和模式。作为生态语言学的创始人，豪根从"隐喻"的角度理解生态学，把语言和环境的关系比喻为生物物种与自然环境的关系，认为语言也有生命，语言系统是一个开放的、能够自我组织的进化过程，强调语言的兴衰变化存在于它与环境之间的交互作用之中。另一位创始人韩礼德则更为关注语言在具体的环境问题中的应用和实践，认为语言处于与其环境的交互作用的辩证关系之中，应探究语言和语言学研究在环境保护方面所发挥的作用，并对语言系统和语言运用中的非生态因素进行批评。作者提出，从语言与环境的角度分析，这两种范式一个侧重环境对语言的影响，一个侧重语言对环境的影响，存在一定程度的割裂。因此，需要从更为综合性的研究视野关注生态语言问题。通过对穆尔豪斯勒的研究，作者发现了生态语言学研究的新思路，那就是把保持语言多样性的诉求和对生物多样性的关心联系起来，既在"隐喻"的意义上也在"字面"的意义上使用"生态"和"环境"的概念，因此极具包容性。语言的多样性反映了人类对环境的适应，而生物的多样性则在不同程度上被不同的语言解释。有关新环境的话语实际上能对该环境产生影响，尤其是在语言资源缺乏的情况下，可能对环境退化起到作用。这一范式拓展了生态语言理论的空间，更加关注于对生态话语的批评分析，而且也为生态语言学批评与生态文学、文化批评的结合提供了更多可能的空间。

拓宽生态研究视野，深入挖掘中西理论资源。生态语言学自产生之初，就根植于所有生命有机体的生存，研究生命体和环境之间的复杂关系，并试图从语言学的角度回答人类的生态化生存的问题。生命机体的相互关系及其生存环境从根本上说就是生存的居所和家园，从德国生态学家海克尔对"生态学"的造词可以看出，生态学的原意是关于"居所"的学问。正是由于生态问题的基础性和源始性，生态问题研究具有了很大的拓展空间。作者广泛关注相关学科的理论成果，从海德格尔的现象学存在论语言哲学、阿布拉姆的身体现象学哲学，以及中国道家语言哲学中发掘生态语言学研究的理论资源。海德格尔的"大道"自然语言观和"诗性道说"语言观在语词与自然和逻辑的关系上进行了彻底的反思，做出了具有生态精神的回答。大道"道说"不是依据逻辑系统去宰制和分割自然，而是通过"聚集"的功能而让自然和人入于"自行显示"的"自由澄明"之境。艾布拉姆则直接提出自然是有语言的，语言是所有生命世界的表现，而不是"人类独有的财产"，自然万物以各自的语言进行交流，诸如舞蹈、歌声和姿势等原始的表现也是语言的意义。此外，作者也探讨了中国当代生态语言学研究的学术价值，认为中国当代生态语言学具有广阔的发展前景和空间，如李国正的语言生态环境研究、冯广义的生态文明建设与语言生态互动研究、黄国文的和谐话语分析等，都展现了生态语言学研究的中国贡献。通过对具有生态思想的语言学观念的兼收并蓄，作者为生态语言学与生态文学、文化理论研究奠定了坚实的理论基础。

## 三、推进生态语言系统批评与话语批评的方法与实践研究

生态语言学的开放性、跨学科性，使其意义不仅表现在对生态文学、文化研究的语言理论基础的建构上，而且也表现在其方法论启示和批评实践的应用上。生态语言研究的一个重要动因，就在于它必须

回应当前非生态的语言现实,并致力于构建人与自然和谐共生的语言环境。因此,需要推进方法论探索和实践研究,以确保生态语言的观念通过生态文学、文化活动参与介入到现实生活中。作者通过对名词化、环境修辞以及"生态""环境"之辩等具体问题的探讨,从生态语言系统批评、生态话语批评和生态语言学"元批评"等层面,深入研究了生态语言批评的方法论问题。同时,作者积极参与生态批评实践活动,针对非生态性的社会语言现象进行文化文本的细读与批判,明确了生态理论话语的实践性,从实际上推动了生态社会的建设。

反思"名词化"论争,阐发"原始名词化"的生态意义。对于"名词化"的研究,在生态语言学批评的语法考察中具有重要的方法论意义,而对这一语言现象的生态分析则存在诸多争议。在"名词化"的表达中,一个完全的及物小句转换成没有动词的名词短语后,施事者和施事过程的信息就会丧失。对此,韩礼德、格特勒等人围绕名词化的生态或非生态价值展开了论证。韩礼德主要持否定性意见,他认为名词化造成了一种静态的表达风格,而且作为语法隐喻使语言变得抽象晦涩和"不自然",因此代表了一种"反民主"的社会和科学意识形态。而格特勒则认为名词化把焦点从人类施事者上移开,一方面降低了人类中心主义的程度,另一方面让我们认识到人类也是环境问题的受害者,也将被自身的行为所影响,因此名词化能够发展成构建"绿色语法"的资源。针对差异如此巨大的论争,作者认为"名词化"不是一个固定的、完成了的概念,要搞清楚名词化对于生态化建构的影响,不仅要把外部社会功能和内在心理认知结合起来,还要把它放在历史过程中考察。从发生学的角度看,名词化生成的原始根基是"原始名词句",是人类的原始交际中以单个名词发挥句子功能的语言现象。"原始名词句"中的确包含着潜在的生态价值,但是能否真正表现出来则依赖于具体情景中的运用。

以生态性为标准,作者将名词化区分为"原始名词化"和"意识形态名词化"。意识形态名词化出于实现某种意识形态的功能而有意识地创造出来,而原始名词化则出于原始混整状态非实用性的诗性审美效果的追求,因而具有一种生态诗学、美学的意义。这一论证很好地解释了关于"名词化"是否具有生态性的问题:那种由更为原始、更为内在的认知心理,或由返归原始名词句的古老的深层的文化情结促动的名词化是有助于推动生态化建设的;而诸如具有"欺骗性"的意识形态功能的话语,或科学语言中的名词句则很难形成生态整体性世界观。通过对诗歌语言中的"名词句"和"原始名词化"进行文本细读,作者明确了生态性"名词化"的问题。中国诗歌中的名词句把事物和过程、动态和静态结合在一起,可以体现出任物自由的生态观念,以及天人合一的思维特征。"由于这种名词句结构,不是包含主谓宾之类成分的完整句子,它没有施事者,也没有受事者,主体与客体之间的区分也因此消失了,人类的中心地位被消解了,事物本身便被高度凸显出来了。"①而中西诗歌语言中名词句的空间化模式则能够创造出相互关联、多维生成的空间化图景,无疑符合动态的、整体的、相互关联的生态世界观。通过作者对诗性语言和"名词化"语法的分析,我们可以看到,"名词化"所代表的"绿色语法"实际上也是一种反逻辑的"诗性语法",诗性语言对于生态整体世界观的重塑具有无可替代的重要作用。

  辨析环境修辞理论,探寻环境话语修辞的构成手段和策略方式。环境文本中的各种语法现象最终是一种修辞手段,对语言运用或话语文本的批评,实际上也就是对话语修辞的批判。环境话语修辞存在于整个言语行为中,具有思想或意识形态的构建功能。环境话语修辞批评的目的就是要辨析隐含于话语修辞中的非生态性问题,并努力探寻环境话语修辞的构成性规则,以达到促进环境话语的生态化,最终促进环境问题解决的目的。作者认为,隐喻在环境话语的修辞方式中扮演着举足轻重的作用。生态语言学批评关注较多的隐喻是那些构成我们自然概念的隐喻。"隐喻不仅仅是一种让表达变得生动的修辞格,它还是组建我们概念系统的重要力量和部分。"②隐喻的功能也不仅是润色词语,而且是一种认知方式,是一种真正的创造活动。环境话语中的隐喻能高度影响人们对自然的态度和行为,鼓励我们保护或摧毁我们赖以生存的生态系统。在环境话语中许多看似习以为常的隐喻实际上是非生态的,需要仔细甄别。如把自然比作"商品""资产"的隐喻实际上反映了对待环境的功利化、资本化态度,构建了人与自然分离的二元论的观念。而环境话语中的女性隐喻则把妇女和自然对象化,使人与人之间、人与非人类世界之间的分离永恒化,这与生态运动的目标是不一致的。

---

  ① 赵奎英:《生态语言学与生态文学、文化理论研究》,第 175 页。
  ② 同上,第 193 页。

通过对隐喻修辞的考察,作者"发现环境话语修辞常常运用隐喻建构人类中心主义和二元论的思想观念,运用名词化、被动语态等语法手段抹除施事者或自然世界本身的存在,使用委婉语粉饰非生态的话语行为,以达到巩固人类中心主义的观念,规避环境责任,弱化环境风险……以获取商业利益的目的"①。诸如"建构""抹除""粉饰"等修辞手法都属于非生态性的环境修辞功能。作者认为,人类作为生态环境的参与者,不应对生态环境的恶化持冷漠的态度,而是应当主动承担起保护与修复环境的责任。但"抹除"的修辞手法,通过名词化、被动语态、无主句等修辞方式,实现了抹除人类施事者功能,让一种行为、实践看起来是一个自然或自动发生的客观过程,这对于环境问题的解决显然是不利的。而"粉饰"则以委婉语的形式,"洗白""洗浅""洗绿"带有人类中心主义倾向的行为或事件,通过让表达效果更柔和,使生态破坏的责任者从自身行为的道德责任中摆脱出来,并操控人们对自然的态度,以达到某种意识形态的目的。

揭示生态语言学批评的"元批评"性质,通过"生态"与"环境"之辩明确生态语言学批评的生态意义。生态语言学批评除了语言系统批评和话语批评之外,还应该"批评生态研究自身作为研究手段的语言运用是否也包含或体现了非生态因素"②。这种对批评自我反省的"元批评",包含着对自身学科理论话语的惊醒,促使我们反思关于生态文学、文化研究的理论文本是否是用真正的生态语言写成的。文学与美学研究中的"生态"与"环境"之辩,属于一种广义的生态语言学"元批评",这一研究向度对于生态话语建构和生态观念确立具有重要意义。曾繁仁先生指出"生态"的含义比"环境"更加符合人与自然融为一体的情形,而王诺则直接提出生态主义的核心是生态整体主义,而环境主义则主要来自"弱人类中心主义"。海德格尔虽使用"环境"的概念,但他对"环境"一词中所隐含的对象化、实体化倾向进行了批判,使之具有了与"栖居"相关的"住所"和"家园"的生态内涵。作者认为,与"生态"概念相比,"环境"概念具有"中心论""二元论"特征,"体现的是一种对象性、实体性思维,它在通常情况下暗示了一种人类中心主义,但当人们认识到这一点并力图克服它时,实际上有可能滑向另一个极

---

① 赵奎英:《生态语言学与生态文学、文化理论研究》,第191页。
② 同上,第225页。

端,走向以对象为中心的'环境中心主义'或'自然中心主义'"。①

当然,我们无法避免使用"环境"一词,而且人类语言从根本上说都具有"人本性"的特点,但是之所以进行"元批评"的辨析,矛头指向的是价值论意义上的人类中心主义。作者特别区别了认知意义上的语言人类中心主义和价值论意义上的人类中心主义,认为价值意义上的人类中心主义主要是一种狭义的人类中心主义,表现在语言上就是从自然物对人类"有用"的角度进行语言活动。诸如"环境""益虫""杂草"等词汇,其命名方式就隐含着人类中心主义的价值倾向,对其进行有意识的语言设计和价值批判,对于促进一种多样化的生态思维和生态观念具有重要意义。当然,作者也认为语言的改变,包括语言观念的改变是个系统工程,需要长期的努力。"生态语言学批评的目标并不都是为了立即改变语言系统,更多的或更重要的是为了让实用者对被批评的语言想象中的非生态因素有更清醒的意识,以促进语言长期进化中的一种从语言到思维、观念乃至行为都发生生态化转向的'深生态化'过程。"②事实上,目前从事生态理论的研究者在使用"环境"这一术语时,也在有意识地赋予其更多的"生态"内涵,以降低其中人类中心主义的程度,并从深层加强环境研究的生态意识。由此看来,对于"环境"概念的批判与反思,有助于推动语言研究的生态化发展,进而塑造更加生态化的环境观念。

【本文系教育部人文社科研究项目"生态语言学视域下的中国诗学研究"(20YJA751021)的阶段性成果】

(作者单位:山东师范大学文学院)
学术编辑:张　强

---

① 赵奎英:《生态语言学与生态文学、文化理论研究》,第236页。
② 同上,第248页。

# "诗"与"画"的交融与斗争
## ——以《文本与图画:对话中的画家与作家》为中心

周春悦

丹尼尔·贝尔热(Daniel Bergez, 1950— )是当代法国艺术批评家、画家,与中国艺术界和艺术家联系密切,其画作也常在中国展出。贝尔热著述颇丰,他于2004年出版的《文学与绘画》(*Littérature et Peinture*, Armand Colin 出版社)可谓是当代西方文学与绘画交汇研究的扛鼎之作。其新作《文本与图画:对话中的画家与作家》(*Le Texte et la Toile: Peintres et écrivains en dialogue*, 2020年, Armand Colin 出版社)为《文学与绘画》的第三版,该作在其初版基础上进行了全面的修订和校正,并扩充了部分新的研究内容。

《文本与图画》以"诗"与"画"的交汇与对话为主题,细密爬梳了欧洲绘画艺术与文学的互动历史,详细分析了两种艺术在不同模式和主题下的相互影响、对抗及其在艺术作品中的展现。作者从绘画艺术和文学实践的双重知识出发,以一种整体的方法和眼光,阐明了这两种艺术之间的历史交叉点,以及这种交汇的美学和哲学基础,同时充分考虑不同艺术门类的特殊性和排他性。在西方学界,对文学与造型艺术的交汇研究由来已久,现今已构成了文学、艺术等研究领域的重要分支,其背后有着深远的历史渊源。

从古希腊时期起,文人们便有名为"写画"[①]的实践,即通过详尽描述一幅画来训练修辞表达,古罗马诗人贺拉斯在《诗艺》中提出著名的"ut pictura poesis"[②],这句话在西方艺术界被讨论千余年,尤其到了文艺复兴时期,在画家们的努力下,正式衍生出"诗画同源"说,该学说之后受到了德国美学家莱辛的驳斥,他认为诗与画根本介质上的不同导

---

① Ekphrasis,又译作"艺格敷词""图说""造型描述"等。
② 译作"诗情如同画意",或"画如此,诗亦然"。

致二者艺术表现手法大相径庭,不可混为一谈。在法国,从18世纪起,以德尼·狄德罗为代表的法国作家高度关注当代艺术的发展,狄德罗创造出名为"沙龙"(Salon)的批评文体,从他开始,文学家涉足艺术成为一种风尚,19世纪更是见证了众多法国作家从事艺术批评的热潮,作家们不仅品评艺术,还试图通过写作参与并影响艺术的发展趋势。20世纪的法国文坛和思想界沿袭了这一传统,马塞尔·普鲁斯特(Marcel Proust)、安德烈·马尔罗(André Malraux)、亨利·米肖(Henri Michaux)、米歇尔·布托(Michel Butor)等文学家评论艺术,米歇尔·福柯、雅克·德里达、梅洛-庞蒂、皮埃尔·布尔迪厄等哲学家和思想家也自如地讨论绘画艺术,将其视作撬动个人美学和哲学思想的轴点。由此可见,对"诗"与"画"交汇的讨论并非只发生在研究领域,更是脱胎于西方文学史和艺术史互动发展的漫长实践,在此美学传统基础之上,诞生了庞大的艺术交汇素材库,当代西方学者将目光置于文字与绘画的交汇上,便成为自然而然的趋势。

  国内学界对这一研究方向亦有关注,每年总有一定数量相关主题的学位论文和期刊论文发表,但更多是局限在某一学科小范围内部讨论,总体上未形成主流的研究兴趣和趋势,亦未能掀起跨学科的对话,因而对此类研究的引介较少。《文本与图画》在国内也尚未有中译本。究其原因,可以说,在一般研究者的印象中,此类话题略显小而具体,难以形成深厚的理论框架,立意不够"深"和"大"。然而通过阅读此书,我们会发现,贝尔热虽声称以法国文学、法国与意大利的绘画为主要研究对象,但事实上,他的观察和研究视野远远超出了西欧边界,广阔地涵盖了这一主题之下世界艺术史中重要和典型的潮流、艺术家及艺术作品,甚至不乏对中国相关思想的关注。除此之外,作者的野心不仅在梳理一种现象和风尚的源流,还在建立一种参看西方文学史和绘画史的新的视域,为我们讲述一部绘画的文学史,一部文学的绘画史,证明绘画从未停止从文学中汲取养分,文学也从未离开过绘画的观照,最终,绘制一部"艺术史和思想史合二为一,文学和绘画以无数方式相互交融的全球史"[1]。而作者所挖掘的种种具体的例证,均是构成西方现代美学理论思想大厦的重要砖瓦,其背后的渊源、构成及彼

---

[1] Daniel Bergez, *Le Texte et la Toile: Peintres et écrivains en dialogue*, Paris: Armand Colin, 2020, p.11.

此之间的联系，不应被我们轻视。因而，此书的阅读和研究价值，以及作者所关注的研究领域，值得国内学界进一步深探。在写作风格上，该书主题鲜明，语意清晰，论据丰富，体现了典型的法国学派细腻的研究笔触，结构布局和论述逻辑上参考了20世纪法国主题批评研究的视角及方法，对各个细分主题进行了剥茧抽丝的发掘、丰富广泛的联想和不拘一格的对比。

全书共分六章，分别涉及了六大主题：第一章从历时角度追溯和梳理了文学与绘画在西方文艺史上的频繁交汇与互动；第二章以贺拉斯的"诗情如同画意"为由，讨论文字与图像相互包容与辩证的关系；第三章探讨文学与绘画在体裁上的共同点，包括历史、肖像、风景等；第四章论述两种艺术在同一空间中相遇时的对话，如地图、书籍插图、徽章、铭文、画作上的标题及文字性说明、广告海报、象形文字等；第五章探寻文学与绘画如何成为彼此灵感的丰富源泉，一种艺术形式如何对另一种艺术形式进行自由创造；第六章是对"作家艺术批评"这一特殊文种的专门探究。另外，新版比2004年初版增加了《后记：写作与绘画——图形的冲动》。相比初版，新版的标题也做了改动，"文学"改成了"文本"，"绘画"改成了"图画"，说明作者把比较的意图从严格意义上的艺术和文学作品扩大到了更加宽泛的范围，非严格意义上的成品以及一些副文本也纳入了考量范围。

作者从诗与画最初的关系说起。在古代人眼中，"画是无声的诗，诗是有声的画"[①]，绘画和文学都从古代神话中汲取灵感，绘画的结构是素描与色彩，诗歌的结构是语法与词汇，二者看似是相似和平行的。但事实上，二者间的关系并非如此简单对等，贝尔热纠正了诗与画可以相互转化、类比和移植这一常见但过于粗略的观点。他认为二者交汇的历史充满着竞争与诱惑，而越是激烈碰撞，就越能激发出诗人和画家的创作灵感，使他们在对竞争对手的凝视当中反观自身，从而进行自我修正和调整，发掘出艺术作品更深刻的意义和内涵。他试图通过澄清关于贺拉斯提出的"诗情如同画意"的历史误会，来厘清文学与绘画之间悠远复杂的关系。"诗情如同画意"的本意是把诗比作画，但

---

① 据记载，古希腊诗人西摩尼德斯（Simonides）最早提出了"画是一种无声的诗，诗是一种有声的画"，转引自朱光潜：《译后记》，莱辛：《拉奥孔，或论画与诗的界限》，朱光潜译，人民文学出版社1979年版，第216页。

从古代到中世纪,绘画的地位远低于诗歌,它被认为是一门手工艺,而诗歌才代表着富有创造性的艺术,绘画最初的功用只是对圣经故事的"翻译",却"不能明确干涉《圣经》的意义"①,它自身的美学意义并未被建立,因而,怎么可能让高贵的"诗"去借鉴质朴的"画"呢?直到文艺复兴时期,以达·芬奇(Leonardo da Vinci)为首的画家们复兴了贺拉斯的名句,高呼绘画就是应该成为诗歌学习和模仿的对象,并纷纷开始著述表达艺术观点,证明自己并非没有思想的手工匠。于是,"诗情如同画意"在诞生了十五个世纪后才爆发出真正的生命力,与此同时,绘画仍在努力借鉴文学的表达范式,以获得与诗歌相等的地位。贝尔热详述了多个世纪以来绘画对文本的依赖程度,后者既是前者灵感的来源,也是其理论的源泉。经过了从"手工艺"到"自由艺术"的漫长过渡,19世纪,不同的艺术门类纷纷宣告自己的特殊性。此时绘画的地位也如几个世纪前的画家们所愿,得到了历史性提高,甚至发生了倒转,绘画走向独立和现代,它不再依托文学中的宏大主题,而是转向与绘画本身相关的路径探索,由爱德华·马奈(Édouard Manet)开启的绘画革命便是其中一例。

"诗"与"画"这两种艺术的交汇潮流终于在19世纪达到真正的高峰。法国作家们对图像的可塑性有着深层的迷恋,他们大量借鉴绘画,试图通过写作重新发掘图像的诱惑力,由此产生了"艺术化写作"和"作家艺术批评"两种文学浪潮。贝尔热提出艺术化写作的三个阶段:首先是"写画"(Ekphrasis),其次是"艺术的换位"(transposition d'art),即在一门艺术中找到另一门艺术中的"对等物",最后是自由创作。19世纪的法国小说家热衷于创造艺术家或审美家形象,如巴尔扎克的《不为人知的杰作》(Le Chef-d'œuvre inconnu)、龚古尔兄弟的《马内特·萨洛蒙》(Manette Salomon)、爱弥尔·左拉的《杰作》(L'Œuvre),除此,绘画还会在文学作品中"扮演更关键的角色,让作家阐释一种世界观,建立一种美学"②,如夏尔·波德莱尔的大部分作品、若里斯-卡尔·于斯芒斯(Joris-Karl Huysmans)的《逆流》(À rebours)、古斯塔夫·福楼拜的《情感教育》(L'Éducation sentimentale)、维克多·谢阁兰(Victor Segalen)受到中国绘画启发而

---

① Daniel Bergez, Le Texte et la Toile: Peintres et écrivains en dialogue, p.13.
② Ibid., p.225.

作的散文集《画集》(*Peintures*)等。贝尔热专门开辟了一章来论述"作家艺术批评",因为它代表着作家与画家对话的"最佳平衡点"[1]。作家的艺术批评并不以专业性擅长,甚至还遭遇过专业的艺术批评家和艺术家的不屑和反感,然而贝尔热试图向我们说明,恰恰是由于"诗"与"画"这两种艺术形式潜在的对话,使得作家往往拥有一种优先的直觉,尤其在捕捉现代艺术发展规律方面非常有预见性,这一点在波德莱尔、左拉、于斯芒斯等人如何第一时间为古斯塔夫·库尔贝、马奈及印象派画家摇旗呐喊的先锋姿态上得以窥见。而作家的艺术批评是其作品整体中不可缺失的一环,不可以割裂的眼光分开看待。例如保罗·克洛岱尔(Paul Claudel)的艺术批评,某种程度上是其宗教、美学和哲学思想的汇集,其他作家也是同理。贝尔热也对不同作家的批评方式进行了比较,并未将其笼统地归于一类。

事实证明,"诗"与"画"除了存在着差异,二者在重要艺术思潮发展、变化和更替的关键节点,尽管并非永远步调一致,但总能先后表现出相似敏感的反应,例如文艺复兴时期的文学与绘画先后从宗教和意识形态的使命中解放出来,再如巴洛克、古典主义、浪漫主义在文学和绘画领域同时兴起,当现实主义在文学中逐渐凸显,绘画也开始向表现现实的方向行进。20世纪,以纪尧姆·阿波利奈尔和安德烈·布勒东为代表的超现实主义团体中,画家和作家之间的合作"异常紧密",许多诗集都配有超现实主义画家的插图,而这些画家又是诗人灵感的来源,正是出于对"无意识、梦境以及所有幻想和想象方式的诉诸"这种审美核心的共同追求。[2] 在现代文学遭遇"诗歌危机"的时候,绘画也在经历着传统美学价值的解构和本体的震荡。

关于"图像"的意义问题,贝尔热区分了图像表现和文学表现的机制和功能。由于西方语言符号的"高度抽象性",使得语言和绘画这两种表达系统天生存在着"异质性",因此"文字和图像之间的相遇往往采取双重创作的二元形式",例如中世纪的彩饰手稿,以及艺术手册中图画旁边的注释和说明。[3] 而在中国传统画中,诗与画在同一空间中自然地相互融合与映衬,作者引用了华裔作家程抱一(Francois

---

[1] Daniel Bergez, *Le Texte et la Toile: Peintres et écrivains en dialogue*, p.259.
[2] Ibid., p.50.
[3] Ibid., p.158.

Cheng)在《虚与实——中国绘画语言研究》(Vide et plein)中对中国画的评论:"在绘画的留白处插入诗句",即将"图像的造型美和诗句的音乐美结合起来,也从更深的角度说,就是图像的空间维度和时间维度结合起来"①。贝尔热用东方艺术观照西方艺术的论述在书中比比皆是。

贝尔热对绘画艺术和文学艺术中的概念进行了从大到小细致的切分,经过如排列组合般的重组,构建出一个庞大周密的要素网络,并依据大量现实历史的示例论证其存在的合理性。例如在第四章《文本与图像的融合》中,他剥离出"文本与图像的关系""文本与图像的辩证法""文本中图像的出现"和"画中的文字",最大限度地分解文本与图像交融的所有可能。又如在第五章《文学与绘画之间的创造性对话》中,他提出一系列镜像式概念,如"受文学启发的绘画"和"受绘画启发的文学","文本中图像的出现"和"画中的文字",以及"受文学启发的绘画"和"受绘画启发的文学",还以绘画作为写作的"灵感"还是"对象"为标准区分出了"绘画小说"和"关于绘画的小说"。虽然看似体系庞杂,但条分缕析,逻辑严谨。他还在方法上实现了诗与画的对话,将时间性、内在性、互文性应用到对绘画的解析中,创造出"互绘性""镜面性"等概念。

在最新补充的《后记:写作与绘画——图形的冲动》中,作者试图探寻吸引作家与画家相互对话和模仿的深层动因,其中涉及了写作和绘画过程中的身体姿态、动作和空间。熟悉中国文化的西方学者对于汉字、书法和传统中国画,这套同时凝聚"诗"与"画"的美学形式和创作姿态始终保持着迷恋,作品诞生的过程需要创作者身体、心灵和情感的投入,贝尔热想象克洛岱尔在描述用毛笔书写中国汉字时感受到的"中国美学中创造性的虚空体验"②,还引用了赵无极对黑与白的"水墨游戏"创作过程及动作的描述③。作者也提及了20世纪中期在美国兴起的创作趋势"行动绘画"(action painting),这体现着对创作者生理、心理状态以及创作意图的关切。因此,对于造型艺术与文学未来的对话趋势,作者虽然并没有给出直接预测,但我们从新版《后记》的

---

① François Cheng, *Vide et plein. Le Langage pictural chinois*, Paris: Le Seuil, coll. «Points/Essais», 1991, p.25.
② Daniel Bergez, *Le Texte et la Toile: Peintres et écrivains en dialogue*, p.283.
③ Ibid., p.292.

补充可以感受到,它将不再局限于相互借鉴体裁和主题、互相赋予灵感、在同一空间中共存共融了,而向着创作主体身体、实践及欲望的无限空间共同探索下去。

该作的价值还体现在,作者在爬梳历史的同时带着鲜明的问题意识,对于无论是希望了解文学与绘画交汇历史还是深入挖掘某一主题的研究者来说,都具有实用性和启发性。另外,他还提出了"艺术的换位""批评的内化"等新颖的理论视角。诚然,仅凭一部作品,尽管称得上详尽,必然无法穷尽作者所宣称的"全球史",但《文本与图画》提供了一个可无限增补的思想模板,供之后的研究者携带不同文明、不同地域、不同时期中更多的实例,继续扩展更多更广时间和空间中的对话,编织这张人类文明交流互鉴的无边网络。

(作者单位:中山大学外国语学院)<br>学术编辑:张 冰